Andreas E. Zautner

Der gebundene Mondkalender der Germanen

Rekonstruktion eines Lunisolarkalenders nach antiken, mittelalterlichen und frühneuzeitlichen Quellen

Edition Roter Drache

Abkürzungsverzeichnis

aeng.	altenglisch
ahd.	althochdeutsch
an.	altnordisch
as.	angelsächsich
eng.	Englisch
fin.	finnisch
got.	gotisch
gr.	griechisch
Hrsg.	Herausgeber
lat.	lateinisch
no.	norwegisch
S.	Seite
schw.	schwedisch
urgerm.	Urgermanisch
WSW	Wintersonnenwende

5., aktualisierte Auflage, Mai 2026

Edition Roter Drache – Holger Kliemannel, Am Hügel 7,
59872 Meschede, edition@roterdrache.org; www.roterdrache.org
Umschlag- und Buchgestaltung: Edition Roter Drache
Titelbild: „Disting“ gezeichnet von Hannah Böving 2013
Lektorat: Isa Theobald
Gesamtherstellung: Druck24

ISBN 978-3-946425-44-1

Inhaltsverzeichnis

Vorwort zur 1. Auflage

Heutzutage benutzen wir nahezu auf der gesamten Welt den gregorianischen Kalender, der durch Reformierung des julianischen Kalenders entstanden ist. Dieser Kalender ist ein reiner Sonnenkalender, bei dem der Lauf des Mondes keinerlei Rolle für die Einteilung des Jahres spielt. Von der römischen Antike über das Mittelalter hinweg bis in die Neuzeit fand er weltweite Verbreitung.

Dieser Sonnenkalender hat seinen Ursprung im antiken Ägypten. Das Land am Nil war schon seit Jahrtausenden ein Zentrum des Sonnenkultes und Pharao Amenophis IV. (Echnaton) setzte bereits im 14. Jahrhundert v. Chr. die Verehrung des Sonnengottes Aton (Re) als oberste Gottheit durch. Dieser ägyptische Sonnenkult inspirierte auch die alexandrinisch-hellenistischen Gelehrten.

Im Jahre 47 v. Chr. reiste Gaius Julius Caesar nach Ägypten, genauer gesagt nach Alexandria, dem seinerzeit wahrscheinlich größten Zentrum der Wissenschaft weltweit. Dort ließ er sich von Acoreus, Sosigenes und anderen in Alexandria ansässigen Astronomen in die Komputistik des Sonnenkalenders einführen. Zwei Jahre später, im Jahre 45 v. Chr. wurde durch Gaius Julius Caesar ein ursprünglich hellenistisch-ägyptischer Sonnenkalender im gesamten Römischen Reich eingeführt.

Doch bevor dieser Sonnenkalender eingeführt wurde, war es insbesondere auf dem eurasischen Kontinent üblich, die Jahre (auch) nach dem Mond zu bestimmen. Sowohl Römer als auch Griechen, Kelten, Balten und Germanen benutzten anfänglich Lunisolarkalender, bei denen der Lauf von Sonne und Mond durch das Einfügen eines Schaltmonats aufeinander abgestimmt wurde.

Einen dieser Lunisolarkalender verwendete man noch im 17. Jahrhundert in Gamla Uppsala, dem alten Zentrum des schwedischen Königreiches. Dort wurde der Termin des Distingsmarktes, der seinen Ursprung in einem germanischen Fest hatte, weiterhin mit Hilfe von sogenannten Primstäben nach einem gebundenen Mondkalender berechnet. In Reisetagebüchern wie dem von Erich Lasota von Streblau und einigen Chroniken wie denen von Olaus Magnus und Olaus Wormius sind entsprechende Merkregeln hierfür erhalten. Mit Hilfe dieser Merkregeln und anderen Fragmenten, die verstreut über eine Reihe von Literaturquellen erhalten sind, soll in diesem Buch versucht werden, den gebundenen Mondkalender der Germanen zu rekonstruieren, wie er nachweislich in England bis zum 7. Jahrhundert und in Skandinavien bis ins 11. Jahrhundert Verwendung gefunden hat. Der deutsche Germanist und Literaturhistoriker Wolfgang Golther hatte in seinem Handbuch der Germanischen Mythologie (1908) einst behauptet, dass man einen derartigen Lunisolarkalender nicht rekonstruieren könne, da es hierfür zu wenig Quellen gäbe. Doch die Quellenlage ist bei tieferer Recherche gar nicht so gering.

Natürlich ist dies nicht der allererste Versuch sich diesem Mondkalender zu nähern. Insbesondere die Vorarbeiten von dem schwedischen Philologen und Religionshistoriker Martin Persson Nilsson (1920) und dem gleichfalls aus Schweden stammenden Religionshistoriker Andreas Nordberg (2006) sind bereits hier im Vorwort zu würdigen. Im Vergleich zu ihren Vorarbeiten soll in diesem Buch jedoch auch mehr auf kontinentaleuropäische Aspekte eingegangen werden und vor allem die Festtage im Jahreskreis werden eine stärkere Berücksichtigung finden. Im hinteren Teil des Buches werden sowohl die Festzeiten der germanischen Religion, die in den alten Sagas auch als Firne Sitte (an. *forn siðr*; Steinsland, 2005) bezeichnet wurde, als auch die Termine der eher weltlichen Dingversammlungen, vor dem Hintergrund des Lunisolarkalenders behandelt werden. Darüber hinaus gibt es im Bezug auf einzelne Aspekte unterschiedliche Sichtweisen im Vergleich zu den Vorarbeiten der anderen Autoren.

Bei der Rekonstruktion des gebundenen Mondkalenders werden die aus verschiedenen Epochen vorhandenen Literaturquellen vornehmlich unter der Maßgabe einer gewissen astronomischen Logik betrachtet und dieser Logik Folge leistend zu einem funktionellem Lunisolarkalender zusammengefügt.

Da wir uns bei der Rekonstruktion des gebundenen Mondkalenders der Germanen insgesamt mit fünf verschiedenen Kalendern, dem julianischen Kalender, dem gregorianischen Kalender, dem Nordischen Wochenkalender und selbstverständlich dem eigentlichen gebundenen Mondkalender, der in einer christlich beeinflussten und in einer „vorchristlichen" Version (vor 1084) rekonstruiert werden wird, auseinandersetzen müssen, werden entsprechende Datumsangaben zur einfacheren Unterscheidung mit einem hochgestellten Buchstaben versehen (G-gregorianisch, J-julianisch, W-Wochenkalender).

Das Buch versucht insgesamt den Spagat zwischen möglichst hoher Wissenschaftlichkeit und allgemeiner Verständlichkeit. Dem entsprechend werden die einzelnen Quellen weitestgehend vollständig angegeben. Dennoch ist dieses Buch keine wirkliche wissenschaftliche Abhandlung und nicht vergleichbar mit einer Dissertationsschrift, die den Anspruch einer vollständigen Diskussion aller zu diesem Thema veröffentlichten Beiträge erhebt. Trotzdem würde ich mich über Hinweise auf weitere Quellen zu dem Thema freuen, um eine gegebenenfalls in Zukunft erscheinende, verbesserte 2. Auflage dieses Buches mit einem größeren Anspruch auf Vollständigkeit verfassen zu können.

Göttingen, 2013
Andreas Zautner

Vorwort zur 2. Auflage

Nachdem die 1. Auflage dieses Buches vor nun etwa fünf Jahren herausgekommen ist, möchte ich mich zunächst für die durchweg positive Resonanz und Korrespondenz zu diesem Buch bedanken, die mich dazu motiviert hat das Buch an einigen Stellen zu ergänzen und zu überarbeiten. In den wesentlichen Aspekten behält die 1. Auflage dennoch ihre Gültigkeit. Was ist nun also hinzugekommen? Als Einstimmung auf die Prinzipien eines Lunisolarkalenders diente der römische Lunisolarkalender. Hier wurde eine Abbildung zu den *Fasti Antiates maiores* und ein weiterer Anhang mit einer tabellarischen Auflistung der römischen Feiertage ergänzt.

Die Abhandlungen von Shaw und Udolph zu Ostern und Eostre sowie zu Hretha (Nerthus) sind an entsprechender Stelle in das Buch eingeflossen. In diesem Zusammenhang wurden auch die Etymologie des *solmónað* und des *hréðmónað* korrigiert.

Die Beschreibung der Festlichkeiten zum Ende der Polarnacht auf der Insel Thule von *Procopios von Caesarea* sind nun auch im griechischen Original in diesem Buch abgedruckt. Darüber hinaus konnte durch die geodätischen Analysen zur „Entschlüsselung“ von Ptolemaios Atlas der Oikumene diese Insel Thule nun auch exakt lokalisiert werden.

Ein weiterer indirekter Hinweis in Wulfilias Übersetzung des Kolosserbriefes auf einen gotischen Lunisolarkalender ist hinzugefügt worden.

Der neue Artikel über die Spurcalien von Nathan Ristuccia „*The Rise of the Spurcalia*“ wurde eingearbeitet.

Die wirklich interessante archäologische Arbeit von Magnell und Iregren, die die Opferfeste an den nordischen Quartalstagen auf dem Areal der Frösö-Kirche im schwedischen Jämtland nachweist, wird vorgestellt.

Die meisten Ergänzungen gab es im Bezug auf das Neunjahr bei den Germanen. So wurde der Runenstein von Stentoften als Quelle für das Neunjahresopfer ergänzt. Es gibt einen weiteren Exkurs über die Oktaeteris als Zeitmaß für die Delphischen Spiele und ein ganz neues Kapitel zum Neunjahr in der germansichen Mythologie.

Zur besseren Verständlichkeit wurde der Anhang über Franks Casket mit der Beschreibung der Ikonografie des Kästchens nahezu verdoppelt.

Um das heidnische Mittwinterfest zum Vollmond, der auf den ersten Neumond nach der Wintersonnenwende folgt, im Lesefluss leichter und eindeutig vom christlichen Weihnachtsfest zur beobachtbaren Wintersonnenwende am 24./25. Dezember unterscheiden zu können, richte ich mich in der 2. Auflage des Buches nach einer in der skandinavschen Literatur zum Teil üblichen Sprachregel und bezeichne nun ersteres mit dem altnordischen Begriff „Jól“ und zweiteres mit dem aktuellen skandinavischen Begriff „Jul“, was jedoch an den Textstellen schwierig wird, in denen von der terminlichen Verlegung des ersten auf das zweite geschrieben wird.

Darüber hinaus gab es hier und da noch einige kleinere Veränderungen.

Ich hoffe, durch diese Ergänzungen wird das Bild von dem oder besser den Lunisolarkalendern, die zwischen Völkerwanderung und später Wikingerzeit in Nordeuropa benutzt wurden, abgerundet und verständlicher.

Göttingen, 2013
Andreas Zautner

1. Die Weltmühle dreht sich – zur Kosmographie der Germanen

Zu Beginn dieses Buches soll zunächst ein schematisierender Blick auf die Kosmographie der Germanen geworfen werden. Dabei sei angemerkt, dass sich diese in ähnlicher Form auch bei anderen antiken, indoeuropäischen Völkern findet.

Interessant hierbei ist zunächst der Wortkern des Begriffes Welt – ahd. *Weralt*, denn dieser bezeichnet eigentlich eine zeitliche Dimension und zwar das Zeit-alter (*-alt*), in dem die Menschen (*Wer-*) existieren. Der ursprüngliche Begriff für den kosmographischen Aufbau des Universums war Weltzimmer (ahd. *Weraltzimbar*). In seinem Grundaufbau war dieses Weltzimmer oder Weltgefüge dreigeteilt.

In *Mittangart* (ahd.; an. *Miðgarðr*) lebten die diesseitigen Menschen. Die große Ebene dieser mittleren Welt wurde als *Irmingrunt* (ahd.; an. *Jörmungrundr*), was allergrößter Grund bedeutet, bezeichnet. Nach außen wurde diese Weltebene durch das Weltmeer (ahd. *Weraltmeri*) begrenzt, welches wiederum ganz außen am Horizont bzw. Weltring (ahd. *Weraltring*) von einem riesigen Lindwurm (an. *Jörmungandr), dem Mittgartswurm (an. Miðgarðsormr*) umringt wurde. In der Mitte dieser Welt erhebt sich, wie wir es aus der Vita des Sankt Gallus erfahren, der Weltberg (ahd. *Weraltberc*) bzw. über diesem die Himmelskuppel, die auch als Himmelsberg (ahd. *Himilinberc*, an. *Himinbjörg*) bezeichnet wurde. Wenn man bedenkt, dass ein Weltberg eine Erdhalbkugel approximiert, ist, gemessen an modernen Weltvorstellungen, ein solches Weltbild gar nicht so primitiv.

Im Inneren dieses Weltberges bzw. unter der Weltebene befindet sich die verborgene oder besser verhehlte Welt – die *Hellia* (ahd.; an. *Hel*), die u.a. ein Daseinsort der Verstorbenen war.

Über der Menschenwelt Mittgart befindet sich der sogenannte Aufhimmel (ahd. *ufhimil*, an. *upphimin*; ae. *upheofon*). Dort hinein ragt der Gipfel des Welt- bzw. Himmelsberges. Auf dem Gipfel oder besser Gebirgskamm des Welt- bzw. Himmelsberges befand sich die Wohnstätte der Götter. Ein althochdeutscher Begriff für Pfahl, Balken, Dachfirst und dann im übertragenen Sinne auch für Gebirgskamm war *ans* (ahd.; an. *áss*, ae. *ōs*, got. *ans*, urgerm. *ansuz*). Dementsprechend hieß diese Wohnstätte der Götter

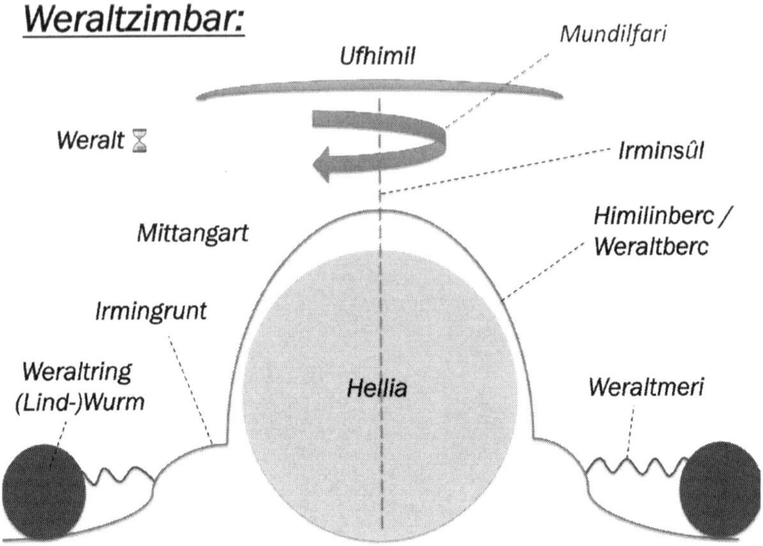

Abb. 1: Schematische Darstellung der germanischen Kosmographie

auf dem *ans* / Gebirgskamm – *Ásgarðr* (an.). Die Götter wurden dementsprechend als Bewohner dieses Weltbergs-Gebirgsrückens als *ensî* (ahd.; an. æsir; ae. ēse, *got. anseis)* bezeichnet. Richard Wagner und andere Nationalromatiker haben diesen Begriff als *Asen* ins Neuhochdeutsche übertragen, obwohl, basierend auf der althochdeutschen Form *ensî*, die Bezeichnung Änse die richtigere neuhochdeutsche Schreibweise wäre (Bachmann, 2012). Die Analogie zu den griechischen Göttern, den Olympiern, die auf dem Gipfel des Olymps wohnten, geht auf die gleichen gemeinindoeuropäischen Vorstellungen zurück.

In der Mitte des Weltberges und der Wohnstätte der Änse befand sich die Weltachse, die *Axis mundi*, die allergrößte Säule – die *Irminsûl* (ahd.), die auch als Weltenbaum bzw. Weltesche (an. *askr*) angesehen wurde.

Doch was uns hier im Besonderen interessiert, ist die dynamische Komponente dieses Weltzimmers, denn dieses dreht sich, wie man leicht vermuten kann.

Dieses allumfassende Rotationsprinzip wird in der nordischen Mythologie durch die wahrscheinlich riesige Wesenheit *Mundilfæri* (an.) repräsentiert. Es gibt verschiedene Deutungen für den Namen *Mundilfæri.* Zum einen wird der Name aus altnordisch *möndull* = Mühlenstil) und *-færi* = Fahrer, im Sinne von „derjenige, der etwas in Bewegung setzt“ interpretiert (Nordberg, 2006). Demnach ist *Mundilfæri* „derjenige, der die Weltmühle in Rotation versetzt“, die Weltmühle selbst oder die rotierende Welt- bzw. Mühlenachse.

Eine andere Deutungsweise leitet den ersten Namensbestandteil *Mundil-* von dem altnordischen Wort *mund* = Zeit, Zeitpunkt und den zweiten Namensbestandteil *-færi* von dem althochdeutschen Begriff *ferjo* = Fährmann, ab. Hiernach wird *Mundilfæri* als der interpretiert, welcher die Zeit bewegt, bzw. er wird als Fährmann der Zeit angesehen. Diese Vorstellung fußt wahrscheinlich auf bronzezeitlichen Vorstellungen, in denen Mond und Sonne auf Schiffen oder Wägen, welche von Pferden gezogen wurden, über den Himmel fuhren (Nordberg, 2006).

Abb. 2: Sonne und Mond von den Wölfen der Finsternis verfolgt (John Charles Dollman)

In Strophe 23 des Eddaliedes *Vafþrúðnismál* sowie in Abschnitt 10 der *Gylfaginning* aus Snorris Prosaedda erfahren wir, dass *Mundilfæri* der mythologische Vater von Sonne und Mond ist. Rudolf Simek zufolge kann *Mundilfæri* auch eine Personifikation des Mondes selbst sein (Simek, 2006). Hiermit wären wir bei den beiden kosmologischen Hauptakteuren dieses Buches, den „Wandelsternen" Sonne und Mond angelangt, deren Beobachtung die Grundlage für den gebundenen Mondkalender der Germanen bildet.

2. Vorbetrachtungen: Von Nächten, Tagen und Wochen

Bevor wir uns dem eigentlichen Kalender und den Monaten widmen, wenden wir uns den kleineren Zeiteinheiten, den Nächten, Tagen und Wochen zu, um ein Verständnis für das Zeitgefühl der Germanen zu bekommen.

> *De minoribus rebus principes consultant; de maioribus omnes, ita tamen, ut ea quoque, quorum penes plebem arbitrium est, apud principes pertractentur. Coeunt, nisi quid fortuitum et subitum incidit, certis diebus, cum aut incohatur luna aut impletur; nam agendis rebus hoc auspicatissimum initium credunt. Nec dierum numerum, ut nos, sed noctium computant. Sic constituunt, sic condicunt: nox ducere diem videtur. C.P. Tacitus: De origine et situ Germanorum liber (11)*

> Über kleinere Dinge beraten die Hohen, über größere Alle, doch so, daß auch Dasjenige, dessen Entscheidung beim Volke ist, bei den Hohen durchgearbeitet wird. Die Gemeinde versammelt sich, wenn nicht etwas Unerwartetes und Plötzliches einfällt, **zu bestimmten Fristen, da der Mond anfängt oder voll wird**; denn zur Behandlung aller Angelegenheiten halten sie dies für den glückbringendsten Anfang. Übrigens rechnen sie nicht wie wir die Zahl der Tage, sondern der Nächte; so geben sie Bestimmung, so Zusage; die Nacht scheint dem Tage vorauszugehen. (*Übersetzung:* Fuhrmann, 2000)

Aus diesem Tacitus-Zitat kann man das ursprüngliche Verständnis für den Beginn des Tages zu Mitternacht leicht erkennen. Ein Tag beginnt in der Mitte der Nacht – zu Mitternacht, erreicht vom Morgen zum Mittag, beim höchsten Stand der Sonne, seinen Höhepunkt und findet über den Abend hin zur nächsten Mitternacht sein Ende. Dieses Prinzip hat heute noch seine Gültigkeit. Die ursprüngliche Zählweise nach den Tageswenden, d.h. den Nächten, finden wir noch in alten Feiertagsbezeichnungen wie Weihnachten, den Rauhnächten oder der Walpernacht (Walpurgisnacht). Auch in der Snorra-Edda heißt es, dass die Nacht (an. *Nótt*), Tochter des Nacht-Riesen (an. *Nörfi*), zusammen mit *Delling* (an., der Glänzende, ggf. Verniedlichung von Tag - Tägling) den Tag (an. *Dagr*) gebiert bzw. zeugt.

Die Nacht geht also dem Tag voraus. Darüber hinaus wird in diesem Tacitus-Bericht auch die glücksverheißende Rolle des zunehmenden Mondes verdeutlicht. In seinen Annalen berichtet Tacitus noch von einem Fest in einer sternenerhellten Nacht:

> *...delecta longiore via cetera adcelerantur: etenim attulerant exploratores festam eam Germanis noctem ac sollemnibus epulis ludicram. Caecina cum expeditis cohortibus praeire et obstantia silvarum amoliri iubetur: legiones modico intervallo sequuntur. iuvit nox sideribus inlustris, ventumque ad vicos Marsorum et circumdatae stationes stratis etiam tum per cubilia propterque mensas, nullo metu, non antepositi vigiliis: adeo cuncta incuria disiecta erant neque belli timor, ac ne pax quidem nisi languida et soluta inter temulentos.*
> *C.P. Tacitus: Annalium liber primus (50)*
>
> Man wählt den längeren [Weg] und befleißt sich in Allem der größten Eile, denn Kundschafter hatten berichtet, **daß diese Nacht für die Germanen eine Festnacht sei und mit festlichen Schmausen gefeiert werde.** Caecina erhält den Befehl, mit den leichten Cohorten vorzugehen und den Weg durch die Wälder praktikabel zu machen. Die Legionen folgen in mäßiger Distanz. Eine **sternhelle Nacht** förderte das Unternehmen, und so gelangte man zu den marsischen Dörfern, die man mit Truppenabteilungen umstellte und wo die Bewohner noch in ihren Schlafstätten oder an den Tischen herumlagen, ohne Ahnung einer Gefahr und ohne Wachen aufgestellt zu haben. So sehr war alles aufgelöst in Sorglosigkeit, ohne Furcht vor einem kriegerischen Angriffe, und auch die unter ihnen herrschende Friedensruhe war nur Folge träger Schlaffheit und der augenblicklichen Betrunkenheit. *(Übersetzung; Stahr, 1871)*

Feste wurden also in der Nacht begangen. Dass hier nicht direkt der Mond als Lichtquelle genannt wurde, kann darauf hindeuten, dass dieser gerade in seiner Neumondphase war.

2.1. Die Unterteilung des Tages und der Nacht

Bezeugt durch alte angelsächsische und altnordische Sonnenscheiben (ae. *asol-merca ordægmæl*, an. *sólarhringr*) wissen wir ziemlich genau, wie der Tag in Abschnitte unterteilt wurde. Sowohl der Tag als auch die Nacht wurden in jeweils vier Abschnitte unterteilt. Insgesamt gab es also acht gleichmäßige Abschnitte, sog. Acht (*átt* oder *eykt*) (im Sinne von Oktanten). Diese Abschnitte, die nach heutigem Maß ungefähr drei Stunden umfassten, bezeichnete man als *stunda* (also Stunden) oder auch als *tíd* (also Zeiten). Die Namen für diese Abschnitte finden wir durchweg in der althochdeutschen, altenglischen und altnordischen Literatur (Anderson, 1998):

0-3 Uhr: **Mitternacht** (ahd. *mittinaht*, ae. *midniht*, an. *miðnætti*)

3-6 Uhr: **Uchte** (ahd. *ûhta*, ae. *úht*, *úhten tid*, an. *ótta*, german. **uhtwón*) Morgengrauen, Zeit vor dem Tagesanbruch, wahrscheinlich die Zeit, zu der man besonders Acht geben musste.

6-9 Uhr: **Morgen** (ahd. *morgan*, ae. *morgen*, an. *miðr morgun* [Mittmorgen])

9-12 Uhr: **Untarn** (ahd. *untarn*, ae. *undern* dial. *oanders*, *aunders*, und *andrum*, an. *undorn*, *undorneykt*, *nón* oder *undarn*, dä. *unden*, afr. *unden*, *ond*) bedeutet in etwa soviel wie Zwischenzeit oder Mahlzeit

12- 15 Uhr: **Mittag** (ahd. *mittitag*, ae. *middæg*, an. *miðdagr/miðr dagr/hádegi* (Hochtag))

15-18 Uhr: **Nachmittag** (ae. *gelotendæg, an. *eptirmiðdagr*)

18-21 Uhr: **Abend** (ahd. *âbant*, ae. *æfen*, an. *aptann*)

21-24 Uhr: **Nacht** (ahd. *naht*, ae. *niht*, an. *nótt*)

Viele dieser Begriffe sind noch heute in unserem Wortschatz vorhanden. Ihre genaue Bedeutung bzw. ihr Ursprung ist jedoch kaum jemanden bewusst. Die wichtigste Tagesmarkierung war Mittag. Um den genauen Mittagszeitpunkt zu bestimmen orientierte man sich an der Landschaft, meistens an einem sogenannten **Mittagsberg**, den wir bis heute noch als Landschaftsbezeichnung finden: *Middagsfjället*, *Middagshorn*, *Middagshaugen*, *Middagsnib*, *Middagsberg* und *Middagsfjeld* (Anderson, 1998).

In der sechsten Strophe der *Völuspá* (Der Seherin Weissagung) werden fünf der acht *Stunden* des Tages zusammen mit anderen Zeitbegriffen aufgeführt, allerdings nicht in ihrer zeitlichen Reihenfolge, sondern nach den Regelungen des Stabreimes geordnet.

Altnordisch	**Deutsche Übersetzung**
Þá gengu regin öll	Da gingen all die Räte
á rökstóla,	zu den Ratssitzen,
ginnheilög goð,	Hochheilige Götter
ok um þat gættusk;	um Rat zu halten:
nótt *ok niðjum*	Der **Nacht** und dem Nidmond
nöfn of gáfu,	gaben sie Namen,
morgin hétu	hießen den **Morgen**
ok ***miðjan dag,***	und die **Mitte des Tages**,
undorn *ok* ***aftan,***	(sowie) **Untarn** und **Abend**,
árum at telja.	die Jahre zu zählen.
	(Eigene Übersetzung)

2.2. Die Woche

Der Begriff Woche (ahd. *wohha* oder *wehha*) hat die ursprüngliche Wortbedeutung Reihenfolge oder Wechsel (lat. *vices* = Wechsel). Das altnordische Wort *vika* bedeutet nicht nur Woche, sondern auch Seemeile. Die Seemeile wurde hier als Längenmaß vom Wechsel der Ruderer in einem bestimmten Rhythmus, dem Rhythmus des Trommlers, abgeleitet. Eine Woche ist also der Wechsel der Reihe von Wochentagen, die sich (wie Ruderer) im Nacht-Tag-Rhythmus abwechseln. In ähnlicher Bedeutung steht das gotische Wort *wiko*, welches soviel wie Folgeordnung im Dienst bedeutet (de Vries, 1962).

2.2.1. Die Neun-Nächte-Woche bei den baltischen Völkern

Im 14. Jahrhundert wurde im Großfürstentum Litauen nachweislich ein Lunisolar-kalender benutzt. Die Arbeitsweise dieses Kalenders konnte mit Hilfe des 1680 entdeckten Zepters des Großfürsten *Gediminas* entschlüsselt werden. Dieses beweist, dass auch die alten Balten, d.h. die Litauer, den siderischen Monat in drei Teile untergliederten und demnach eine Neun-Nächte-Woche benutzten. In diesem Kalender begann das Jahr im April und war in 12 Monate unterteilt, die 29-31 Tage umfassten. Jeder dieser Monate begann mit einem Neumond. Die Monate sind auf dem Zepter durch Symbole versinnbildlicht (Gusev, 1865; Klimka, 1995).

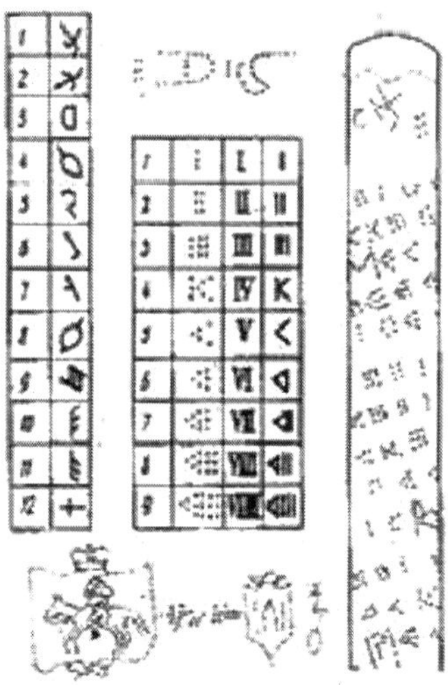

Abb. 3: Gediminas Zepter, ein mittelalterlicher Litauischer Kalender auf der Grundlage einer Jahresunterteilung von 12 Monaten und einer 9-Tage-Woche

2.2.2. Der Nundinalzyklus der Römer

Auch in der Römischen Republik benutzte man eine achttägige bzw. neunnächtige Woche, die sogenannte „Marktwoche". Sie ist als Erbe der Etrusker anzusehen. Der lateinische Ausdruck für diesen Marktrhythmus war bzw. ist Nundinalzyklus (Graf, 1997). Das lateinische *Nundînae* bedeutet einfach neuntägig. Mit dem Begriff benannte man sowohl die Art dieses Wochenrhythmus als auch den darin mit einbezogenen Markttag selbst. Die Bezeichnung „neuntägig" ist dabei vielleicht etwas irreführend, da die Länge der Nundinal-Woche in Ihrer Summe nur acht Tage ergibt. Dies lässt sich jedoch einfach aus der, in der Römischen Republik üblichen, inklusiven Zählweise erklären, denn hier wurden die beiden flankierenden Markttage mit eingerechnet. Dass heißt, zwischen den einzelnen Marktagen (lat. *Nundinales dies*) lagen nur sieben Tage. Allerdings werden acht Tage, wie oben geschrieben, von neun Nächten flankiert. Beginnend mit dem 1. Januar sind die Tage einer Marktwoche im Kalender mit den Nundinalbuchstaben „A“ bis „H“ fortlaufend gekennzeichnet worden. Der Buchstabe für den Markttag wechselte jährlich, da die Anzahl der Tage eines Jahres (365 Tage) kein Vielfaches von 8 (Tagen) ist. Hier haben wir im Prinzip einen in der Römischen Republik parallel benutzten Wochenkalender, wie wir ihn auch auf Island und den Färöern vorfinden werden (dazu später mehr).

Der Nundinalzyklus war für das tägliche Leben in der Römischen Republik ein grundlegender Rhythmusgeber. Am Markttag fuhren die Menschen vom Lande in die Stadt, und die Stadtbewohner kauften ihre Naturalien für die nächsten 8 Tage. Während der frühen Reichsperiode, nachdem auch der julianische Kalender eingeführt worden war, wurde der Nundinalzyklus schließlich durch die siebentägige Woche ersetzt. Das System der Nundinalbuchstaben ist jedoch an die neue siebentägige Wochenlänge angepasst worden. So haben die Sonntagsbuchstaben ihre Vorläufer im Nundinalsystem. Für eine gewisse Zeit existierten die Sieben-Tage-Woche und der Nundinalzyklus parallel nebeneinander. Als jedoch unter Konstantin dem Großen im Jahre 321 die christliche Sieben-Tage-Woche mit dem Sonntag als Ruhetag offiziell eingeführt wurde, kam der Nundinalzyklus vollends außer Gebrauch.

2.2.3. Die Sieben-Tage-Woche (Planetenwoche)

Die Sieben-Tage-Woche ist eine Erkenntnis der Astronomen des alten Orients (nach Walthard, 2010). Teilt man die Zeiträume des zunehmenden und des abnehmenden Mondes, d.h. die obsigende (zunehmende) und die nidsigende (abnehmende) Hälfte des Monats in zwei Teile, erhält man jeweils zwei Wochen zu sieben Tagen.

Die alten Astronomen ordneten jedem der sieben Tage einen bestimmten Planeten und damit eine bestimmten Gottheit zu. Die Römer übernahmen diese Einteilung, und zur Zeit des römischen Reiches in den ersten Jahrhunderten der neuen Zeitrechnung verbreiteten sich diese

Zuordnungen, wohl zusammen mit dem julianischen Kalender, auch im germanischen Raum. Dabei wurden die römischen Götternamen durch germanische Götternamen ersetzt. So wurde zum Beispiel aus dem babylonischen Tag des Nergal der Tag des Ares, dann der Tag des Mars und schließlich der des germanischen Zius.

Bei der Übernahme der Sieben-Tage-Woche von den Römern, die in etwa im 2.-3. Jahrhundert, d.h. in der römischen Kaiserzeit, stattgefunden haben soll (Maier, 2003), wurde auch die Gepflogenheit übernommen, die Woche mit dem *dies Jovis*, d.h. mit dem Donnerstag, beginnen zu lassen. So sollen beispielsweise nach dem isländischen Gesetzesbuch – Graugans die Fahrtage mit dem ersten Donnerstag sechs Wochen nach Sommeranfang beginnen, d.h. mit dem Donnerstag in der 7. Woche nach dem 14. April[iv]. Genau 4 Wochen später tagte laut Graugans das Allding gleichfalls ab einem Donnerstag für die folgenden zwei Wochen. Auch der Brauch, dass der Osterhase (regional auch heute noch) die Eier am Gründonnerstag bringt, könnte ein Relikt dieser Regelung sein. Im *Indiculus* (c. 20) finden wir „*de feriis, quae faciunt Iovi vel Mercurio*“, d.h. neben dem Donarstag/*dies Jovis* sollte auch der Wodanstag/*dies Mercurii* geheiligt werden. So bildeten Wodans- und Donarstag das damalige Wochenende. Die Namen der Wochentage seien im Folgenden aufgeführt:

Donnerstag: Der *dies Jovis*, der Tag des Blitzeschleuderers Zeus-Jupiter, wurde von den Germanen als Donars-Tag aufgefasst. Außer im Bayerischen, wo Pfinztag eine kirchliche Korrektur widerspiegelt, hat sich der Name im ganzen deutschen Raum erhalten. Der Donnerstag war sowohl bei Germanen als auch den Römern der erste Tag der Woche und hatte damit eine ähnliche Stellung wie heute der Sonntag. Er war eine Art allwöchentlicher Feiertag.

Freitag: Die römische Göttin Venus wurde von den Germanen mit *Frija* gleichgesetzt. Tatsächlich sind beide Namen mit dem altindischen *prya* (Geliebte) verwandt. Im Alemannischen hat sich die althochdeutsche Form *Friijatag* in *Friitig* erhalten. Sie stimmt mit dem altisländischen *friadagr* überein. In Bayern wurde auch dieser Wochentag mit einem christlichen Namen belegt. Der *Pferintag* bezeichnete den Rüsttag zum Sabbat. Der Begriff ist mittlerweile ausgestorben.

Sonnabend/Samstag: Die Bezeichnung Sonnabend meint eigentlich den Vorabend des Sonntags und weist auf eine weitere Besonderheit des germanischen Kalenders hin. In allen germanischen Sprachen wird nämlich der Vorabend zum folgenden Tag gezählt. Der heilige Abend ist der Vorabend vor Weihnachten, der dänische *Sankthansaften* ist der Vorabend von Johanni und der Werk- oder Feierabend ist der Vorabend eines Werktages. Anstatt in Jahren wurde, wie wir später noch genauer sehen werden, in Wintern, und, wie oben gesagt, anstelle von Tagen in Nächten gerechnet. Auch Feste verlegte man im germanischen Kulturraum in die Nacht, neben den obigen Beispielen seien die bei *Beda Venerabilis* aufgeführte Mütternacht (siehe unten), die Fasnacht und die Perchten-/Hullefrauensnacht genannt.

Der Tag endete also mit dem Abend, und die einbrechende Nacht gehörte bereits zum folgenden Tag. So ging die *Wodans*-Nacht dem *Wodans*-Tag voran, so folgte auf den *Donars*-Tag mit dem Eindunkeln die *Frija*-Nacht. Der Beginn der Nacht dürfte durch das Erscheinen des Abendsterns gekennzeichnet gewesen sein, der Übergang zum Tag mit dem Erscheinen des Morgensterns. Das Aufgehen der Sonne ist eine alte deutsche Sprachwendung, die Bezeichnung Sonnenuntergang wird, vielleicht wegen ihres apokalyptischen Beiklangs, noch heute von bodenständigen Dialektsprechern im Alpenraum vermieden. Die Bezeichnung Sonnabend (althochdeutsch: *sunnunaband*) stammt eigentlich aus dem Altenglischen (*sunnanæfen*) und wurde quasi als Anglizismus durch angelsächsiche Missionare vor allem im Norden Deutschlands eingeführt. Gemäß mittelhochdeutscher Sprichwörter geht die Sonne niemals unter, sondern nur zu Rast und Gnaden. Es war früher eine allgemeine Sitte, beim Anblick von Sonne und Mond freundlich den Hut zu ziehen und die Gestirne zu grüßen.

Diese etwas besondere Benennung des Vortages zum Sonntag lässt sich zum einen aus der Sonderstellung des Sonntages als Mitte und Höhepunkt der Woche im Christentum erklären.

Der Samstag, wie der Sonnabend in den südlicheren Gegenden Deutschlands bezeichnet wird, ist der einzige Tag, der keinen Götternamen trägt, der im Sinne einer *interpretatio romana* von einer römischen Gottheit abgeleitet wurde. Er ist aus dem Griechischen ins Bayrische

Tab. 1: Übersicht der römischen und germanischen Wochentage

Römisch- Lateinisch	Norwegisch *Altnordisch*	Englisch *Altenglisch*	Deutsch *Althochdeutsch*	Bedeutung
dies Iovi (Tag des Jupiter)	torsdag *þórsdagr*	thursday *þûnresdæg*	Donnerstag *Donarestag*	Tag des Donar 1. Tag der Woche
dies Veneris (Tag der Venus)	fredag *frjádagr* oder *freyjudagr*	friday *frîgedæg*	Freitag *Frîjatag*	Tag der Frija/Frigg
dies Saturni (Tag des Saturn)	lørdag *laugardagr* (Badetag) *sunnunótt*	saturday (Saturnstag) *sunnanæfen*	Sonnabend *Sunnûnâband*	Abend/Nacht der Sonne Vor-Sonntag
dies Solis (Tag der Sonne)	søndag *sunnudagr*	sunday *sunnandæg*	Sonntag *Sunnûntag*	Tag der Sonne/Sunna Mitte der Woche
dies Lunae (*Tag des Mondes*)	mandag *mánadagr*	monday *mônandæg*	Montag *Mânetag*	Tag des Mondes
dies Martis (Tag des Mars)	tirsdag *týsdagr*	tuesday *tîwesdæg*	Ziestag/Dienstag *Zîestag*	Tag des Ziu (=Mars Thingsus) Tag des Dings
dies Mercurii (Tag des Merkur)	onsdag *óðinsdagr*	wednesday *wôdnesdæg*	*Wodanstag *Wôdanstag*	Tag des Wodan Ende der Woche

gewandert. Der althochdeutsche *Sambaztag* geht demnach wohl auf den griechischen *Sambaton,* was Tag des Sabbat, des jüdischen Ruhe- und Feiertags, bedeutet zurück. Im Nordwesten Deutschlands hat sich, wie in England, die Bezeichnung Saterstag, eine direkte Übertragung des lateinischen *dies saturni* erhalten. Im Norden heißt der Sonnabend *laugardagr*, d.h. Wasch- oder Badetag. Das samstägliche Baden und Waschen war auch im deutschen Raum bekannt und hat sich in den Alpen bis zum heutigen Tage erhalten. Der Brauch ist entweder uralt oder erst nach der Christianisierung entstanden, da man am Tag des Herrn sauber zu sein hatte. Darüber hinaus finden wir im Altnordischen auch den Ausdruck *sunnunótt*, also Sonn-Nacht, für die Nacht vor dem Sonntag. Der Begriff Sonn-Nacht, stimmt also inhaltlich mit dem Sonnabend als Ende der Woche überein.

Sonntag: Als *dies solis* – Tag der Sonne – wurde von Germanen und Römern der vierte Wochentag bezeichnet. Im romanischen Bereich setzte sich ab dem vierten Jahrhundert mit der Festigung der Sieben-Tage-Woche der Name *dies dominica* (Tag des Herrn) durch. Analog hierzu finden wir später auch die Namensform Fronstag (Tag des Herren) im deutschsprachigem Gebiet.

Montag: Analog zum Sonntag wird der fünfte Tag der Woche als Montag, als Tag des Mondes – *dies Lunae* – bezeichnet. Seine althochdeutsche Form *Manatag* ist im Dialektwort *Määntig* erhalten geblieben.

Ziestag/Dienstag: Der römische Mars wurde von germanischen Legionären gemeinhin mit dem Gott Ziu gleichgesetzt. Demnach nannte man den sechsten Wochentag *Zîestag*. Die Bezeichnungen *Zîistag*, *Ziestag* oder *Zienstag* haben sich im alemannischen Raum gehalten und entsprechen genau dem altnordischen *tyrsdagr*. Der deutsche Dienstag erklärt sich damit, dass Ziu auch als *Mars Thingsus*, Schutzgott der Dingversammlung, bekannt war, was jedoch nur einmal inschriftlich bezeugt ist. Ansonsten war der *Mars Thingsus* faktisch unbekannt. Der *Zîestag* wurde erst im 17. Jahrhundert mit der Verbreitung der Lutherbibel durch den mittelniederdeutschen *dingesdach* verdrängt. Die Schreibweise Dienstag geht also allein auf Luther zurück. In Bayern heißt der Dienstag mundartlich auch Ertag, was auf den griechischen Ares oder den Bischof Arius bezogen werden kann. Das schwäbische *Aftermontag* geht offensichtlich auf eine kirchliche Intervention zurück.

Wodanstag/Gudenstag (Mittwoch): Eine solche kirchliche Umbenennung erklärt ebenfalls den deutschen Namen Mittwoch. Diese harmlose Bezeichnung sollte den dem römischen Tag des Merkurs entsprechenden *Wuodanestag* (Wodanstag) ersetzen. Im Nordwesten Deutschlands hat sich der *Gudenstag* erhalten, auch im friesischen *Wönsdei* und im altnordischen *Óðinsdagr* zeigt sich der alte germanische Name, der im englischen *Wednesday* heute weltweit verbreitet ist.

2.2.4. Die Fünf-Tage Woche bei Färingern und Kelten

Niels Winther berichtet uns in seiner Abhandlung über die Frühgeschichte der Färöer, dass dort die älteste Wocheneinteilung des Jahres in sogenannte *Fimtern* (Fünfern), das heißt in Perioden von fünf Tagen, erfolgt ist (Winther, 1875). Dies sei letztendlich eine rein mathematische Einteilung der 365 Tage des Jahres in 73 Fünfer-Wochen. Der Fehler bei dieser Einteilung beträgt nur etwa einen Tag auf vier Jahre. Als man später durch südlichen (fränkischen – indirekt historisch-römischen) Einfluss auf die Sieben-Tage-Woche umstellte, bestand das Jahr nur noch aus 52 Wochen, die 364 Tage umfassten, so dass man im Sommer wochenlose Tage einfügen musste.

Eine ähnliche Einteilung in eine Fünf-Tage-Woche finden wir nach Plinius im irischen Kalender. Hier wurde der 30-tägige Lunarmonat in sechs Teile untergliedert, bzw. sowohl die Monatshälfte des zunehmenden als auch die des abnehmenden Mondes wurden dreigeteilt, so dass jeder Monat aus sechs Fünf-Tage-Wochen bestand. Diese Fünf-Tage-Woche bezeichnete man als *còicide.* Drei dieser *còicide* – Fünf-Tage-Wochen fasste man zu einer fünfzehntägigen *còicthiges* zusammen. Diese *còicthiges* entspricht begrifflich der englischen *fortnight* (ae. *fēowertyne niht*) bzw. der *quinze-jours* im Französischen. Nach Plinius Aussage *ante omnia sexta luna* begann jeder neue Lunarmonat am sechsten Tag nach Neumond, d.h. die erste *còicide* nach Neumond gehörte noch zum Vormonat (Olmsted, 1992).

Zusammenfassend sollte hier festgehalten werden, dass die Wochenfolge und damit auch die Tagesabfolge in einem Sonnen- oder Mond- sowie in einem Lunisolarkalender eine unabhängige, parallele Zusammenfassung von Tagen ist, die eher bei der Organisation des Arbeitslebens als für die

Kalenderberechnung von Bedeutung ist. Bei sogenannten Wochenkalendern, d.h. insbesondere beim altisländischen und wahrscheinlich auch gesamtnordischen Wochenkalender, der parallel zum Lunisolarkalender benutzt wurde, sind die Wochen jedoch von Bedeutung, wie wir noch später sehen werden.

Kommen wir nun zu der eigentlichen Grundlage des gebundenen Mondkalenders – den Lunarmonaten.

3. Die Vierteilung des Monats: Zündung, Neu-, Voll- und Nidmond

Die Beobachtung der Mondphasen bildet die Grundlage für den Monat und somit für den gebundenen Mondkalender der Germanen. Bereits Beda Venerabilis schreibt: *cursum lunæ suos menses computavere*, was soviel heißt wie „Sie berechneten die Monate nach dem Lauf des Mondes." Einen Monat anhand der beobachteten Mondphasen bezeichnet man auch als „synodischen Monat". Die Lunation (abgeleitet von lateinisch *Luna* für Mond) bezeichnet die Zeitspanne eines vollständigen Mondumlaufs auf seiner Bahn um die Erde im Bezug zur Sonne.

In nahezu allen Mondkalendern beginnt der Monat mit der ersten Sichtung der noch dünnen Mondsichel – der Neumondzündung. Der Begriff **Zündung** steht hier für das erstmalige Auftreten des Neulichtes und ist eine Lehnübersetzung des schwedischen Begriffs *Nytändningen*, die im Weiteren noch häufiger Verwendung finden wird (Textbeispiele hierfür folgen im Kapitel über die Schaltregeln).

Der Vollmond bildet die Mitte des Monats. Die Zeiten des zunehmenden und abnehmenden Mondes teilen den Monat in zwei Hälften zu etwa 14 Tagen (eng. *fortnight*) und jede *fortnight* zerfällt in je zwei Monatsviertel von etwa sieben Tagen. „*Ein nuwe und ein wedil, daz sint vier wochin*", meldet das Mühlhäuser Statut aus dem 13. Jahrhundert und gibt dabei gleich die alten deutschen Bezeichnungen für Neu- und Vollmond an (Walthard, 2010). Grimm vermutete eine Beziehung zwischen dem deutschen ***Wedel*** und dem Sanskritwort *vidhu* (Mond). Der Begriff scheint ein sehr hohes Alter zu haben. Beda venerabilis nennt den Vollmond *Filleth*, was auch dem gotischen Wort *Fullith* entspricht. Grimm vermutet ***Niuwid*** und ***Fullid*** als althochdeutsche Bezeichnungen der Mondphasen.

Im Altnordischen bezeichnete *ny* das neue Licht des zunehmenden und *nið* das schwindende Licht des abnehmenden Mondes. *Nyji* und *Niði* sind denn auch die Namen zweier Zwerge, die in der Edda auftreten. Das Interlunium, die Zeit, da der Mond nicht zu sehen ist, zählte offenbar zum *Nið*, zum abnehmenden Mond, wie die schwedische Bezeichnung *nedmörk* für „stockfinster" beweist. Im Deutschen heißen die beiden Mondphasen traditionell „im obsigenden" und „im nidsigenden" Mond. Die Bezeichnung „*Nid si gehend*" legt nahe, dass auch hier mit *Nid* das Interlunium gemeint ist.

„*Ny* und *Nið*" (Neu und Nid) sind eine in einigen germanischen Sagas und Rechtstexten verwendete Bezeichnung, die zum einen synonym für Monat, aber auch für Mond steht (was eine gewisse Doppeldeutigkeit des Begriffspaares zur Folge hat) und zum anderen die Reihenfolge Monatsbeginn zum Neumond, Vollmond und Monatsende mit dem abnehmenden Mond widerspiegelt und bestätigt. Einige dieser Beispiele seien im Folgenden aufgeführt (Nordberg, 2006 S. 67 ff):

1) Þar baddus þair byggias firir af grica kunungi. vm. ***ny oc niþar*** *kunungr þann lufaþi þaim Oc hugþi at ai miþ ann manaþr wari. Siþan gangnum manaþi wildi hann þaim bort wisa En þair annzsuaraþv at* ***ny oc niþar*** *wari.e oc e. Oc quaþu so sir wara lufat. (Historia Gotlandiae, 1852 und Holmbäck-Wessén, 1943)*

(In der gotländischen Saga wird zunächst berichtet, dass die Bevölkerung auf der Insel Gotland so stark angewachsen ist, dass nicht alle dort genug Raum zum Leben hatten und darum eine Gruppe Gotländer auf einem Schiff nach Griechenland zogen ...) Da baten sie den griechischen König sich **im [Schein/Anblick des] Neu und Nid** niederlassen zu dürfen. Der König versprach ihnen dies und glaubte, dass sie nicht länger als einen Monat bleiben werden. Als ein Monat vorübergegangen war, wollte er sie hinfort schicken. Aber sie antworteten ihm, dass „**Neu und Nid**" (als Synonym für Mond) für alle Zeit bestehen und sagten, dass es ihnen so versprochen worden ist. (eigene Übersetzung aus dem Schwedischen nach Nordberg, 2006)

2) Þat er nu þvi nest. at maðr kaupir máns mann at manne oðkaupa nder auf einem Schiff nacht des Begiffspaares zur Folge hat schicken.und darum eine Gruppe Gotländer auf einem Schiff nachrom. kaupa saman laga kaupi oc lyritar. sa scal hallða abyrgð a er sellðe. ***um ny hit nesta oc niðar****. at hann drecce eigi kýr. oc við stiarva oc við stinga. oc við fársottom ollom. oc við þvi at han bere sjalfr land sitt. oc skit af klædom. oc abyrgiasc við leynanda lostom ollom. manað hinn fyrsta. Nu ef sa lostr er einhverr a. þa scal þat kaup a fyrsta manaðe aptr fora. með vattom (Das ältere Gulathingsgesetz; Keyser, R. & Munch, P.A., 1846).*

Das ist nun das nächste, daß ein Mann einen unfreien Knecht kauft von einem anderen Manne. Sie schließen einen Kauf nach Gesetz und Recht, da soll die Bürgschaft dabei übernehmen der Verkäufer **für den nächsten zu- und abnehmenden Mond**, daß er die Kühe nicht melkt, und für Krampf- und Fallsucht (Epilepsie) und alles gefährliche Siechtum, und dafür, daß er selbst sich keinen Harn und Dreck aus den Kleidern schafft, und sich verbürgen für alle verheimlichten Schäden, während des ersten Monats. Nun wenn sich irgendein Schaden herausstellt, da soll er diesen Kauf im ersten Monate rückgängig machen, vor Zeugen. (Meißner, 1935)

3) Bonde skal værþe fa ær fæl. Þræl ok ambut. Þem, ær köpir, bæþi ***ny ok naþær*** *þar næstu firi brote. æn firi griþum allæn aldær. (Äldre Westgöta-lagen, 1827)*

Der Bauer, der einen Leibeigenen oder eine Leibeigene verkauft, steht gegenüber dem Käufer für das nächste **Neu und Nid** in Verantwortung, wenn diese an Fallsucht (Epilepsie) erkranken, und für alle Zeit für deren rechtmäßige Rückkehr. (eigene Übersetzung aus dem Schwedischen nach Nordberg, 2006)

4) En sidan schal warda fyri trim lastum, Brutfalli, oc Bed roytu, wardar om ***ny oc nidan****, tha en fran beyni werkir, ta wardar til at melis oc sidan fyri brigsl allan alder. (Gutalagen, 1852; Wessén, Gutalagen 32a, översätting, 1943)*

Aber dann haftet der Verkäufer für drei Fehler: Für Fallsucht (Epilepsie) und Betttröte (Bluterkrankheit, Hämophilie?) ist er für ein **Neu und Nid** verantwortlich, für Beinwerk (Knochenschmerzen) ist er für ein Jahr verantwortlich und dann für Tadel alle Zeit. (eigene Übersetzung aus dem Schwedischen nach Nordberg, 2006)

5) Bitir hundir fælaþi manz giældi quict firi döth. Bitir hundir hion. ær ypith baþi a ***ny oc niþum****. Böti firi sex öra. (Dalalagen, 1842)*

> Wenn ein Hund jemandes Vieh beißt, ersetzt der Eigentümer des Hundes das tote Vieh durch lebendiges Vieh. Wenn ein Hund einen Menschen beißt und die Wunde offen ist, sowohl im **Neu als auch im Nid**, so muss der Eigentümer des Hundes sechs Öre Strafe zahlen. (eigene Übersetzung aus dem Schwedischen nach Nordberg, 2006)

Auch in der mythischen Dichtung finden wir diesen Ausdruck des „*Ný* und *Nið*" (Neu und Nid) zum Beispiel in der bereits aufgeführten sechsten Strophe der *Völuspá:*

Altnordisch	Deutsche Übersetzung
Þá gengu regin öll	Da gingen all die Räte
á rökstóla,	zu den Ratssitzen,
ginnheilög goð,	Hochheilge Götter
ok um þat gættusk;	um Rat zu halten:
nótt ok ***niðjum***	Der Nacht und dem **Nidmond**
nöfn of gáfu,	gaben sie Namen,
morgin hétu	hießen den Morgen
ok miðjan dag,	und die Mitte des Tages,
undorn ok aftan,	(sowie) Untarn und Abend,
árum at telja.	die Jahre zu zählen.

Sowie in der Strophe 25 der *Vafþrúðnism*ál:

Altnordisch	Deutsche Übersetzung
Dellingr heitir,	*Tägling* heißt
hann er Dags faðir,	des Tages Vater,
en Nótt var Nörvi borin;	und die Nacht war von Nörr* geboren.
ný ok nið	**Neu und Nid**
skópu nýt regin	schufen neue Götter/Räte
öldum at ártali.	den Menschen als Jahrzähler

* Nörr ist eine andere Bezeichnung für Nacht vgl. aeng. *narouua* und ist etymologisch verwandt mit *narrow* eng. schmal, eng

Zusammenfassend bleibt festzuhalten, dass der Mondmonat mit dem ersten Erscheinen des neuen Lichts, dem ***Nuwe***, ***Ny*** oder ***Neu*** beginnt, dann obsigend bis zum Erreichen des Vollmondes, des **Wedels** oder **Fullids**, und nidsigend bis zum erreichen des ***Nið*** oder ***Nid***, der lichtlosen Zeit, ist, die das Ende des Monats darstellt. Der vollständig verschwundene Mond wird im Volksmund auch als „Schwarzmond" oder gar als „Höllenmond" bezeichnet. Die Dauer der Schwarzmondzeit beträgt drei Nächte. Danach erscheint ein nächster Neumond.

Zwei Ausnahmen von dieser Regel sind der isländische Kalender des *Ari Þorgilson in fróði*, bei dem die Monate von Voll- zu Vollmond und nicht von Neu- zu Neumond gerechnet wurden, sowie der Färöerische Mondkalender, in dem die Monatsrechnung abwechselnd Voll- zu Vollmond bzw. Neu- zu Neumond vorgenommen wurde, da nur ein halber Monat eingeschaltet wurde (siehe unten).

3.1. Exkurs I: Die Unterteilung des Monats bei Etruskern und Römern

Um an dieser Stelle das im weitesten Sinne gemein-indoeuropäische Prinzip der Unterteilung des Lunarmonats in vier Abschnitte (Zündung, Neu-, Voll- und Nidmond) und die damit verbundenen religiösen und kultischen Aspekte zu verdeutlichen, möchte ich hier einen Exkurs zu den Etruskern bzw. Römern einschieben.

Auch bei den Etruskern und ihren kulturellen Erben, den Römern, begann der Monat mit der Neumondsichel, genauer gesagt mit der Ausrufung der beobachteten Neumondsichel. Die Ausrufungen der Neumondsichel nannte man ***Kalendae*** oder Kalenden in Ableitung von dem Begriff *kalo* für Ausrufungsritual. Ausgerufen wurde jedoch nicht die Beobachtung der Neumondsichel selbst, sondern wieviele Tage bis zum ersten Mondviertel abgeschätzt wurden, denn dann war eine öffentliche Versammlung. Diese Bekanntgabe erfolgte durch das fünf bis siebenfache Anrufen (je nachdem wieviele Tage bis zum ersten Mondviertel geschätzt wurden) der römischen Mondgöttin *Iuno Covella*, die auch, gemäß ihrer Funktion, als *Iuno Kalendaris* bekannt war. Da es immer mindestens fünf An- bzw. Ausrufungen waren, wird der Begriff der *Kalendae* ausschließlich in der Mehrzahl benutzt. Die Ausrufungen erfolgten durch einen sakralen Beamten, einen sogenannten *Pontifex* des Opferkönigs (*rex sacrorum*). Darüber hinaus opferte an dem Tag der Ausrufung die Ehegattin des Opferkönigs, die Opferkönigin – *regina sacrorum*, der Mondgöttin *Iuno Covella* ein weibliches Schaf oder Schwein.

Der nächste bedeutende Tag im römischen Lunarmonat war also der an den Kalenden ausgerufene Versammlungstag, der neunte Tag vor Vollmond. Nach der in Rom üblichen inklusiven Zählweise lagen diese als ***Nonae*** oder Nonen bezeichneten Tage in Monaten mit 29 Tagen auf dem fünften und in Monaten mit 31 Tagen auf dem siebten Tag. Bei den *Nonen*-Versammlungen wurden durch den Opferkönig die Festtage und die Veranstaltungsorte der Feierlichkeiten für den jeweiligen Monat bekanntgegeben.

Im Abstand einer Nundial-Woche folgten dann die wichtigsten Tage des Monats, die Vollmondtage, die sogenannten ***Idae*** oder Iden. In den 31 Tage andauernden Monaten: März (*Martius*), Mai (*Maius*), Juli (*Quintilis*) und Oktober (*October*) fielen diese *Iden* auf den 15. Tag im Monat, in den verbleibenden 29-Tage-Monaten auf den 13. Tag des Monats. Der *Idus*-Tag war der Höhepunkt des Monats und dem obersten Himmelsgott *Iuppiter* geweiht, dem an diesem Tag ein weißer Widder geopfert wurde. Des Weiteren wurden auch Wagenrennen und Zweikämpfe veranstaltet.

Eine weitere Nundial-Woche später, in der Phase des abnehmenden Mondes, waren die sogenannten ***Terminalien*** bzw. ***Tubilustrien***. Die *Tubilustrien* haben ihren Namen von den priesterlichen *Tubicines*, den Trompetenbläsern, die zur Stärkung des Mondes bzw. der Mondgöttin in der Phase des abnehmenden Mondes ihre Instrumente spielten. Zum *Tubilistrium* wurde auch eine Versammlung abgehalten und ein Lamm geopfert.

Noch eine weitere Nundial-Woche später waren demnach die *Kalendae* des nächsten Monats (nach Rüpke, 1995 und 2006).

Abbildung 4 zeigt die *Fasti Antiates maiores*. Sie sind der bislang einzige und damit älteste archäologisch bewahrte römische Wandkalender aus der Zeit vor der julianischen Kalenderreform. Hier sind für alle 13 Monate, d.h. einschließlich des Schaltmonats *mensis intercalaris*, die *Kalendae* mit einem „K“ jeweils am 1. Tag des Monats, die *Nonae* mit „NON“ jeweils am 5. Tag des Monats und die Idae mit „EIDVS“ jeweils am 13. oder 15.

Tag des Monats vermerkt. Die Tubilustrien sind mit „TVBIL“ für den 23. März und den 23. Mai, und die Terminalien sind mit „TERM“ für den 23. Februar verzeichnet.

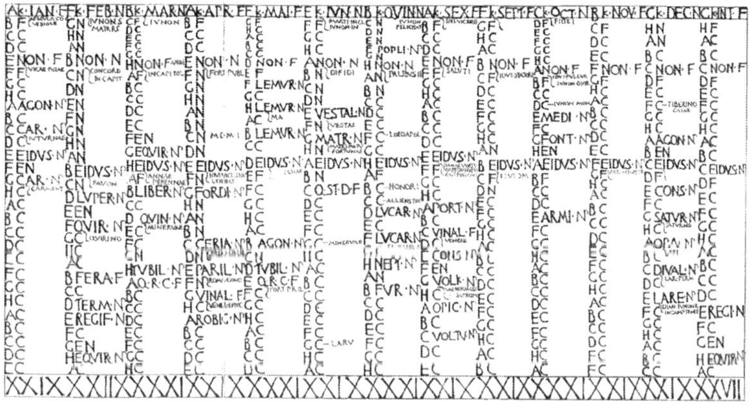

Abb. 4: Die *Fasti Antiates maiores* (Rekonstruktion) sind der älteste erhaltene römische Kalender aus der Zeit vor der julianischen Kalenderreform.

4. Die Monatsnamen

Allein anhand der Auflistung der Monatsnamen kann man erkennen, ob es sich bei der jeweiligen Monatsreihe um einen Lunisolarkalender handelt oder nur um einen reinen Solarkalender. Kriterien für einen Lunisolarkalender sind zum einen Doppelmonate und zum anderen Schaltmonate, das heißt, ein Name für einen dreizehnten Monat ist in der entsprechenden Monatsreihe angegeben. Aber auch die anderen Monatsnamen sind nicht uninteressant, da sie Hinweise auf Feste und Jahreszeiten geben können.

4.1. Die Problematik der zwei Jólmonate

Ein sowohl bei West-, Nord- als auch Ostgermanen nachgewiesener Doppelmonat ist bzw. sind die beiden Jólmonde. Die älteste vollständige germanische, d.h. angelsächsische Monatsreihe finden wir bei Beda Venerabilis in seinem Werk *De Temporum ratione*, in dem Kapitel *de mensibus anglorum*. Beda berichtet hier:

> Der erste Monat, den die Lateiner Januar nennen, heißt Giuli [...] und den Dezember (nennen sie) Giuli, in gleicher Weise wie auch der Januar bezeichnet wird. [...] Die Monate Giuli leiten ihren Namen von dem Tag ab, an dem die Sonne (im Winter) wendet und sich wieder zu erheben beginnt, denn einer dieser Monate geht diesem Tag voran und der andere folgt diesem Tag.

Bei Bedas angelsächsischer Monatsreihe werden also sowohl der Dezember als auch der Januar als *Giuli* (Jól) bezeichnet. In anderen angelsächsischen Quellen, namentlich der *Bibliotheca Cottonensis* bzw. der *Antiquæ literaturæ septentrionalis libri duo I*, werden diese Monate als *ærra jéola* und *æftera j*éola bezeichnet, was soviel wie „Frühes Jól" und (vgl. neuenglisch: **early Yule*) „Spätes Jól" bedeutet. (vgl. neuenglisch: **after Yule*, wobei das altenglische Wort *æftera* im Vergleich zu dem neuenglischen Wort *after* nicht nur die Bedeutung *danach*, sondern eben auch *spät* besitzt. Im Kontext der Monatsnamen ergibt jedoch nur die Übersetzung als *spät* einen Sinn, da man hier ein Gegenstück zu *ærra* – früh zu finden hat.) Dieser Doppelmonat ist ein deutlicher Hinweis auf einen Lunisolarkalender, da die Mondphasen und damit die lunaren Monate im Bezug zu einem festen solaren Datum wie der Wintersonnenwende beweglich sind. Bei Lunisolarkalendern, in denen Schaltmonate eingefügt werden, kann diese Schwankung maximal einen ganzen Monat betragen. Demnach sind beide Jólmonate in irgendeiner Weise mit der Wintersonnenwende assoziiert.

Eine ähnliche Bezeichnung wie die des „Frühen Jóls" (*ærra jéola*) finden wir bereits im Gotischen, genauer in dem gotischen Kalenderfragment *Codex Ambrosianus A* aus dem Jahre 350. Das Fragment bezieht sich offenbar auf einen Lunarmonat, der sich von Ende Oktober bis in den November hinein erstrecken konnte. Der November trägt in diesem Fragment die Überschrift *Naubaimbair: fruma jîuleis*. Übersetzt bedeutet dies soviel wie „November: Der Monat vor der Jólzeit" oder „November: der Monat vor dem Jólmonat". In Analogie hierzu finden wir in der gotischen Fassung des Markusevangeliums (Mk 15,42) das Wort *Prosabbaton* (Vorsabbat) mit dem Begriff *fruma sabbato* übersetzt. Aus dieser Lesart wurde ein eigentlicher, als **jîuleis* bezeichneter, Jólmonat bei den Goten abgeleitet.

In einer Abhandlung über die Monatsnamen bei den Isländern aus dem 13. Jahrhundert, die den Namen *Bókarbók* trägt, findet man noch die Monatsbezeichnung *ýlir* als Ableitung von *jól*. Ýlir bezeichnete damals den Zeitraum vom 14. November bis zum 12. Dezember. Der darauf folgende Monat wurde direkt als *jólmánaðr*, d.h. als Jólmonat, bezeichnet. Mit den Doppelmonaten ærra *jéola* – æftera *jéola*, *ýlir* – *jólmánaðr*, und *fruma jîuleis* – **jîuleis* haben wir drei Belege für den doppelten Jólmonat bzw. für die zwei Jólmonate, die sich zum einen über einen Zeitraum von etwa 900 Jahren erstrecken, zum anderen ein weites geographisches Gebiet umfassen und damit auf ein gemeingermanisches Prinzip hinweisen. Die gotischen, angelsächsischen und altwestnordischen Jólmonate unterstreichen auch, dass die Jólzeit zwischen Mitte November und Mitte Januar lag. Hierbei ist noch zu berücksichtigen, dass beim isländischen Kalender die Monate von Voll- zu Vollmond dauerten.

4.2. Der Schaltmonat – dritter Lithemond / *Sildemaen* / Zwiemond / *økusólin*

Auch für einen eingeschoben 13. Schaltmonat gibt es drei, eigentlich sogar vier Belege. In Beda Venerabilis' *De Temporum ratione* finden wir zunächst um die Sommersonnenwende eine vergleichbare Situation wie bei dem doppelten Jólmonat vor, denn sowohl der sechste als auch der siebte Monat tragen bei Beda den Namen *Lithe* (*liða*). *Liða* bedeutet soviel wie „sanft" oder „schiffbar", weil in beiden bzw. allen drei Monaten die Lüfte still und sanft sind. Beda zufolge pflegten die Angeln bei herrschender Flaute auf der glatten See zu segeln. In weiteren Quellen, genauer der *Bibliotheca Cottonensis* und der *Antiquæ literaturæ septentrionalis libri duo I*, werden diese beiden Monate auch wieder in Analogie zu den beiden Jólmonaten in ein frühes Lithe (*ærra líða*) und ein späthes Lithe (*æftera líða*) unterschieden. In Schaltjahren wurde laut Beda Venerabilis ein dritter Lithe-Monat eingeschoben. Wo dieser genau eingeschoben wurde, d.h. ob zwischen dem sechsten und siebten oder ob zwischen dem siebten und achten Monat, kann man nicht genau schlussfolgern. Da ein Schaltjahr mit drei Litha-Monaten dementsprechend als *þrilíða* bezeichnet wurde, wird jedoch suggeriert, dass dieser Schaltmonat zwischen siebten und achten Monat – als drittes *liða* – eingeschoben wurde.

In den nordischen Monatsnamen findet sich ebenfalls eine Spur dieses Schaltmonats. Sowohl der siebte als auch der achte Monat heißen hier unter anderem *tvímanuðr*, also „Zwiemonat", was als Relikt eines doppelten Mondmonates zu verstehen ist. In Schaltjahren wurde der zweite, im angelsächsischen als (*æftera*) *liða* bezeichnete Monat, „verdoppelt" und umfasste zwei Mondmonate. Auch dies suggeriert eine Monatsschaltung nach dem siebten Lunarmonat. Eine mögliche Ursache für das Einschieben eines Schaltmonats nach dem eigentlichen siebten Monat könnte darin bestehen, dass so ein lunarer Mittsommertermin im siebten Lunarmonat (siehe unten) weiterhin konstant im siebten Lunarmonat verbleiben würde, was insofern sinnvoll erscheint, da die germanische Jahreszählung mit dem Winter, d.h. mit dem Winterbeginn im Oktober begann.

Die Schaltung zur Sommerzeit berücksichtigt übrigens eine astronomische Besonderheit. Während relativ oft, nämlich durchschnittlich etwa siebenmal pro einem Metonischen Zyklus, nachdem die Mondphasen alle 19 Jahre wieder auf das gleiche Datum fallen, sieben Sommervollmonde zusammenkommen, gibt es kaum bzw. niemals sieben Wintervollmonde in einem Jahr. Man kommt allenfalls auf sieben Wintervollmonde, wenn der Vollmond entweder genau zur Herbsttagundnachtgleiche oder zur Frühlingstagundnachtgleiche eintritt, und damit genauso gut zu den Sommervollmonden gerechnet werden kann. Dies hängt mit der unterschiedlichen astronomischen Dauer der Jahreszeiten zusammen. Die Sommerzeit (heute Frühjahr + Sommer) dauert auf der Nordhalbkugel der Erde genau 186,4 Tage bzw. 6,31 synodische Monate. Die Winterzeit (heute Herbst + Winter) dauert dagegen 178,8 Tage bzw. 6,05 synodische Monate. Auf der Nordhalbkugel ergibt eine derartige Schaltung zur Sommerzeit also wesentlich mehr Sinn.

In der von Olaus Wormius (Ole Worm) verfassten *Fasti Danici* wird als Name für den Schaltmonat *sildemaen* angegeben, was soviel wie "später" oder "verspäteter Monat" bedeutet. An welcher Stelle dieser Monat eingefügt wurde, vermerkt Olaus Wormius leider nicht.

Auf den Färöern gab es, wie es Niels Winther (*Færøernes Oldtidshistorie*, 1875) berichtet, eine Einschaltung von nur einem halben Monat, der als *partasól á vetri* oder auch als *millumparta sólamáni at vetri* (Teilmonat zum Wintermond) bezeichnet wurde. Dieser halbe Monat wurde, was der Name schon andeutet, nach dem letzten Monat – dem Wintermonat – eingefügt. Dieser Kalender hat etliche Besonderheiten, die an späterer Stelle genauer besprochen werden sollen. Aber auch in dem färöerischen Lunisolarkalender gibt es ein linguistisches Relikt, das auf einen sommerlichen Schaltmonat hinweist. Hier wird nämlich der siebte bzw. in Schaltjahren der achte Monat mit den Namen *økusólin* – Erhöhungsmonat bezeichnet. So könnte ggf. ein kontinentaler (norwegischer) sommerlicher Schaltmonat auch den Namen **aukamánaðr* getragen haben. (Der zweite Band der *Alfræði Íslenzk* kennt sogar das „*aukatungl*".)

Abschließend sei noch erwähnt, dass im isländischen Wochenkalender die jährlich eingeschobenen wochenlosen Erhöhungsnächte, die *aukanætur*, sowie alle sieben Jahre die Sommererhöhung, *sumarauki*, nach dem siebten Monat *sólmanuðr* eingefügt wurden.

4.3. Die regulären Monate

Eine einheitliche, quasi standardisierte, deutsche oder gar gemein-germanische Monatsnamenreihe kann man im Prinzip nicht rekonstruieren, da allein in den verschiedenen deutschen Mundarten an die 200 unterschiedliche Monatsnamen zeitlich und/oder örtlich begrenzt vorkamen oder vorkommen. Hinzu treten die verschiedenen Monatsbezeichnungen aus dem Altenglischen und Altnordischen. Hierfür liefert zum Beispiel die Arbeit des Germanisten Prof. Dr. Karl Weinhold „Die deutschen Monatsnamen" (Halle, 1861) einen umfassenden Überblick. Dennoch kann man einen gewissen überregionalen Konsens erkennen. Neben den lateinischen Monatsnamen finden wir deutsche Monatsnamen, entsprechend der julianischen Jahresrechnung, erstmals um 800 bei Einhart (auch Einhard, Eginhard oder Eginardo, geb. um 770 im Maingau; gest. 14. März 840 Kloster Seligenstadt) in seinem in lateinischer Sprache verfassten Werk „*Vita Karoli Magni*" (Über das Leben Karls des Großen). Die dort angegeben althochdeutschen Monatsnamen sind jedoch nur teilweise ursprünglich, sondern gemäß des julianischen Kalenders und der christlichen Feiertagsreglungen verändert. So war beispielsweise nicht der elfte, sondern der neunte Monat eigentlich der Herbstmonat. Bei dem anglischen Kirchengelehrten Beda Venerabilis (725), dessen Monatsnamen ausführlich im Abschnitt über den 13-Monatskalender der Angeln nachzulesen sind, hieß dieser neunte Monat auch *halegmonad*. Der Heiligmonat ist unter Karl dem Großen nun der zwölfte Monat. Darüber hinaus wurde der *witumanoth* (= Holzmonat) bei Einhard relativ willkürlich vergeben, denn Holz hacken ist zu jeder Jahreszeit möglich.

Aus dem 12. Jahrhundert sind uns unter anderem durch Ari Þorgilson verschiedene altnordische Monatsnamen überliefert worden. Im Vergleich zu den anderen Lunarmonaten haben die altisländischen Monate die Besonderheit von Voll- zu Vollmond anzudauern. Darum sind diese in Tabelle 2 um 14 Tage verschoben dargestellt, und der *jólmánaðr / hrútmánaðr* wird geteilt und darum zweimal aufgeführt.

Das bereits erwähnte chronologische Geschichtswerk *Fasti Danici* von Olaus Wormius überliefert uns sogar zwei Monatsreihen, eine lunisolare (Tabelle 2) sowie eine julianisch-solare (Tabelle 3) Monatsreihe, die

Abb. 5: Die *Vita et gesta Karoli Magni* überliefert die ersten deutschprachigen Montsnamen. Das Titelblatt zeigt Karl den Großen und Karl V.

wahrscheinlich zu der Zeit, als das Buch verfasst wurde (1626), parallel Verwendung fanden.

Im Jahre 1781 versuchte der Rechtsgelehrte Justus Friedrich Runde (geboren 27. Mai 1741 in Wernigerode; gestorben 28. Februar 1807 in Göttingen, Professor am Carolinum zu Kassel und später Hofrat und ordentlicher Professor der Rechte an der Universität in Göttingen) eine deutsche Monatsreihe anhand der von Einhard und Beda Venerabils überlieferten Monatsnamen zu rekonstruieren. Die willkürlichen Eingriffe Karls des Großen sind zwar in dieser Monatsnamenreihe mehr oder minder beseitigt worden, aber der Ährenmonat ist falsch, da *aran* die alte Form für Ernte ist. Erst 1846 führte „Turnvater" Friedrich Ludwig Jahn den Julmonat als zwölften Monat in die deutsche Sprache ein. Den Angaben Heinrich Heegers zufolge tritt erst am Ende des Mittelalters die Bezeichnung Mond an die Stelle von Monat.

Am Ende des 19. Jahrhunderts wurden dann von den Nationalromantikern zahlreiche Monatsnamenreihen aufgestellt, die zum Teil im 20.

Jahrhundert aufgegriffen wurden. Heute hat sich, auch im Duden, folgende Monatsnamenreihe etabliert: Hartung (Hartmonat), Hornung, Lenzing, Ostermonat, Wonnemonat, Brachet (Brachmonat), Heuert (Heumonat), Ernting (Erntemonat), Scheiding, Gilbhart, Nebelung (Nebelmonat), Julmond. Diese Namen lassen ein romantisches Verhältnis im Bezug auf das naturnahe bäuerliche Landleben durchschimmern.

Im Folgenden soll dennoch versucht werden, vor allem anhand der beiden ältesten Monatsnamensreihen von Beda Venerabilis und Einhard sowie den überlieferten altnordischen Monatsnamen, einen gewissen kleinsten gemeinsamen Nenner bei den Monatsnamen zu erkennen. Diese Monatsreihe soll dann auch eine Grundlage sein, um auf Feierlichkeiten und Kulthandlungen im Jahreskreis schließen zu können.

Die Monatsnamen im Einzelnen

I. Lunarmonat: Später Jólmond

Der erste Monat (wir bleiben bei der Nummerierung der Monate zum einfacheren Verständnis bei der uns gängigen römisch-julianischen Kalendertradition) ist bereits im Althochdeutschen als Wintermonat (*Wintarmánoth*) oder Härtemonat (*Hartimánoth*) bekannt, denn der Wintermonat ist der kälteste und härteste Monat des Jahres. Die neuere Schreibweise Hartung wurde von Hermann von Pfister-Schwaighusen 1893 durch der Umformung des Hartman (nach der harten Erde und Man = Mond) geprägt. Der Hartmond oder Hartmonat weist gegebenenfalls auch noch auf hartes Eis in diesem strengen Wintermonat hin. Der ursprüngliche Wintermonat, im Sinne eines Beginns der winterlichen Jahreszeit war der 10. Monat (siehe unten).

Auch die dänisch-schonischen Monatsnamen *Renden* – Rentiermonat und *Glugmåned* – Windmonat können mit dem harten Winter assoziiert werden.

Bei den Angeln war wie gesagt der Name (*æftera*) *jéola*, d.h. „späteres Jól", geläufig, der sich mit dem isländischen Monatsname *jólmánaðr* deckt. Hier hat sich der Name des Feiertages auf den Monat übertragen. Ein weiterer isländischer Name, *hrútmanuðr*, leitet sich von dem Begriff *hrútr* ab, was soviel wie „Schafbock-" oder „Widder-Monat" bedeutet, ggf. eine Anspielung auf den Jólbock.

II. Lunarmonat: Sprokelmond

Der von Einhard überlieferte Name für den zweiten Monat ist Hornung. Das Wort Hornung stammt von dem althochdeutschen/mittelhochdeutschen *hornunc*, was eigentlich „das im Eck (Das germanische Wort *hurna* bedeutet Horn, Spitze, Ecke) gezeugte Kind" (Bastard, Bankert) und deswegen „zu kurz Gekommener" bedeutet, was darin begründet ist, dass der 2. Monat im julianischen und gregorianischen Kalender nur 28 bzw. 29 Tage dauert. Auch im Altnordischen heißt das uneheliche Kind *hornung*. In einem Kalender, der nach wirklichen Lunarmonaten zählt, die alternierend 29 oder 30 Tage dauern und damit im Prinzip gleich lang sind, kann ein solcher Begriff darum keine Verwendung finden.

Der bei Beda überlieferte Name für den zweiten Lunarmonat ist *solmónað*. Der angelsächsische Name bedeutet wohl soviel wie „Schlammmonat" oder „Suhlmonat" und leitet sich wahrscheinlich von aeng. *solu* ab, was soviel wie Suhle, Pfütze, Lache, Schlamm, Morast (vgl. ahd. *sol*...Suhle, Lache, Sumpfloch; nhd. *Suhle*.. Schlammbad der Tiere; russ. *солоть* [solot] ... Sumpf). Beda berichtet, dass in diesem Monat die Angeln den Göttern Kuchen geopfert haben. Es kann jedoch sein, dass sich in dieser Bemerkung nach England vorgedrungenes, römisches Brauchtum widerspiegelt, denn der Februar war der Monat der *parentalia*, des römischen Ahnengedenkens, das mit dem Backen von Seelenbroten begangen wurde.

Ein semantisch hierzu passender, aus deutschen Landen überlieferter Name ist *Sprokelmonat*, *Sporkelmonat* bzw. *Sporkele* (auch *Sprokelmaand*, *Spurkele* oder *Spirklermonat*). Die *Spurkele*, *Sporkele* oder *Spörkelsin*, nach der dieser Monat benannt sein soll, ist eine weibliche mythische Gestalt, die darum auch als *Frau Spörkelse* oder *Frau Sprökelske* bezeichnet wird. Ihr Name bedeutet soviel wie die Springende, die Sprengende oder die Berstende, da sie die winterliche Eisdecke zum zerspringen bringt, wie dies die Sonne tut. Es heißt die Spörkelsin habe sieben Kittel an, immer einen länger als den nächsten. Diese Kittel schüttelt sie und erzeugt damit die Winde des Februars.

Ergänzend hierzu ist der alemannisch-bayerische Name Rebmonat, der sich wohl von dem mundartlichen Begriff räbeln – sich rühren, sich regen, lärmen, poltern (rebig, räblig) ableitet, denn unter der winterlichen Eisdecke beginnt es sich zu regen, und es lärmt und poltert, wenn es taut.

Aus dem deutschen Sprachraum kennen wir noch den Namen *Wiwermônd* oder *Ollewîwermônd*, was soviel wie Alte-Weibermonat bedeutet und eine Anspielung auf die Weiberumzüge zur Fasnacht ist. Die Fasnacht ist allgemein ein Fest des Winteraustreibens. Im Volksmund heißt es: „Die Weiber sind die Wetterregentinnen im Februar". Wenn es schneit sollen die Alten Weiber ihre Schürzen ausschütten, ähnlich wie wir es von Frau Holle oder der Wetterhexe aus dem Märchen kennen.

Ein weiterer anglischer Name war *fillibrook*, was soviel wie „Zeit, in der sich die Flüsse (Brüche vgl. Oderbruch) füllen" bedeutet.

Alles in allem scheint der Monat mit dem beginnenden Tauen nach dem Winter durch die Sonne bzw. mit ihren mythologischen Entsprechungen assoziiert zu sein.

In Skandinavien, wo man noch länger auf das Tauen des Schnees warten musste und muss, hieß dieser Monat *þorri* (norw. *Torre*, schwed. *Thorre* oder *Thorrmånad*), ein mythischer Name, der sich auch auf einen Winterriesen bezieht. *Þorri* bedeutet hierbei soviel wie frostige Dürre – Winter.

III. Lunarmonat: Lenzmond

Die heute gängige deutsche Bezeichnung für den dritten Monat ist Lenzing. Der Lenz und seine Variationen Lenzmonat, Lenzmond und Lenzing sind von dem althochdeutschen *lenzo* oder *lengzo* bzw. dem germanischen Wort *langat-tin* abgeleitet, was sich eigentlich von den länger werdenden Tagen ableitet. Heute wird damit eigentlich stets die gesamte, drei Monate andauernde Frühlings-Jahreszeit bezeichnet. Im eigentlichen Sinne ist Lenzing also gar kein Monatsname sondern ein Synonym für Frühjahr und in dieser Bedeutung wohl eine jüngere Wortschöpfung.

Beda Venerabilis bezeichnet den 3. Lunarmonat des angelsächsischen Jahreskreises als *hréðmónað*, den er mit einer Göttin namens *Hreða* oder *Hreda* in Verbindung bringt, die etymologisch schwer zu deuten ist. Ihr Name könnte sich von *hréð* – *ags.* schnell, rasch oder von *hréð*-, das wir als Vorsilbe u.a. in *hréðgotan* (*Hréð*-Goten) oder *hréðcyning* (*Hréð*-König) finden, und was primär zunächst als Namensbestandteil zu sehen ist und schwer interpretiert werden kann (Shaw, 2011). In der Appenzeller Chronik wird der Monatsname in der Form *redmanot* erwähnt. Weinhold leitet den Namen von ahd. *hradi*/*redi* bzw. ags. *hrað*/*hreð* ab und zieht damit eine Verbindung zu rebig, räbeln, rührig und sich rühren (Weinhold, 1869).

Im späteren Angelsächsisch (*Bibl. Cottoniensis* und *Antiq. Lit. sept. libri duo I*) ist noch die Schreibweise *hlŷdmónað* bzw. *hlŷtha* überliefert, was soviel wie „Monat der laut tosenden Gießbäche" bedeutet.

Aus dem Dänischen und Schwedischen kennen wir noch den *thurrmånad* bzw. *tordmåned*, was soviel wie „Monat, in dem es wieder trocken wird" bedeutet. Volksetymologisch wurde dieser Monat auch auf den Donnergott Thor umgedeutet – *Tormåned.*

In Skandinavien trug der Monat den Namen *gói*. *Góa* war wohl eine Fruchtbarkeitsgottheit. Der Sage nach ist sie die Tochter des mythischen Königs *Þórri*, und ihr Name erinnert an die in der norddeutschen Sagenwelt auftretende *Frau Gaue*. In Schonen kennt man eine *Frau Gyja* als Wetter- und Schneegöttin. Der isländischen Sage nach sind *Einmánuðr* und *Harpa* (der 3. und 4. Monat) die Kinder von *Þórri* und *Góa*. Etymologisch soll sich ihr Name von *giwên/gewôn* herleiten, was soviel wie die Auftauende, Öffnende bedeutet. Im Monat *gói* wurde insbesondere in Schweden das sogenannte *Disting* gefeiert. Ein Fest zu Ehren der *Disen*, die auch im ersten Merseburger Zauberspruch als *Idisen* Erwähnung finden. Diese *Disen* sind als gute fruchtbarkeitsspendende Wesen der niederen Mythologie aufzufassen, vielleicht als irdische Helferinnen der *Frau Gaue*.

IV. Lunarmonat: Ostermond

Der vierte Monat wird ziemlich konstant sowohl über die Zeiten als auch über die geografischen Weiten als Ostermonat bezeichnet. Es ist der Monat des Osterfestes. Beda Venerabilis nennt *Eostre* als heidnische Frühlingsgöttin, der in diesem als *eostremónað* bezeichneten Monat ein Fest gewidmet war. Die althochdeutsche Bezeichnung *Ostaramanoth* stimmt mit dem altenglischen Namen überein. Mit dem Ostermonat bzw. mit dem Osterfest beginnt im zweigeteilten Jahreskreis der Sommer bzw. bei einer Vierteilung des Jahreskreises der Frühling. Dieses Fest fand am Vollmond des vierten Lunatmonats statt. Wenn wir einmal von der heutigen Verlagerung des Osterfestes auf den Sonntag und der Bestimmung des Ostertermins nach dem Meton-Zykuls absehen, findet also bis heute das Osterfest zumeist an dem ursprünglich heidnischen, von Beda überlieferten, Termin statt.

Jakob Grimm rekonstruierte aus dem deutschen Monatsnamen und der von Beda überlieferten Bezeichnung *Eostre* den etwas verunglückten deutschen Göttinnennamen *Ostara. Ostra* bzw. urgermanisch **Austrô* wären wohl richtiger. Ob die bei Beda genannte Göttin wirklich verehrt wurde, wird weiterhin kontrovers diskutiert. So ist die Existenz eine pangermanischen oder deutschen *Eostre/Ostra* weitestgehend unwahrscheinlich, während eine Interpretation des altenglischen *Eostre* als Beiname einer im östlichen Kent verehrten Göttin, von dem sich der *eostremónað* ableitet, weiterhin vertreten wird (Shaw, 2011).

Eine weitere Herleitungsmöglichkeit des Wortes Ostern, die neben den germanischen auch die slawischen, d.h. polabischen, kaschubischen und sorbischen Sprachzeugnisse berücksichtigt, bezieht sich auf die Sprachsippe um das Verb *osen* (Mittelniederdeutsch für schöpfen, schütten). Aus der Zusammenschau der sprachhistorischen Belege ergibt sich hier ein zunächst heidnisches – später christlich adaptiertes Fest mit einer Wasserweihe bzw. Taufe (Udolph, 2011).

Auch in Skandinavien begann das Sommerhalbjahr im April. Die Bedeutung des isländischen Namens *einmánuðr* bleibt ungewiß. Wahrscheinlich bedeutet er einfach nur „ein Monat" oder „erster Monat". Eine Deutung als Einzelmonat im Sinne eines Gegenparts zum doppelten *tvímanuðr*, „Zwiemonat" (7. & 8. Monat im Schaltjahr) ist auch denkbar.

V. Lunarmonat: Wonnemond

Der Wonnemonat oder Wonnemond, der auf Althochdeutsch *winni-* oder *wunnimanod* und auf Mittelhochdeutsch *wunne-* oder *winnemanot* hieß, kann sowohl „Weide-" als auch „Freudenmonat" bedeuten. Die zugrunde liegenden Begriffe *wunni* (= Freude, Lust) und *wunne* (= Lust-, Weideplatz) sind wiederum auf gotisch *winja* (= Weide, Futter) und germanisch *wunjo* oder *wun* (= lieben, zufrieden sein) zurückzuführen. In Schwaben gebrauchte man mitunter auch den Namen Lustmonat.

Den dem Mai entsprechenden Monat nennt Beda *þrimilchi*, weil zu dieser Zeit die Kühe dreimal täglich gemolken worden seien. Nach einem schier endlosen Winter konnte das Vieh endlich wieder auf die Weiden getrieben werden, womit auch der Milchertrag wieder kräftig anstieg. Darüber hinaus weist Beda darauf hin, dass hier die Fruchtbarkeit besonders hoch war und dem ggf. auch kultisch Rechnung getragen wurde. Der Isländer Snorri nennt den Monat *gaukmánuðr* und *sáðtið*, also „Monat des

Kuckucks“ und „Zeit der Aussaat“. *Lögarðsönn*, der Zeitpunkt, an dem man die gesetzlichen Grenzen seines Bauernhofs absteckte, fiel ebenfalls in diesen Monat. Im Dänischen hieß der fünfte Monat auch *sommermaen*, also einfach Sommermonat.

VI. Lunarmonat: Brachmond oder Brachet

Der deutsche Name für den Juni ist Brachet. Brachet ist die süddeutsche Kurzform für den Brachmonat oder Brachmond, da in ihm bei der Dreifelderwirtschaft das Brachfeld bearbeitet wurde.

Den sechsten und siebten Monat nennt Beda wie gesagt *liða*. Ein weiterer anglischer Name ist *sere-* oder *seármónað*, der im Einklang mit dem Brachmond soviel wie trockener, dürrer, heißer Monat bedeutet.

Der sechste Lunarmonat hieß Snorri zufolge *eggtíð* und *stekktíð*, die Zeit der Eier und die Zeit, Fleisch zu braten. Den Monat nach der Sommersonnenwende nannte man auf Island *sólmanuðr* – Monat der Sonne. Die Sommersonnwende bezeichnete in Island den Zeitpunkt des Alldings. Auch Karl der Große hielt zu dieser Zeit Volksversammlungen ab. Die Landsgemeinden der Schweiz, Überbleibsel der germanischen Dingdemokratie, finden ebenfalls im Frühsommer statt. Dahinter stand die Idee, dass das Recht nur am Tag und nur während der sonnigsten Jahreszeit gesprochen werden dürfe. Noch im 18. Jahrhundert wurde an den Landsgemeinden gefragt, „ob die Sonne hoch genug stehe, daz es Zeyt sey, über das Blut zu richten“. Aus Skandinavien und den Niederlanden kennen wir auch die Bezeichnung Sommermonat.

VII. Lunarmonat: Heumond oder Heuert

Der siebte Monat bzw. nach Beda der zweite *liða*-Monat war im gesamten germanischen Gebiet dem Einbringen des Winterfutters gewidmet. Nach der Heuernte benannt, hieß er in deutschen Landen *hewimanoth* und in Dänemark *hoemaen*, d.h. Heumonat oder Heumond. Auch in Island kennen wir den *heyannir* (dort für den achten Lunarmonat). Die Angeln kannten neben *liða* auch den Monatsnamen *mædmónað* – Mahdmonat.

Etwas aus der Reihe fällt hier ein weiterer dänischer Monatsname: *ormemåned*, was Schlangen- oder besser Natternmonat bedeutet.

Laut Primstav war in diesem Monat das „Alte Mittsommer“, da dieser Vollmond (*fullid*) im Jahresrad genau dem Vollmond des Jól-/Mittwinterfestes im ersten Lunarmonat gegenüberstand. Darum existiert im alten Isländisch auch der Name *miðsumar* als Bezeichnung für diesen Monat.

VIII. Lunarmonat: Erntemond oder Ernting

Erntemonat, Erntemond und Ernting (in dieser Form 1893 durch Adolf Reinecke geprägt) geht auf das althochdeutsche Wort *arnoti* zu *ar(a)n* (= Ernte) zurück und weist auf die Getreideernte in diesem Monat hin.

Im Nordischen lautet der Name des Augusts *kornskurðarmánùðr* (Isländisch) oder *kornmaen* (Dänisch), Monat des Kornschnitts, was sich mit dem deutschen Ernting inhaltlich deckt. Getreidernte und Heuschnitt gingen ineinander über. Auch der schwedische *skördemånad* bzw. *skortant* bedeutet (Korn-)Schnittmonat. Der von Beda überlieferte Name *weodmonað* bedeutet Monat des „(Un-)Krauts“ (eng. **weedmonth*).

IX. Lunarmonat: Herbstmond

Herbstmonat, Herbstmond und der Herbsting (in dieser Form wieder durch Adolf Reinecke 1893 geprägt) leitet sich augenfällig von dem Wort Herbst ab, das, wie auch heute noch das englische Wort *harvest*, eigentlich Ernte bedeutet. Leicht abweichend haben wir im Dänischen den Namen *höstmåned* bereits für den achten Monat. Der Neunte trägt den Namen *fiskemåned*, also Fischereimonat. Bei den Angeln hieß dieser letzte Monat des Sommers auch *haligmonað* (heiliger Monat). Beda nennt ihn einen „Monat der Opferungen“. Doch auch den Angeln war die alternative Bezeichnung *hærfestmónað* bekannt. Dem isländischen Namen *haustmanuðr*, Herbstmonat, steht ein *haustblót*, ein Herbstopfer zum Vollmond im zehnten Monat, zur Seite. Zweifellos handelte es sich dabei auch um ein Erntedankopfer.

Der Name Scheiding soll nach Pfister-Schwaighusen (1893) zwar der Monat sein, der die warme von der kalten Jahreszeit scheidet, ist aber eine Neubildung aus nordumbrischen *skeadhing* und daher willkürlich eingefügt.

X. Lunarmonat: Wintermond

Laut Beda Venerabilis begann in diesem Monat, der bei den Angeln auch als *winterfylleth* bezeichnet wurde, der Winter. Beda erklärt diesen Namen als Wintervollmond, der den Winterbeginn markiert. Ein Fest zum Wintervollmond entspräche zeitlich den skandinavischen Winternächten (Altnordisch: *vetrnætr*), die gleichermaßen den Winterbeginn markieren. Auch in den sog. Realglossaren finden wir im deutschen Sprachraum die Bezeichnung Wintermonat für den 10. Lunarmonat, so dass man auch für diese geografische Region von einem Winterbeginn in diesem Monat ausgehen kann.

Als weiteren Namen für den zehnten Monat finden wir bereits bei Einhart die Bezeichnung *windumemanoth*. Der *windumemanoth* geht auf die lateinischen Wörter *vinum* (= Wein) und *demere* (= abnehmen) zurück, so dass von einem Weinlesemonat gesprochen werden kann. Später erfolgte dann eine Verkürzung zu Weinmonat oder Weinmond. Auch bei den Angeln war der Name *winmónað*, d.h. Weinmonat, zumindest regional verbreitet. Zur Etymologie sei anzumerken, dass im germanischen Sprachraum mit Weinbeeren (rezentes Schwedisch *vinbär*) auch Johannisbeeren und auch Blaubeeren bezeichnet wurden. Da es in den nördlichen Gefilden keine Weintrauben gab und gibt, ist auch eine allgemeine Deutung als Johannis- oder Blaubeeren-Lesemonat denkbar. (Was übrigens auch für den Namen *Vinland* (Weinland) als Bezeichnung der Wikinger für Amerika bzw. Neufundland gilt. Somit ist *Vinland* als Land, in dem es Johannis- oder Blaubeeren gibt, aufzufassen.)

Der neuhochdeutsche Name Gilbhart ist wiederum eine recht moderne Neubildung aus gilb (= gelbes Herbstlaub) und dem Hart (= Bergwald, wie zum Beispiel Spessart = Spechtwald). Nach dem Germanisten Prof. Dr. Otto Brenner (1900) ist auch der durch von Pfister-Schwaighusen 1893 erfundene Gilbhart „willkürlich aus der Luft gegriffen“. Auch der Windmonat geht volksetymologisch auf den „kleinen Weinmonat“ zurück, der für den 10. oder 11. Monat gebräuchlich ist. Aus dem Dänischen kennen wir auch noch den Namen *Sädemåned bzw. Sædemaen*, was als Monat der Herbstaussaat übersetzt werden kann.

XI. Lunarmonat: Schlachtmond / Blozmond

Der dem November entsprechende Monat heißt bei Beda Venerabilis *blótmonað*. Der Name geht auf das altenglische Wort *blótan* (opfern, schlachten) zurück, das dem althochdeutschen Begriff *bluozan* entspricht. Dem gemäß müsste die neuhochdeutsche Bezeichnung *Blozmonat, ggf. *Blotzmonat, lauten. Der November war und ist die traditionelle Schlachtzeit im gesamten germanischen Raum. Es gibt Hinweise darauf, dass gerade die Angeln das Schlachten des Viehs als heilige Angelegenheit betrachteten und die zu tötenden Tiere als Opfer weihten. Auch im deutschsprachigen Raum kennt man für den November die Bezeichnung Schlachtmonat, wie wir sie gleichfalls im Schwedischen (jedoch für den Oktober) als *blotmånad* und *slaktmånad* sowie im Dänischen als *slagtemåned* und darüber hinaus auch im Niederländischen als *slachtmaand* finden. Semantisch passt auch der isländische *gormanúðr* hier her, der auch Schlachtmonat bedeutet. Norwegisch/Altschwedisch *gor* und Altdänisch *gur* ist die Bezeichnung für den Inhalt der beim Schlachten ausgeweideten Därme. Hiermit im Einklang steht auch die in Olaus Wormius' dänischem 13-Monats-Kalender erhaltene Bezeichnung *pølsemaen*, d.h. Wurstmonat, denn Würste sind nichts anderes als mit Fleisch gefüllte Därme.

Ein weiterer Name ist Nebelung. Die Bezeichnung Nebelmonat, Nebelmond und der durch von Pfister-Schwaighusen 1893 erfundene Nebelung weisen auf den Nebel in dieser Zeit hin. Es handelt sich aber hierbei nur um eine Übersetzung des französischen Begriffs *brumaire*. Im (Althoch-)Deutschen finden sich noch die Bezeichnungen *Herbistmanoth*, *Wintermanoth* und Windmonat für den November, wobei diese Monatsnamen auch zum Teil für den September und den Oktober Verwendung fanden.

XII. Lunarmonat: Früher Jólmond

Bei den Angeln war, wie schon vermerkt, der letzte Monat des Jahres der (frühe) Jólmonat (altenglisch ærra jéola; neuenglisch **early Yule*), in welchem die Mütternacht, d.h. die Wintersonnenwende, und nach Verlegung des heidnischen lunaren Jólfestes auf den Tag der Geburt Jesu (u.a. durch Hákon I., den Guten auch für Skandinavien belegt; siehe Heimskringla) auch das christliche Jul- oder Weihnachtsfest gefeiert wurden. So bezeichnete auch noch zu christlichen Zeiten der *geohholmónaþ* (as.) bzw. der *jólmánuðr* (an.) den Dezember als Monat des christlichen Weihnachtsfestes (Bosworth-Toller, 2010). Der moderne deutsche Julmonat oder Julmond ist aus dem Schwedischen (Jul = Weihnachten) entlehnt und vom Turnvater Jahn bei den Turnern eingeführt worden. Der moderne Begriff Jul geht auf das altnordische Wort *jól* zurück.

<table>
<tr><th>Dt./Latein</th><th>Altenglisch
Beda Venerabilis
Bibl. Cottoniensis
Antiq. Lit. sept. libri duo I</th><th>(Alt-)Hochdeutsch
Einhart
Realglossar
J.F. Runde</th><th>Dänisch
Olaus Wormius</th><th>Altnordisch
Ari Þorgilsson</th></tr>
<tr><td>Januar</td><td>giuli
æftera géola</td><td>Wintarmánóth
(Hartimánóth)
Wintermanoth
Iarmanot
Wintermonat</td><td>Renden
(Rentiermonat)</td><td rowspan="8">Jólmánaðr
Hrútmánaðr

Þorri
Mörsugur

Gói

Einmánaðr

Gaukmánaðr
Sáðtið
Harpa

Eggtið
Stekktíð
Skerpla

Sólmánaðr
Selmánaðr</td></tr>
<tr><td>Februar</td><td>solmónað
(fillibrook)</td><td>Hornunc
Hornunc
Hornung</td><td>Thormaen</td></tr>
<tr><td>März</td><td>hréðmónað
hlŷtha
hlýdmónað</td><td>Lenzinmánóth
Lentzimanoth
Lenzmonat</td><td>Faremaen
(Schafsmonat)</td></tr>
<tr><td>April</td><td>eosturmónað
aprelis monath</td><td>Ostarmánóth
Ostermanoth
Ostermonat</td><td>Maimaen</td></tr>
<tr><td>Mai</td><td>þrimilkimónað
maius
maiusmonath</td><td>Wunnemánóth
Winnemanoth
Wonnemonat</td><td>Sømmermaen</td></tr>
<tr><td>Juni</td><td>líða
ærra líða
seremónað
mithsumormónað
juniusmónað</td><td>Brachmánóth
Brachmanoth
Brachmonat</td><td>Ormemaen
(Natternmonat)</td></tr>
<tr><td>Juli</td><td>líða
julius mónað
æftera Líða
mæth-mónað</td><td>Hewimánóth
Howemanoth
Heumonat</td><td>Hoemaen</td></tr>
<tr><td>Schaltmonat</td><td>líða
(im þrilíða-Jahr)</td><td>-</td><td>Sildemaen
(Später Monat)</td></tr>
</table>

Dt./Latein	**Altenglisch** Beda Venerabilis *Bibl. Cottoniensis* *Antiq. Lit. sept. libri duo* I	**(Alt-)Hochdeutsch** Einhart Realglossar J.F. Runde	**Dänisch** Olaus Wormius	**Altnordisch** Ari Þorgilsson
August	*weodmónað* *augustusmónað*	*Aranmánóth* *Arnotmanoth* *Ernemanot* Erntemonat	*Kornmaen*	*Heyannir* *Miðsumar*
September	*hálegmónað* *háligmónað* *harvestm*ónað	*Witumánóth* *Herbistmanoth* Herbstmonat	*Fiskemaen*	*Tvímánaðr* *Aukanætur* *Sumarauki*
Oktober	*winterfilleth/winterfylled* *se teothamónað* *rujern* *winmónað*	*Windumemánóth* *Windemmanoth* *Wintermanot* Weinmonat	*Sædemaen* (dt. Herbstsaat-Monat)	*Kornskurðarmánaðr*
November	*blodmónað* *blótmónað*	*Herbistmánóth* *Wintermanoth* Windmonat	*Pølsemaen* (Wurstmonat)	*Haustmánaðr*
Dezember	*giuli* ærra jéola ærre géola	*Heilagmánóth* *Wihimánóth* *Hertimanoth* Heiligenmonat	*Julemaen*	*Górmánaðr* *Frermánaðr* *Ýlir*

Tab. 2: Übersicht der alten englischen, deutschen, dänischen und altnordischen Monatsnamen

Dt./Latein	Schwedisch	Dänisch	Niederländisch Flämisch	Deutsch
Januar	*Thorrmånad* *Thorre* (Monat des Thorri/ Winters)	*Glugmåned* (br. Windmonat)	*Louwmaand* (dt. Fenstermonat, Ianua [lat.] = Tür)	Hartung Schneemond Wolfmonat
Februar	*Göjemånad* *Göja* (Monat der Fr. Gaue)	*Göie* (Monat der Fr. Gaue) *Blidemåned*	*Sprokkelmaand* (dt. Monat der Spökelse)	Hornung
März	*Thurrmånad* (dt. trockener Monat)	*Tordmåned* *Tormåned* (dt. trockener Monat)	*Lentemaand* (dt. Lenzmonat)	Lenzing
April	*Vårmånad* *Vårant* (dt. Frühlingsmonat) *Gräsmånad* (dt. Grasmonat)	*Fåremåned* (dt. Schafsmonat)	*Gras-/Gerzemaand* (dt. Grasmonat)	Ostermond
Mai	*Mai* *Blomstermånad* (dt. Blumenmonat)	*Mai* *Mejmåned* (dt. Maimonat)	*Bloeimaand* (dt. Blumen-/ Blütenmonat)	Wonnemond Lustmonat
Juni	*Sommarmånad* (dt. Sommermonat) *Midsommar* (dt. Mittsommer)	*Skärsommer* (dt. Schärmonat) *Sommermånad* (dt. Sommermonat)	*Zomermaand* (dt. Sommermonat)	Brachet Weidemonat
Juli	*Hömånad* (dt. Heumonat)	*Ormemåned* (dt. Schlangen-/ Natternmonat)	*Hooimaand* (dt. Heumonat)	Heuert

August	*Skördemånad* (dt. Kornschnittsmonat) *Skortant* (dt. Kornschnitt)	*Höstmåned* (dt. Herbst-/Erntemonat)	*Oogstmaand* (dt. Augustmonat)	Ernting
September	*Höstmånad* (dt. Herbst-/Erntemonat)	Fiskemåned (dt. Fischmonat)	*Herfstmaand* (dt. Herbstmonat)	Scheiding
Oktober	*Blotmånad* (dt. Schlachtmonat) *Slaktmånad* (dt. Schlachtmonat)	*Sädemåned* (dt. Herbstsaat-Monat) *Ridmånad* (dt. Sturmmonat an. *hrið*=Sturm)	*Wynmaand* (dt. Weinmonat)	Gilbhart
November	*Vintermånad* (dt. Wintermonat)	*Slagtemåned* (dt. Schlachtmonat)	*Slachtmaand* (Schlachtmonat) *loefmaand* (Windmomat)	Neblung Wolfmonat Windmonat (Kilian)
Dezember	*Julmånad* (dt. Weihnachtsmonat)	*Kristmåned* (dt. Christmonat) *Julemånad* (dt. Weihnachtsmonat)	*Wintermaand* (dt. Wintermonat)	Julmond Heilmond Christmond Wolfmonat Wendemonat (Kilian)

Tab. 3: Übersicht der neueren eigensprachlichen schwedischen, dänischen, niederländisch-flämischen und deutschen Monatsnamen im julianischen und gregorianischen Kalender (nach K. Weinhold: Die deutschen Monatsnamen, 1861)

Analog dazu beziehen sich die althochdeutschen Bezeichnung *Wihimanoth*, d.h. Weihemonat, und *Heilagmanoth*, d.h. Heiliger Monat, auf die Weihnächte und das Weihnachtsfest. Auch der dänische *kristmåned* und der deutsche Christmond beziehen sich auf das Fest zu Christi Geburt. Wie bereits erwähnt kennen wir aus dem Isländischen den Monatsnamen ýlir (Jól) sowie die Bezeichnung *frermanuðrs*, die sich als Frostmonat übersetzen lässt, als Synonyme für den zwölften Lunarmonat.

Um im Gespräch miteinander Lunar- und Solarmonate leichter auseinander halten zu können, ist es zu empfehlen, die alten (wenn auch neuhochdeutsch angepassten) Lunarmonate mit dem Suffix -mond zu gebrauchen (z.B. Ostermond, Wonnemond) und die von den Nationalromantikern erdachten Solarmonate mit den Endungen -monat, -ing, -ert, -ung usw. (Hartung, Erdmonat, Brachet, usw.) zu verwenden. So ist verhältnismäßig schnell klar, worum es sich dreht.

5. Welche Arten von Kalendern gibt es?

Nachdem wir nun die verschiedenen regionalen Namen für die einzelnen Monate im Vergleich besprochen haben, sollen nun die verschiedenen Kalenderarten und die überlieferten germanischen Lunisolarkalender in ihrer Gesamtheit vorgestellt werden. Von den Kalendersystemen, die es weltweit gibt, sind im Kontext dieses Buches vier Kalendersysteme für das allgemeine Verständnis von Bedeutung: Reine Sonnenkalender, Wochenkalender, reine Mondkalender und der Lunisolarkalender als Kombination von Sonnen- und Mondkalender.

Einen reinen **Sonnen- oder Solarkalender** kennen wir alle aus unserem täglichen Leben. Hier richtet sich die Dauer des Jahres allein nach dem Umlauf der Erde um die Sonne. Die Monate an sich sind ein linguistisches Relikt, denn die Unterteilung des Sonnenjahres erfolgt rein mathematisch durch eine Zwölfteilung des Jahres in gleichmäßige Abschnitte zu 30 bzw. 31 Tagen. Diese zwölf Abschnitte lassen sich, was auf die alten Ägypter zurückgeht, mit den jeweiligen Sternbildern assoziieren, in denen die Sonne im jeweiligen Monat steht. Diskrepanzen und Unterschiede im Umgang mit diesen Diskrepanzen entstanden in den verschiedenen Sonnenkalendern vor allem durch das Problem, dass das Sonnenjahr etwa 365¼ Tage dauert und dementsprechend Schalttage eingeführt werden müssen, damit solare Ereignisse im Kalender auf konstante Tage fallen. Die historisch bedeutsamste Diskrepanz ist hier die Differenz zwischen julianischem und gregorianischem Kalender. Doch dazu im Folgenden mehr.

Abgeleitet vom Sonnenkalender ist der **Wochenkalender**. Bis heute kennen wir unabhängig von den Monaten die Unterteilung des Jahres in 52 Kalenderwochen, vor allem bei der Vereinbarung von Terminen. Bei Wochenkalendern werden die Tage einfach zu Siebener- aber auch Fünfergruppen (Färöer, Gallier) zusammengefasst und abgezählt. Auch hier muss man, um mit dem Sonnenjahr im Einklang zu stehen, Schalttage oder auch ganze Schaltwochen einschieben.

Als **Mond- oder Lunarkalender**, bzw. genauer als freien oder ungebundenen Mond- oder Lunarkalender, bezeichnet man Kalender, die sich ausschließlich am Mondumlauf, d.h. an den Mondphasen orientieren. Ein Jahr besteht hier aus zwölf Mondumläufen bzw. wirklichen

Mondmonaten, die zusammen 354,3671 Tage (was zwölf Lunationen entspricht) ergeben. Das Mondjahr ist dementsprechend etwa 11¼ Tage kürzer als das Sonnenjahr. Der bekannteste freie Mondkalender ist der islamische Kalender. Das bedeutendste religiöse Fest in diesem Kalender, die Fastenzeit des Ramadan, gleitet wie alle islamischen Kalenderdaten in etwa 34 Jahren einmal rückwärts durch ein Sonnenjahr. Das hat auch zur Folge, dass jemand, der nach islamischer Kalenderrechnung 34 Mondjahre alt ist, ein Sonnenjahralter von nur 33 Jahren hat. Lunarkalender sind historisch gesehen älter als die Solarkalender.

Eine Mischung aus Sonnen- und Mondkalender sind sogenannte **Lunisolarkalender oder gebundene Mondkalender**. Das Jahr ist hier primär durch den Umlauf der Erde um die Sonne festgelegt. Die Monate sind jedoch richtige Mondmonate, die nicht durch die Sternbilder oder eine einfache mathematische Zwölfteilung bestimmt werden. Um das Mondjahr jedoch mit dem Sonnenjahr abzugleichen, ist es notwendig, die 11¼ Tage Diskrepanz durch das Einschalten eines 13. Monats etwa alle drei Jahre auszugleichen, so dass das Jahr sekundär auch durch den Mondumlauf festgelegt wird. Solche gebundenen Mondkalender oder Lunisolarkalender fanden, wie wir es an den Monatsnamen bereits festgestellt haben, ursprünglich auch bei den Germanen Verwendung. Diese sollen nun im Weiteren vorgestellt werden.

6. Die germanischen Lunisolarkalender

Neben dem anglischen, dem dänischen und dem färöerischen gebundenen Mondkalendern wird hier auch der isländische Wochenkalender mit einbezogen, der eigentlich kein Lunisolarkalender ist, aber viele Charakteristika eines solchen bewahrt hat.

6.1. Der 13-Monats-Kalender der Angeln nach Beda Venerabilis

Wie bereits bei den Monatsnamen vermerkt gibt es zwei Quellen für den Lunisolarkalender bei den Angeln. Neben der *Bibliotheca Cottonensis* bzw. *der Antiquæ literaturæ septentrionalis libri duo I* stellt selbstverständlich das Kapitel *De mensibus anglorum* (Die englischen Monate) in Beda Venerabilis Abhandlung *De Temporum ratione* (sinngemäß: Von der Berechnung der Zeiten) die wichtigste und darüber hinaus frühste Quelle für einen germanischen Lunisolarkalender dar.

Beda Venerabilis, zu Deutsch „Beda der Ehrwürdige", wurde im Jahre 672/673 bei Wearmouth in Northumbrien geboren. Er war ein anglischer Benediktinermönch, Theologe und Geschichtsschreiber. Beda betont im Text, dass die Angeln diesen Kalender aus ihrer alten Heimat auf dem Kontinent mitgebracht hatten, so dass anzunehmen ist, dass ein ähnlicher Kalender auch im sogenannten Alt-Sachsen (d.h. dem heutigen Niederlanden und Niedersachsen) gegolten hat. Gegebenenfalls kann man in diesem Kapitel generell eine Quelle für

Abb. 6: Beda Venerabilis in der Schedel'schen Weltchronik (1493)

einen westgermanischen gebundenen Mondkalender sehen. Bedas Hauptanliegen war die Berechnung des beweglichen Osterfesttermines, um dies „international" einheitlich festlegen zu können. Darüber hinaus konnte er einen Kalenderfehler nachweisen, der erst durch die gregorianische Kalenderreform im 16. Jahrhundert behoben wurde. Am 26. März 735 ist Beda Venerabilis im Kloster Jarrow verstorben.

De Temporum ratione: Kapitel 15. De mensibus Anglorum

Antiqui autem Anglorum populi (neque enim mihi congruum videtur, aliarum gentium annalem observantiam dicere, et meae reticere) iuxta cursum lunae suos menses computavere; unde et a luna Hebraeorum et Graecorum more nomen accipiunt. Si quidem apud eos luna mona, mensis monath appellatur.

Primusque eorum mensis, quidem Latini Januarium vocant, dicitur Giuli. Deinde Februarius Sol-monath, Martius Rhed-monath, Aprilis Eostur-monath, Maius Thrimylchi, Junius Lida, Julius similiter Lida, Augustus Vuood monath, September Haleg-monath, Oktober Vuinter-fylleth, November Blod-monath, December Giuli, eodem Januarius nomine, vocatur. Incipiebant autem annum ab octavo Calendarum Januariarum die, ubi nunc natale Domini celebramus. Et ipsam noctem nunc nobis sacrosanctum, tunc gentili vocabulo Modranicht, id est, matrum noctem, appellabant, ob causam, ut suspicamur. ceremoniarum quas in ea pervigiles agebant.

Et quotiescunque communis esset annus, ternos menses lunares singulis anni temporibus dabant. Cum vero embolismus, hoc est, XIII mensium lunarium annus occurreret, superfluum mensem aestati apponebant, ita ut tunc tres menses simul Lida nomine vocarentur, et ob id annus ille Thri-lidi cognominabatur, habens IV menses aestatis, ternos ut semper temporum caeterorum. Item principaliter annum totum in duo tempora, hyemis, videlicet, et aestatis dispartiebant, sex illos menses quibus longiores noctibus dies sunt aestati tribuendo, sex reliquos hyemi. Unde et mensem quo hyemalia tempora incipiebant Vuinter-fylleth appellabant, composito nomine ab hyeme et plenilunio, quia videlicet a plenilunio eiusdem mensis hyems sortiretur initium.

Nec ab re est si et caetera mensium eorum quid significent nomina interpretari curemus. Menses Giuli a conversione solis in auctum diei, quia unus eorum praecedit, alius subsequitur, nomina accipiunt. Sol-monath dici potest mensis placentarum, quas in eo diis suis offerebant; Rhed-monath a deo illorum Rheda, cui in illo sacrificabant, nominatur; Eostur-monath, qui nunc paschalis mensis interpretetur, quondam a dea illorum quae Eostre vocabatur, et cui in illo festa celebrabant, nomen habuit, a cuius nomine nunc paschale tempus cognominant; consueto antiquae observationis vocabulo gaudia novae solemnitatis vocantes. Tri-milchi dicebatur, quod tribus vicibus in eo per diem pecora mulgebantur. Talis enim erat quondam ubertas Britanniae, vel Germaniae, de qua in Britanniam natio intravit Anglorum. Lida dicitur blandus, sive navigabilis, quod in utroque mense et blanda sit serenitas aurarum, et navigari soleant aequora. Vueod-monath mensis zizaniorum, quod ea tempestate maxime abundent. Halegh-monath mensis sacrorum. Vuinter-fylleth potest dici composito novo nomine hyemeplenilunium. Blot-monath mensis immolationum, quia in ea pecora quae occisuri erant diis suis voverent. Gratias tibi, bone Jesu, qui nos, ab his vanis avertens, tibi sacrificia laudis offere donasti.

Die alten Stämme der Angeln (Engländer) – denn es schien unpassend für mich, dass ich über die Unterteilung des Jahres bei anderen Völkern spreche, mich jedoch über die Sitten meines eigenen Volkes ausschweige – haben ihre Monate vom Lauf des Mondes abgeleitet. /330/ In Analogie zu den Gepflogenheiten der Hebräer und Griechen erhielten [die Monate] ihren Namen vom Mond, denn Mond heißt *mona* und der Monat *monath*. Der erste Monat, den die Lateiner Januar nennen, heißt *Giuli*, Februar heißt *Solmonath*; März – *Hrethmonath*; April – *Eosturmonath*; Mai – *Thrimilchi*; Juni – *Litha*; Juli gleichfalls *Litha;* August – *Weodmonath*; September – *Haleg-monath*, Oktober – *Winterfilleth*; November – *Blotmonath* und Dezember – *Giuli*, in gleicher Weise wie auch der Januar bezeichnet wird. Sie begannen das Jahr mit der 8. Kalendae vor Beginn des „Januars" [entspricht dem 25. Dezember; hier bezieht sich Beda auf Kapitel 11, wo er zeigte, dass der ägyptische Monat Phamenoth an der 5. Kalendae vor Beginn des März (24. Februar) begann. Da alle ägyptischen Monate 30 Tage lang sind, fällt der 26. *Phamenoth* auf den 22. März.], wenn wir die Geburt des „Herrn" feiern. Diese Nacht der Nächte, die uns so heilig ist, wird von ihnen mit dem heidnischen Namen *Modranecht* bezeichnet, was „Mütternacht" bedeutet, wahrscheinlich wegen der Zeremonien, die sie (wie wir vermuten) die ganze Nacht hindurch durchführen.

Wann immer ein gemeines Jahr war, gab es drei Mondmonate zu jeder Jahreszeit. Wenn jedoch ein Schaltjahr (das heißt, ein Jahr von 13 Mondmonaten) war, wiesen sie den zusätzlichen Monat dem Sommer zu, so dass insgesamt drei Monate den Namen *Litha* trugen. Aus diesem Grunde nannten sie diese Schalt-Jahre *Thrilithi*. So hatte ein solches Schaltjahr vier Sommermonate, bei den üblichen drei Monaten für die anderen drei Jahreszeiten. Aber ursprünglich teilten sie das Jahr als Ganzes in zwei Jahreszeiten, Sommer und Winter. /331/ Die sechs Monate, in denen die Tage länger sind als die Nächte, ordneten sie dem Sommer zu und die anderen sechs, [in denen die Nächte länger sind als die Tage], dem Winter. Daher nannten sie den Monat, in dem die Winterzeit begann *Winterfilleth*, ein Name der sich aus „Winter-" und „Vollmond" zusammensetzt, da der Winter mit dem Vollmond dieses Monats begann.

Nun ist es eigentlich unerheblich, ob wir uns die Mühe machen, die Namen der anderen Monate zu übersetzen ... Die Monate *Giuli* leiten ihren Namen von dem Tag ab, an dem die Sonne (im Winter) wendet und sich wieder zu erheben beginnt, denn einer dieser Monate geht diesem Tag voran und der andere folgt diesem Tag. Der *Solmonath* kann auch als „Monat der Kuchen" betitelt werden, nach den Kuchen, die sie ihren Göttern in diesem Monat anboten. Der *Hrethmonath* ist nach ihrer Göttin *Hretha* benannt, der sie in dieser Zeit opferten. Der *Eosturmonath* hat einen Namen, der heute als Passahmonat (Passah ist eine hebräische Bezeichnung für das jüdische Frühlingsfest) übersetzt würde. Er leitet sich ursprünglich von einer ihrer Göttinnen ab, welche *Eostre* genannt wurde und zu deren Ehren Feste in diesem Monat gefeiert wurden. Jetzt benennen sie die Passahzeit mit ihrem Namen, womit nun die Freuden der neuen Feierlichkeit mit dem Namen der altehrwürdigen Göttinnen geehrt werden. *Thrimilchi* wurde so genannt, weil in diesem Monat das Vieh dreimal täglich gemolken wurde. Zu dieser Zeit war die Fruchtbarkeit in Großbritannien oder Deutschland, von wo aus das Volk der Angeln nach Britannien kam, [am größten]. *Litha* bedeutet soviel wie „sanft" oder „schiffbar", weil in beiden Monaten die Lüfte still und sanft sind (Flaute). Darum pflegten sie zu dieser Zeit auf der glatten See zu segeln. *Weodmonath* bedeutet „Unkraut-/Gras-Monat", /332/ denn dieses sprosst sehr zahlreich zu dieser Zeit. *Halegmonath* bedeutet „Monat der heiligen Riten". *Winterfilleth* kann mit dem erfundenen, zusammengesetzten Nennwort „Winter-voll" [Wintervollmond; s.o.] bezeichnet werden. *Blotmonath* ist der „Monat der Opferungen", denn das Vieh, das dann geschlachtet wurde, war ihren Göttern geweiht. Jesu Christi sei Dank dafür, dass er uns von diesen Nichtigkeiten abbrachte und uns [die Gnade] gewährte, ihm das Opfer unserer Lobpreisung darzubieten. (eigene Übersetzung, Kommentare aus dem Englischen nach Wallis, 1999)

Der anglische Kalender, den wir durch Beda Venerabilis kennengelernt haben, ist in lückenhafter Form noch ein zweites Mal und zwar in Form eines Kalenderfragments aus der *Bibliotheca Cottoniensis* erhalten geblieben. George Hickes (*Antiquæ litteraturæ septentrionalis libbri duo, I: linguarum vet. sept. thesaurus*, Oxford, 1705) datiert dieses Kalenderfragment auf das Jahr 1031. Aufgrund eines Feuerschadens sind nicht alle Monate auf dem Kalenderfragment lesbar und das *Menologium Poeticum* enthält auch nicht für alle Monatsnamen Übersetzungen. Die durch George Hickes ergänzte Monatsnamenreihe lautet wie folgt: 1. *æftera jéola*, 2. *solmónað*, 3. *hlyda / hlydmónað*, 4. *eosturmónað*, 5. *maiusmónað*, 6. *seármónað / miðsumormónað / ærra líða / juniusmónað*, 7. *æftera líða / mædmónað / juliusmónað*, 8. *weodmónað / augustusmónað*, 9. *háligmónað / hærfestmónað*, 10. *se teoðam, háligmónað*, 11. *blótmónað*, 12. *ærra jéola / miðvintermónað*.

Wie man an den Alternativnamen für den 6. und 12. Monat sieht, hat hier vom 8. auf das 11. Jahrhundert eine Verschiebung vom lunaren (anglischen) Mittwinter/Mittsommer auf das solare (römisch-klerikale-fränkische) Mittwinter/Mittsommer stattgefunden. Eine schematische Darstellung des angelsächsischen gebundenen Mondkalenders finden wir in Abbildung 7.

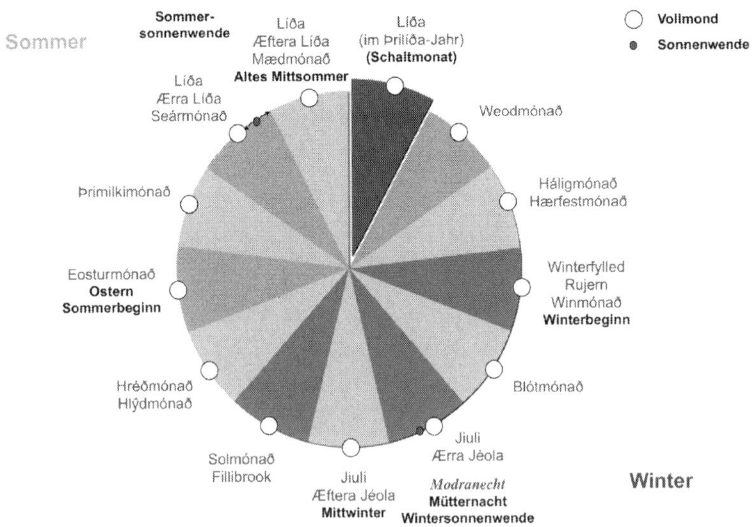

Abb. 7: Schema des angelsächsischen gebundenen Mondkalenders nach Beda Venerabilis

6.2. Der 13-Monats-Kalender der Dänen nach Olaus Wormius

Olaus Wormius (oder auch einfach nur Ole oder Olaf Worm) wurde am 13. Mai 1588 im dänischen Aarhus geboren und verstarb am 31. August 1654 in Kopenhagen. Vielen dürfte Olaus Wormius aufgrund seiner gut illustrierten Arbeiten über die Goldhörner von Gallehus bekannt sein. Er gilt als einer der Mitbegründer der skandinavischen Archäologie und arbeitete auch als Reichsarchivar Dänemarks. Olaus Wormius studierte ursprünglich Medizin in Marburg und Basel. Er arbeitet jedoch nur eine kurze Zeit als Arzt. Ab 1613 hatte er dann an der Universität Kopenhagen den Lehrstuhl für klassische Altertumskunde und Griechisch inne.

Abb. 8./9.: links: Olaus Wormius (Gemälde von Carl van Mandern) rechts: Titelblatt der *Fasti Danici*

In Olaus Wormius' Werk *Fasti Danici* (1642) finden wir die Monatsreihe eines dänischen 13-Monats-Lunisolarkalenders (Der lateinische Begriff *fasti* war die urspüngliche-römische Bezeichnung für einen Kalender im Sinne einer Liste der Gerichtstage, während das *calendarium*, abgeleitet von den *Kalendae*, ein Schuldbuch bezeichnete; Rüpke, 2006). Genauer gesagt überliefert uns Olaus Wormius zwei Kalenderreihen – beide mit weitestgehend dänischen Monatsnamen. Einen julianisch-solaren Kalender mit 12 Monaten, dessen Namen in Tabelle 3 aufgelistet sind, und einen 13-Monatskalender mit einem Schaltmonat, der in Tabelle 2 aufgeführt ist. Der hier eingefügte 13. Schaltmonat trägt den Namen *sildemæn*, was soviel wie „später Monat“ oder gar „verspäteter Monat“ bedeutet. Interessanterweise scheinen beide Kalender bis in das 17. Jahrhundert in Dänemark in Gebrauch bzw. zumindest bekannt gewesen zu sein. Eine spezielle dänische Schaltregel, wie und wann der interkalierende Monat eingesetzt wurde, überliefert uns Olaus Wormius leider nicht. Ihm ist jedoch die schwedische Distingregel bekannt (weiteres zur Schaltregel siehe unten!). Abbildung 14 stellt den gebundenen Mondkalender der Dänen unter der Annahme dar, dass der *sildemæn* wie der dritte Lithemonat im Sommer eingeschaltet wurde.

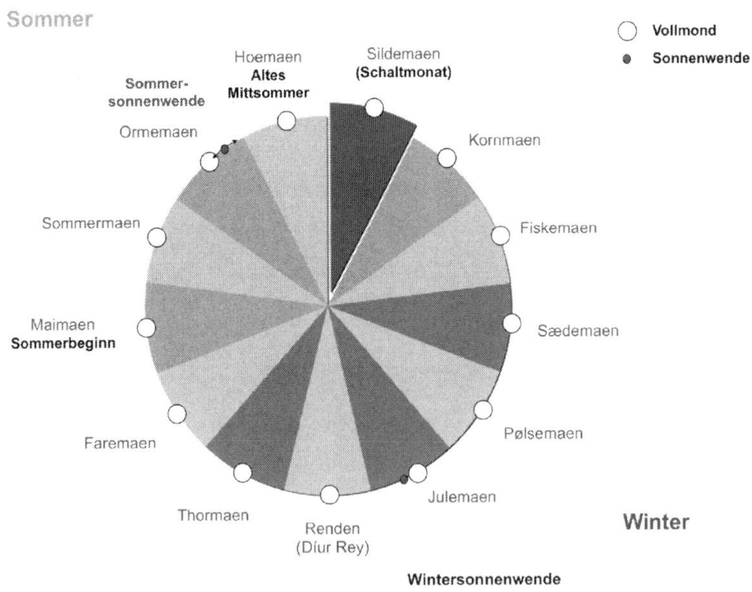

Abb. 10: Schema des alt-dänischen gebundenen Mondkalenders nach Olaus Wormius

6.3. Der färöerische Lunisolarkalender nach Niels Winther

Niels Christopher Winther wurde am 2. Juli 1822 in Tórshavn auf den Färöer geboren und starb dort am 24. Februar 1892. Er war ein facettenreicher Mensch. Von seiner Ausbildung her war er Jurist, engagierte sich aber auch als Politiker und Schriftsteller. Winther war als Politiker von 1852 bis 1857 Abgeordneter des *Løgtings*, des färöerischen Parlaments. Er gilt rückwirkend betrachtet als derjenige, der sich am vehementesten für die Wiedereinrichtung dieses alten färöerischen Parlamentes einsetzte, das im Jahre 1816 eigentlich von Dänemark abgeschafft worden war. Im dänischen Parlament, dem *Folketing* in Kopenhagen, war er von 1851 bis 1857 als Abgeordneter tätig.

Er gab am 13. Mai 1852 mit der *Færingetidende* (Färingerzeitung) die erste eigenständige Zeitung der Färöer heraus. Sie wurde in dänischer Sprache verlegt und nach nur neun Ausgaben wieder verboten. Außerdem verfasste er, was im Kontext dieses Textes von besonderer Bedeutung ist, 1875 die *Færøernes Oldtidshistorie* (föröische Altertumsgeschichte).

In genau diesem Werk über die färöische Altertumsgeschichte überliefert uns Niels Winther ab Seite 472 einen weiteren, allerdings ausgesprochen „seltsamen", Lunisolarkalender, der seinen Aufzeichnungen zufolge 1838 noch in der färöerischen Bevölkerung bekannt gewesen sein muß. Zumindest gibt er keine weiteren Primär- oder Sekundärquellen an (Winther, 1875). Der Kalender ist insofern etwas seltsam, dass er eine sehr außergewöhnliche Verwendung der Begriffe Sonne und Mond aufweist.

So muss man sich erst einmal klar machen, dass so weit im Norden, wo um die Wintersonnenwende die eigentliche Sonne lange Zeit gar nicht mehr aufgeht, **der Mond auch als Wintersonne (*vetrasólin*) bezeichnet wird**. Im durch Niels Winther vorgestellten Kalender geht dies sogar soweit, dass hier der Mond primär mit dem Begriff der Sonne bezeichnet wird. So enden alle Monatsnamen nicht auf -mond oder -monat sondern auf -sonne *(-sólin)*. So wird der isländische Monat *þorri* zur *torrasólin* oder der *jólmánaðr* zur *jólasólin*. Das Ganze geht sogar soweit, dass der alt-färöerische Begriff der Sonnenwende – *sólkvörv* die Mondphase des Vollmondes beschreibt und eben nicht eine eigentliche Sonnenwende. Beim Lesen des Originaltextes muss man sich also im Klaren sein, dass der dänische

Begriff der *vintersolhverv* die wirkliche Wintersonnenwende um den 21./22. Dezember bezeichnet, während die färöerische *vetrasólkvörv* den Vollmond im Monat *vetrasólin* (etwa November-Dezember) benennt.

Ein weiteres Charakteristikum des färöerischen Lunisolarkalenders ist, dass nur halbe Monate eingeschaltet werden und keine ganzen wie in den zuvor beschriebenen dänischen und angelsächsischen Kalendern. Dies hat zur Folge, dass in den jeweiligen Jahren die Monate unterschiedlich von Voll- zu Vollmond und dann alternierend von Neu- zu Neumond gezählt werden müssen.

Auch die Monatsnamen sind in ihrer Anzahl etwas kompliziert, da neben dem halben Schaltmonat noch sechs weitere Halbmonate eigene Namen tragen, während die verbleibenden neun Monate nur als Vollmonat einen Namen für beide Monatshälften tragen. Weiterhin nennt Niels Winther auch eine Reihe von färöerischen Feiertagen. Darunter sind auch die für den Norden typischen Feste zum Winterbeginn, die Winternächte – *veturnætir* im Oktober, das *summarmála*, d.h. der Sommerbeginn, das er auch als *sejrblot* (Siegesopfer) und *sommerblot* (Sommeropfer) bezeichnet, im April und das *midtvintersblot*, auch *juleblot* oder *torreblot* im Januar, von dem Niels Winther jedoch schreibt, dass es im ganzen Norden begangen wurde, jedoch nicht (mehr) auf den Färöern. Mit diesen Angaben überliefert uns Niels Winther gleich noch die Einteilung des färöerischen Jahres in die zwei Jahreszeiten Sommer und Winter sowie deren Beginn und Ende zu den Vollmonden in April und Oktober.

Abb. 11: Porträt von Niels C. Winter
(auf einer Färöerischen Briefmarke von 2008)

Färöerischer Name	Übersetzung	Vollmonat/ Halbmonat	Etwaige Monatsentsprechung	Sonstiges
jólasólin	Jólmonat	Vollmonat	Januar	Monat des Mittwinter-/Jólfestes zum Vollmond des Monats
torrasólin	Dürremonat (trockener Monat)	Vollmonat	Februar	durch den Schlatmonat sind die Monatsentsprechungen etwas verschoben
göðsólin	Gói-monat Monat der Frau Gaue	Vollmonat	März	-
einmánasólin	Ein-/Erstmonatsmonat (unklarer Name)	Vollmonat	April	die erste Monatshälfte gehört zum Winter, die zweite zum Sommer, zum Vollmond des Monats wird der Sommerbeginn / Ostern / Várblót gefeiert
gýtusólin	Laichmonat	Vollmonat	Mai	-
summarsólin	Sommermonat	Vollmonat	Juni	dieser Monat musste den längsten Tag einschließen
økusólin	Erhöhungsmonat	Vollmonat	Juli	der Monatsname lehnt sich an die isländischen *aukanætur* bzw. den *sumarauki* an, und ist ein Relikt für einen im Sommer eingeschaltenen Schaltmonat
fleisólin	Vogelfangmonat	Halbmonat	1. Augusthälfte	-
hoynasólin	Heuerntemonat	Halbmonat	2. Augusthälfte	-
akursólin	Kornmahtmonat	Halbmonat	1. Septemberhälfte	-
söknsólin	Fischereimonat	Halbmonat	2. Septemberhälfte	-
ásaroytingsólin	Monat (abgeleitet von *afrykning*) ?	Halbmonat	1. Oktoberhälfte	-
skurðsólin	Schlachtmonat	Halbmonat	2. Oktoberhälfte	Beginn des Winterhalbjahres zum Vollmond
klippingsólin	Schafschurmonat	Vollmonat	November	-
vetrasólin	Wintermonat	Vollmonat	Dezember	Monat der Wintersonnenwende und der Folgewoche in der man abhängig vom Erscheinen einer Neumondsichel die Entscheidung für eine Schaltung traf
partasól á vetri auch *millumparta sólamáni at vetri*	Teilmonat zum Winter	Halbmonat	halber Schaltmonat	verschiebt die Monatsrechnung von Voll- zu Vollmond auf Neu- zu Neumond und umgekehrt

Tab. 4: Die Färöerischen Monatsnamen

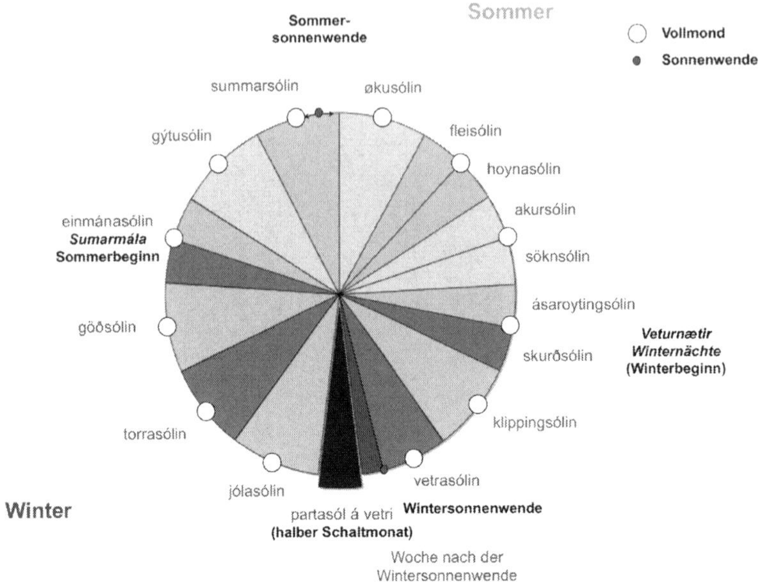

Abb. 12: Schema des färöerischen Lunisolarkalenders nach Niels C. Winther

6.4. Der isländische oder nordische Wochenkalender (Primstav, Rîmstock)

Die wikingerzeitlichen Isländer, aber auch die anderen Nordländer benutzten parallel zu dem gebundenen Mondkalender einen Wochenkalender, der vom Prinzip ein reiner Solarkalender war. Damit ähnelt er dem gregorianischen Kalender. Während vor allem religiöse Feste nach dem gebundenen Mondkalender berechnet wurden, war der Wochenkalender vielmehr für „weltliche" Angelegenheiten von Bedeutung. Bezüge auf diesen parallel benutzten Wochenkalender finden sich vor allem in vielen Gesetzen. Darüber hinaus sind Merkregeln erhalten, die eine Art Umrechnung zwischen Mond- und Wochenkalender ermöglichen bzw. beide Kalender zueinander in Beziehung setzen. Das isländische Wochenkalenderjahr bestand aus 364 Tagen, d.h. aus genau 52 Wochen zu je 7 Tagen. Jeder Monat dauerte genau 30 Tage. Die verbleibenden vier Tage wurden als Erhöhungsnächte (*aukanætur*) nach dem *sólmánaðr* eingefügt. Die verbleibende Diskrepanz zum

365,24 Tage dauernden Sonnenjahr wurde zu einer ganzen Woche angesammelt und dann alle 5-7 Jahre nach den *aukanætur* als sogenannter Sommerzusatz (is. *sumarauki*) eingeschoben. Dabei mußte die Erkenntnis der 1¼ Tagesdifferenz nach der isländischen Landnahme von den Isländern wohl selbst (wieder) gemacht worden sein, denn dem Íslendingabók (cap. 4) zufolge hat *þorsteinn Surtr* den Sommerzusatz erfunden („*er fann sumarauka*"), nachdem im 10. Jahrhundert den „weisesten Männern" Islands aufgefallen ist, dass sich der 364 Tage umfassende Wochenkalender innerhalb von nur 30 Jahren um einen ganzen Monat in Bezug zum Sonnenjahr verschoben hat. Diese verzögerte Einführung des *sumarauki* ist wahrscheinlich auch die Ursache, warum der isländische Monat *ýlir* in seiner Bedeutung als Früher Jólmonat verblasst ist. Anstelle des Monats *ýlir* war dann der *jólmánaðr* der Monat des Weihnachtsfestes (Wintersonnenwende; Christi Geburt) und das *þorrablót* rückte dann an die Stelle des lunaren Mittwinteropfers (*miðvetrblót*) bzw. wurde mit diesem deckungsgleich.

An den Monatsnamen, die in Tabelle 2 aufgeführt sind, kann man jedoch noch einen alten, wahrscheinlich norwegischen, Mondkalender als Vorgänger erahnen. Insbesondere der Name *tvímánaðr* als Synonym für den *heyannir* bzw. den *kornskurðarmánaðr* weist auf einen ehemals hier eingefügten Schaltmonat hin. Bei diesem nun nicht mehr lunaren Kalender waren alle Feiertage bereits kalendarisch fixiert, was man auf den vielfältigen Primstäben (Runenkalendern, siehe Abb. 14) erkennen kann. Der Winterbeginn ist hier auf den 13. Oktober, das Mittwinter-/Jólfest auf den 12./13. Januar, das *sumarmál* (Sommerbeginn) bzw. das *várblót* (Ostern) auf den 14. April und das sog. alte Mittsommer auf den 14. Juli festgelegt (Janson, 2009). Das alte isländische Gesetzbuch – die *Grágás* (Graugans) – schreibt hierzu:

Grágás I/19. Jahresteilung

Ein fünfter Wochentag (Donnerstag) soll der erste Sommertag sein. Von da soll man zählen drei Monate zu dreißig Nächten nebst vier Nächten bis Mittsommer. Aber von Mittsommer sollen drei Monate zu dreißig Nächten sein bis zum Winter. Ein Samstag soll der erste Wintertag sein. Aber von da sollen es sein sechs Monate zu dreißig Nächten bis zum Sommer. Aber zehn Wochen sollen vom Sommer um sein, wenn die Leute ans Allding kommen ...

(Übersetzung: A. Heusler, 1937)

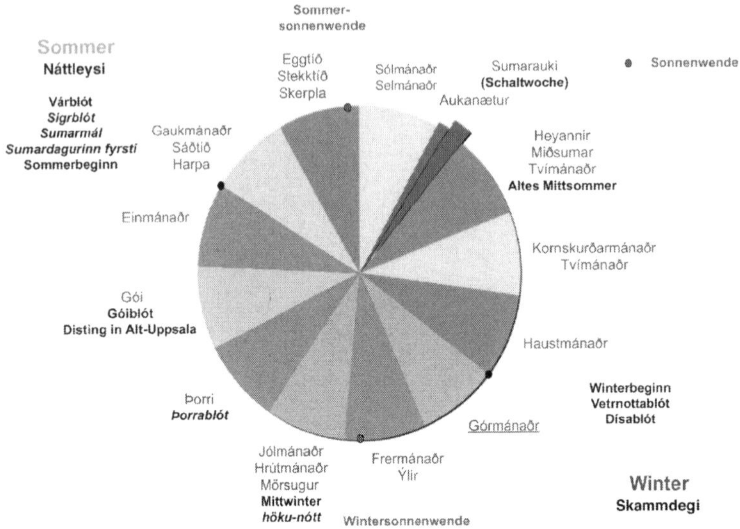

Abb. 13: Schema des alt-isländischen/nordischen Wochenkalenders – Grundlage für etliche Primstäbe

Abb. 14: Originalfunde von Rîmstöcken bzw. Primstäben aus dem Historischen Museum in Lund (Schweden)

Im Island des 11. Jahrhunderts bzw. im gesamten Norden gab es verschiedene Bestrebungen, den Wochenkalender dem julianischen Kalender anzupassen. So begann im Wochenkalender das Neujahr (1. Januar) mit dem Termin für Christi Geburt im julianischen Kalender. (Im julianischen Kalender würde dieses Datum selbstverständlich auf den 25. Dezember fallen. Dieser Termin entsprach ursprünglich nach julianischer Festlegung der Wintersonnenwende, die durch den Kalenderfehler jedoch astronomisch gesehen im 11. Jahrhundert etwa am 16. Dezember[J] des julianischen Kalenders beobachtbar gewesen war.) Das Ende der Zwölf Nächte – der 13. Tag – entspricht im Wochenkalender genau dem 13. Januar. Dies ist insbesondere bei den im folgenden Kapitel zu behandelnden Schaltregeln zu berücksichtigen.

7. Das Mit- und Nebeneinander der verschiedenen Kalendersysteme

Bevor wir zur Rekonstruktion der Funktionsweise, d.h. der Schaltregel des germanischen Lunisolarkalenders kommen, möchte ich zum besseren Verständnis ein paar allgemeine historische Grundlagen der verschiedenen Kalendersystemen darlegen und auf ein paar Besonderheiten, d.h. auf die Kalenderfehler, in den bis heute verwendeten solaren Kalendern nach Gaius Julius Caesar und Papst Gregor XIII. eingehen.

7.1. Exkurs II: Der julianische Kalender, der 25. Dezember und die Wintersonnenwende

Der originäre römische Kalender kannte anfänglich wahrscheinlich nur zehn Monate (Ginzel, 1906). In der römischen Republik fing das Kalenderjahr ursprünglich mit den *Kalendae* des Martius, d.h. am 1. März an und endete am 31. Dezember. So begann das Jahr etwa 3 Wochen vor der Frühlings-Tag-und-Nachtgleiche und endete kurz nach der Wintersonnnenwende. Erst unter wahrscheinlich etruskischen Einfluss wurden die Monate *Ianuarius* (Januar) und *Februarius* (Februar) eingeführt (Olmsted, 1992). Erst im Jahre 153 v. Chr. wurde der offizielle Jahresbeginn auf den 1. Januar vorverlegt. Als Neujahrestag bot sich der Januar allein aufgrund seines Namens an, denn das lateinische *Ianua* bedeutet Tür (Ziggelaar, 1983). Im Bezug auf diesen Neujahrstermin ist der zweigesichtige römische Gott *Ianus* der, welcher in beide Richtungen blickt: In das alte und auch in das neue Jahr. Darüber hinaus wurde der anfänglich reine, 354 Tage umfassende, Lunarkalender in einen Lunisolarkalender umgewandelt, indem nach dem Monat *Februaris* alle zwei Jahre ein Schaltmonat, der sogenannte *Mensis intercalaris* oder *Mercedonius*, eingefügt wurde (Rüpke, 1995). Die Schaltung erfolgte prinzipiell in einem vierjährigen Schaltzyklus (gr. *Tetraeteris*), nach dem im zweiten Jahr jeder Vierjahresperiode ein *Menisis intercalaris* von 22 Tagen und im vierten Jahr ein *Menisis intercalaris* von 23 Tagen eingeschoben wurde. In den Schaltjahren umfasste der Februar 23 Tage und endete bereits nach den Terminalien, während er in den normalen Jahren 27 Tage umfasste.

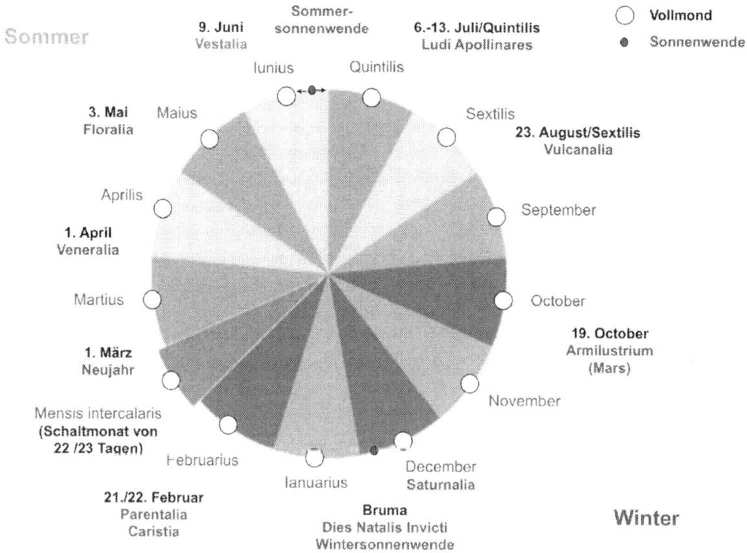

Abb. 15: Schema des römischen Lunisolarkalenders mit einigen bedeutsamen römischen Feiertagen

Ein neuer römischer Monat begann, wie in Exkurs I geschrieben, mit der Neumondzündung. Das Jahr Null der Jahreszählung stellte die sagenhafte Gründung Roms durch die Gebrüder Romulus und Remus im Jahre 753 v. Chr. dar (lat. *ab urbe conditia – a.u.c.*). Die Abstimmung des Mond- und Sonnenjahres erfolgte teilweise relativ willkürlich durch die römische Priesterschaft, die die Schaltmonate von 22 oder 23 Tagen einfügte. In Folge dessen zählten die Jahre 354 oder 376 bzw. 377 Tage. Diese Schaltungen unterlagen starker politischer Einflussnahmen, so dass profitbringende Amtsperioden artifiziell verlängert wurden, was zu astronomisch unsinnigen Jahreslängen führte. 153 v. Chr. wurde der Jahresanfang, welcher derweil auf den Vollmond des März verschoben worden war, auf die Neumondzündung des *Ianuarius* vorverlegt. Gegen Ende der römischen Republik war das Kalenderwesen also vollkommener Willkür unterworfen und total im „astronomischen Chaos“ versunken.

Um diesen Mißständen Herr zu werden, plante im Jahre 47 v. Chr. Gaius Julius Cäsar eine Kalenderreform, bei der eine neue Schaltregel eingeführt werden sollte (Ginzel, 1906). Diese neue Schaltregel sah vor, zum

Ablauf einer Vierjahresperiode einen Zusatztag an den Monat *Februarius* anzuhängen und den bisherigen Schaltmonat *Mensis intercalaris* ersatzlos wegfallen zu lassen. In Umrechnung gegenüber dem römischen Kalender und seiner zwei Schaltzyklen umfasste das durchschnittliche Kalenderjahr damit genau 365,25 Tage (Rüpke, 2006). Der in Alexandria lebende Grieche Appian, der römische Senator, Konsul, Schriftsteller und Geschichtsschreiber Cassius Dio und der römische Philosoph Macrobius Ambrosius Theodosius berichten übereinstimmend in ihren Werken, dass Gaius Julius Caesar diesen Schaltzyklus des späteren julianischen Kalenders im hellenisierten Ägypten, in Alexandria, kennengelernt hatte. Vor allem die Angaben von Macrobius Ambrosius Theodosius lassen darauf schließen, dass Gaius Julius Caesar nach Ägypten fuhr, um mit den Gelehrten des ägyptischen Kalenders seine Kalenderform zu bereden (Ginzel, 1906). Einer dieser Gelehrten war wahrscheinlich der ägyptische Astronom Sosigenes. Den Aufzeichnungen zufolge hatte Gaius Julius Caesar die Kenntnis des ägyptischen Kalenders ursprünglich von dem alexandrinischen Astronom Acoreus erlangt. (So kann man im Prinzip sogar davon sprechen, dass wir heute keinen römischen sondern einen ursprünglich hellenistisch-ägyptischen Kalender benutzen.) Für das Inkrafttreten der neuen Kalenderreform ist das Jahr 45 v. Chr. gewählt worden, da das Jahr 46 v. Chr. den Abschluss einer Vierjahresperiode bildete.

Abb. 16: Büste von Gaius Julius Caesar; Durch seine Kalenderrefor wurde die proklamierte Wintersonnenwende auf den 25. Dezember kalendarisch fixiert.

Das maßgebliche Problem bei der julianischen Kalenderreform war jedoch, dass ein Sonnenjahr, d.h. ein so genanntes *tropisches Jahr*, genau 365,242190 Tage bzw. 365 Tage, 5 Stunden, 48 Minuten und 45 Sekunden dauert und eben nicht 365,25 Tage. Oder anders gesagt: Das julianische Jahr ist 11 Minuten und 14 Sekunden länger als das Sonnenjahr. Diese wenigen Minuten, die das julianische Jahr zu lang ist, summierten sich nun aber über lange Zeiträume beträchtlich auf. Alle 128 Jahre wächst die Differenz zwischen tropischem Jahr und julianischem Jahr um einen ganzen Tag.

Im Jahr 46 v. Chr. des neu fixierten Sonnenjahres fiel die Frühlings-Tag-und-Nachtgleiche etwa auf den 25. März und die Wintersonnwende etwa auf den 25. Dezember. Tatsächlich spielte das astronomisch exakte Datum dieser Termine für das spirituelle und kulturelle Leben Roms jedoch gar keine entscheidende Rolle, denn traditionell wurde der Tag der Wintersonnwende durch den Pontifex Maximus nach Beobachtung jährlich ausgerufen – vergleichbar mit der Ausrufung des Neulichts (1. Sichtbare Sichel) zu den Kalenden (Monatsbeginn). Laut Cicero führte der Pontifex Maximus einst auch die *annales maximi*. In diesen Annalen wurden wichtige religiöse und politische Ereignisse nach Jahren geordnet aufgelistet. Der Pontifex Maximus war in Rom jedenfalls auch für den Kalender zuständig. Die *pontifices* mussten in republikanischer Zeit nach Bedarf Schalttage einfügen, wenn sich zu große Verschiebungen ergeben hatten. Auch Gaius Julius Cäsar bezog aus seiner Funktion als Pontifex Maximus die Legitimation, im Jahr 46 v. Chr. den julianischen Kalender einzuführen. Die Ausrufung (lat. *Calare* oder *Proclamtio*) blieb stets Teil der politischen Macht des römischen Pontifex. Römischer Pontifex wurden seit der Amtszeit Augustus' die künftigen römischen Kaiser selbst. Seit Augustus wurde der Wintersonnenwend-Termin anhand des sogenannten *Solarium Augusti* oder *Horologium Augusti* berechnet, eines großen astronomischen Sonnenobservatoriums mit einer Kugel auf einem etwa 30 Meter hohen Obelisken, der als Schattenwerfer fungierte und auf dem Marsfeld in Rom errichtet worden war. Der auf der zugehörenden Meridianlinie abzulesende Mittagsschatten dieser Kugel ist zur Wintersonnenwende in Rom etwa 65 Meter vom Obelisk entfernt. Die Meridianlinie hatte zwischen den beiden Sonnenwend-Tagen eine Länge von etwa 55 Meter. Auf ihr befanden sich Markierungen für fast alle 182 Tage eines Halbjahres, die deutlich voneinander unterscheidbar waren, außer in der Umgebung der Tage der Sonnenwenden selbst („*Umbra Brumae*"). Die Wintersonnenwende konnte anhand dieser Anlage eigentlich erst 2-3 Tage später SICHER festgestellt werden .

Plinius berichtet uns in seiner *Naturalis historia* (Cap.15), dass dieses „Horologium" zu seiner Zeit bereits ungenau gewesen wäre. Spätere Autoren berichten von einer Sanierung der Anlage durch Domitian, was von den Archäologen, die die Ausgrabungen leiteten, weitgehend bestätigt werden konnte.

Abb. 17: Der Obelisk auf der Piazza Montecitorio diente früher als Gnomon des Solarium Augusti, dessen Ungenauigkeit zur Wintersonnenwende mit dafür verantwortlich ist, dass Weihnachten am 25. Dezember gefeiert wird.

Wie genau das Horologium nun wirklich gearbeitet hat, kann heute kaum nachvollzogen werden. Zur Zeit Plinius', war der 25. Dezember[J] jedoch als Tag der Proklamation der Wintersonnenwende durchaus etabliert. Zu diesem Zeitpunkt (77 n. Chr.) hatte sich das astronomische Ereignis auch noch nicht vom Datum des 25. Dezember gelöst. Inwieweit die späteren Kaiser ihr Recht, die Wintersonnenwende auszurufen in Anspruch nahmen, um den 25. Dezember[J] als traditionelles Datum unabhängig von astronomischen Ereignis beizubehalten, oder ob dieser Tag überhaupt ständig dazu diente, wird uns nicht überliefert. An den 25. Dezember gebunden waren die Kaiser Kraft ihres Amtes eigentlich nicht.

Dabei stellte diese römische Tradition einer *calare* oder *proclamatio* keineswegs eine kulturelle Ausnahme dar. Da die Ausrufung der Monatsanfänge nicht nur bei den Römern, sondern auch bei den Griechen (hier durch die Archonten) und sehr wahrscheinlich auch bei den Kelten (durch die Druiden) erfolgte, kann man auch für diese Völker eine Wintersonnenwend-Proklamation annehmen. An dieser Tradition hielten in der Folge alle römischen Kaiser fest und diese nutzten die Ausrufung durchaus für ihre Zwecke. So war es nicht ungewöhnlich, dass die Wintersonnenwende meist an Tagen nach dem eigentlichen astronomischen Ereignis proklamiert wurde, so dass der 25. Dezember keineswegs das kulturelle Fixdatum einer sich langsam entfernenden Wintersonnwende darstellte.

Als das tatsächliche astronomische Wintersonnenwend-Datum dann wirklich zu wandern begann, war dies bereits zu Beginn des 3. Jahrhunderts bekannt, ebenso der Umstand, dass am 25. Dezember im römischen Reich bereits ein Fest der Sonne bekannt gewesen sein muss. So finden sich im *kalendarium des* Antiochos von Athen, das mutmaßlich noch vor 200 n. Chr. entstanden sein muss, die folgenden Angaben:

κβ'. τροπὲ χειμερινὴ.
κγ'. Προκύων ἑῷος δύνει.
κε'. Ἡλίου γενέθλιον · αὔξει φῶς.

Der erste Eintrag (für den 22. Dezember[J]) sagt uns, dass hier die Wintersonnenwende ist. Der 23. Dezember[J] bezieht sich auf den Stern *Procyon* und bei dem letzten Eintrag am 25. Dezember[J] liest man „Geburtstag der Sonne: Das Licht steigt“. Dieser Wintersonnenwend-Eintrag findet sich in ähnlicher Form offenbar auch im Kalender des Ptolemaios (gest. 180 n. Chr.), dort jedoch ohne den Vermerk „Geburtstag der Sonne”.

Wie dem auch sei, im Jahre 46 v. Chr. wurde die Wintersonnwende am 25. Dezember durch den Pontifex ausgerufen.

Des Weiteren stellte der 25. Dezember das Ende zweier römischer Festzeiträume dar: den der Brumalien (abgeleitet von lat. *bruma* Wintersonnenwende) und der Saturnalien. Die Brumalien sollen von Romulus selbst in den römischen Festkalender eingefügt worden sein, begannen am 24. November und dauerten demzufolge 30 Tage. Gefeiert wurde mit Fackeltänzen, Reigen, Gesängen, Gelagen und Geschenken zu Ehren des Dionysos bzw. des Bacchus (Finck von Finckenstein, 1990). Der zweite Festzeitraum waren die Saturnalien, die zu Ehren des Gottes Saturn abgehalten worden. Sie wurden erst nach 45 v. Chr. gefeiert und sind anfänglich zwischen dem 17. und 23. Dezember[J] begangen worden. Später wurden die Festlichkeiten bis zum 30. Dezember ausgeweitet. Der ursprüngliche Anlass der Saturnalien war die Errichtung des Saturntempels auf dem Forum Romanum (Nilsson, 1921).

Im alten Rom war jedoch der im weitesten Sinne aus Persien stammende Mithraismus oder Mithraskult die unter den Legionären am weitesten verbreitete Religion (Ulansey, 1998). Der Mithraskult wird erstmalig im 1. Jahrhundert von dem römischen Dichter Statius (gestorben 96 n. Chr.) erwähnt. Mithras trug den Namenszusatz *Sol invictus* (unbesiegter Sonnengott), was auf eine Vermischung mit dem altgriechischen Perseuskult in Tarsos (Perseus war ein klassischer Sonnenheros, während der persische *Mitra* eher ein Schwur-, Vertrags- und Rechtsgott war) und dem altrömischen Sonnengott *Sol Indiges* (einheimischer Sonnengott) hinweist, welcher zusammen mit der Mondgöttin *Luna* verehrt wurde. Dieser Mithras feierte seine Geburt aus dem Dunkel der längsten Nacht heraus als neu erstandenes Licht der Welt. Seine „Geburt“ war also mit dem Moment der Wintersonnenwende verbunden.

In den Jahren 271 – 273 gelang es Kaiser Aurelian das politisch zersplitterte und wirtschaftlich zerüttete Imperium Romanum neu aufzurichten und die große Reichskrise des 3. Jahrhunderts zu beenden. Nach seinem Sieg über das Sonderreich von Palmyra in der Schlacht von Emessa im Jahre 272 begab sich Aurelian in den dortigen *Sol-Elagabal*-Tempel, um hier dem Sonnengott für seinen Beistand in der Schlacht zu danken. (Elgabal war auch ein antiker Sonnengott, dessen Kultzentrum in Emessa, dem heutigen Homs in Syrien, war.) Er betrachtete den Sonnengott fortan als seinen persönlichen Schutzherrn (*conservator Augusti*). Zwei Jahre später erhob er diesen Sonnengott zum „Herrn des römischen Reiches" (*Dominus Imperii Romani*) und schuf einen neuen Staatskult, indem er alte römische *Sol-Indiges*-Motive mit jenen des persichen *Sol Invictus-/Mithras*-Kultes verband. Bei der Einweihung des neuen *Sol-Invictus*-Tempels auf dem Campus Agrippae rief Aurelian an diesem Festtag abermals für den 25. Dezember die Wintersonnenwende aus (obwohl dies diesmal astronomisch nicht korrekt war) und erklärte ihn zugleich zum Geburtstag seines Sonnengottes.

Die Frage, warum Aurelian gerade diesen Tag für seinen Proklamation wählte, wird bis heute diskutiert. Dass sich der tatsächliche astronomische Wintersonnenwend-Termin nach 340 Jahren bereits um fast 3 Tage nach vorne verschoben hatte, war auch, wie oben geschrieben, seinen Astronomen nicht verborgen geblieben. Da der Termin bereits lange zuvor festgelegt worden war, müssen auch politische Gründe eine Rolle gespielt haben. Aurelian sah sich durchaus auch als Restaurator römischer Größe und damit in der Nachfolge Gaius Julius Cäsars. In jenem Jahr 45 v. Chr. mit der „Neuen Zeitrechnung" hatte Gaius Julius Cäsar den kürzesten Tag des Jahres (lat. *bruma*) einst auf den 25. Dezember[J] festgelegt und an dieses Datum galt es zu erinnern.

Abb. 18: Portrait von Kaiser Aurelian aus dem Nordisk Familjebok; Aurelian verankerte in der Tradition von Gaius Julius Caesar den Geburtstag des Sonnengottes *Sol Invictus-/Mithras* am 25. Dezember im römischen Staatskult. Nachdem das Christentum zur römischen Staatsreligion wurde, entstand hieraus das Weihnachtsfest als Fest der Christi Geburt im Einflußbereich der westlichen Kirche.

Ursprünglich war in frühchristlichen Kalendern der Geburtstag Jesu auf einen Frühjahrestermin Ende März/Anfang April datiert, doch bereits im Jahre 217 n. Chr. setzte sich Papst Hippolytos dafür ein, den Tag der Christi Geburt auf den 25. Dezember[J] zu verlegen, um den *Sol invictus-/Mithras*-Kult zu vereinnahmen. Man argumentierte damit, dass bereits das

Alte Testament den Heiland als „Sonne der Gerechtigkeit“ (Malteser 3,20) umschreibt und sich Jesus selbst als das „Licht der Welt“ (Johannes 8,12) bzw. als das „Wahre Licht, das jeden Menschen erleuchtet“ (Johannes 1,9) bezeichnet haben soll. Aber zu dieser Zeit war das Christentum im römischen Reich noch keine Staatsreligion. Erst um 330, zu Kaiser Konstantins Amtszeit, konnte sich Papst Liberius um 352 n. Chr. durchsetzen, den Tag der Geburt Christi auf eben diesen 25. Dezember[J] festzulegen. So wurde dann zu Amtszeiten Kaiser Theodosius’ auf dem 2. Konzil von Konstantinopel im Jahre 381, als das Christentum nunmehr auch römische Staatsreligion war, der 25. Dezember[J] als Tag der Christi Geburt zum Glaubenssatz (Dogma) erklärt. Nun wurde an diesem Tag der Christengott, der als Licht der Welt (*lux mundi*) bezeichnet wurde, gefeiert (Augustynek, 2012; theology.de, 2012).

Durch Kaiser Julian wird uns um etwa 360-363 n. Chr. wiederum überliefert, dass das Geburtsfest des *Sol Invictus* noch zu seiner Zeit durch eine traditionell an diesem Tag vorgenommene „Proclamatio” praktisch mit der Wintersonnenwende ideell verbunden war (Kaiser Julian wollte die alten Kulte bekanntlich neu beleben.) In seinen „Hymnen an König Helios” versuchte er dabei zugleich die eingetretene zeitliche Diskrepanz zwischen dem tatsächlichen astronomischen Ereignis und dem festgesetzten Fest der „Auferstandenen Sonne” zu erklären – diese Diskrepanz war den spätantiken Gelehrten seiner Zeit durchaus auch bekannt.

> Οἱ δὲ ἡμέτεροι προπάτορες ἀπ’ αὐτοῦ τοῦ θειοτάτου βασιλέως τοῦ Νόμα μειζόνως ἔτι τὸν θεὸν τοῦτον σεβόμενοι τὰ μὲν τῆς χρείας ἀπέλιπον, ἅτε οἶμαι φύσει θεῖοι καὶ περιττοὶ τὴν διάνοιαν, αὐτὸν δὲ εἶδον τούτων τὸν αἴτιον καὶ ἄγειν ἔταξαν συμφώνως ἐν τῇ παρούσῃ τῶν ὡρῶν τὴν νουμηνίαν, ὁπότε ὁ βασιλεὺς Ἥλιος αὖθις ἐπανάγει πρὸς ἡμᾶς ἀφεὶς τῆς μεσημβρίας τὰ ἔσχατα καὶ ὥσπερ περὶ νύσσαν τὸν αἰγοκέρωτα κάμψας ἀπὸ τοῦ νότου πρὸς τὸν βορρᾶν ἔρχεται μεταδώσων ἡμῖν τῶν ἐπετείων ἀγαθῶν. ὅτι δὲ τοῦτο ἀκριβῶς ἐκεῖνοι διανοηθέντες οὕτως ἐνεστήσαντο τὴν ἐπέτειον νουμηνίαν, ἐνθένδ’ ἄν τις κατανοήσειεν. οὐ γὰρ οἶμαι καθ’ ἣν ἡμέραν ὁ θεὸς τρέπεται, καθ’ ἣν δὲ τοῖς πᾶσιν ἐμφανὴς γίνεται χωρῶν ἀπὸ τῆς μεσημβρίας ἐς τὰς ἄρκτους ἔταξαν οὗτοι τὴν ἑορτήν. οὔπω μὲν γὰρ ἦν αὐτοῖς ἡ τῶν κανόνων λεπτότης γνώριμος, οὓς ἐξηῦρον μὲν Χαλδαῖοι

καὶ Αἰγύπτιοι, Ἵππαρχος δὲ καὶ Πτολεμαῖος ἐτελειώσαντο, κρίνοντες δὲ αἰσθήσει τοῖς φαινομένοις ἠκολούθουν.
Οὕτω δὲ ταῦτα καὶ παρὰ τῶν μεταγενεστέρων, ὡς ἔφην, ἔχοντα κατενοήθη. πρὸ τῆς νουμηνίας, εὐθέως μετὰ τὸν τελευταῖον τοῦ Κρόνου μῆνα, ποιοῦμεν Ἡλίῳ τὸν περιφανέστατον ἀγῶνα, τὴν ἑορτὴν Ἡλίῳ καταφημίσαντες ἀνικήτῳ, μεθ᾽ ὃν οὐδὲν θέμις ὧν ὁ τελευταῖος μὴν ἔχει σκυθρωπῶν μέν, ἀναγκαίων δ᾽ ὅμως, ἐπιτελεσθῆναι θεαμάτων, ἀλλὰ τοῖς Κρονίοις οὖσι τελευταίοις εὐθὺς συνάπτει κατὰ τὸν κύκλον τὰ Ἡλίαια, ἃ δὴ πολλάκις μοι δοῖεν οἱ βασιλεῖς ὑμνῆσαι καὶ ἐπιτελέσαι θεοί, καὶ πρό γε τῶν ἄλλων αὐτὸς ὁ βασιλεὺς τῶν ὅλων Ἥλιος, ὁ περὶ τὴν τἀγαθοῦ γόνιμον οὐσίαν ἐξ ἀιδίου προελθὼν μέσος ἐν μέσοις τοῖς νοεροῖς θεοῖς, συνοχῆς τε αὐτοὺς πληρώσας καὶ κάλλους μυρίου καὶ περιουσίας γονίμου καὶ τελείου νοῦ καὶ πάντων ἀθρόως τῶν ἀγαθῶν ἀχρόνως, καὶ ἐν τῷ νῦν ἐλλάμπων εἰς τὴν ἐμφανῆ μέσην τοῦ παντὸς οὐρανοῦ φερομένην ἕδραν οἰκείαν ἐξ ἀιδίου, καὶ μεταδιδοὺς τῷ φαινομένῳ παντὶ τοῦ νοητοῦ κάλλους, τὸν δὲ οὐρανὸν σύμπαντα πληρώσας τοσούτων θεῶν ὁπόσων αὐτὸς ἐν ἑαυτῷ νοερῶς ἔχει, περὶ αὐτὸν ἀμερίστως πληθυνομένων καὶ ἑνοειδῶς αὐτῷ συνημμένων, οὐ μὴν ἀλλὰ καὶ τὸν ὑπὸ τὴν σελήνην τόπον διὰ τῆς ἀειγενεσίας συνέχων καὶ τῶν ἐνδιδομένων ἐκ τοῦ κυκλικοῦ σώματος ἀγαθῶν, ἐπιμελόμενος τοῦ τε κοινοῦ τῶν ἀνθρώπων γένους ἰδίᾳ τε τῆς ἡμετέρας πόλεως, ὥσπερ οὖν καὶ τὴν ἡμετέραν ἐξ ἀιδίου ψυχὴν ὑπέστησεν, ὀπαδὸν ἀποφήνας αὐτοῦ. ταῦτά τε οὖν, ὅσα μικρῷ πρόσθεν ηὐξάμην, δοίη, καὶ ἔτι κοινῇ μὲν τῇ πόλει τὴν ἐνδεχομένην ἀιδιότητα μετ᾽ εὐνοίας χορηγῶν φυλάττοι, ἡμῖν δὲ ἐπὶ τοσοῦτον εὖ πρᾶξαι τά τε ἀνθρώπινα καὶ τὰ θεῖα δοίη, ἐφ᾽ ὅσον βιῶναι συγχωρεῖ, ζῆν δὲ καὶ ἐμπολιτεύεσθαι τῷ βίῳ δοίη ἐφ᾽ ὅσον αὐτῷ τε ἐκείνῳ φίλον ἡμῖν τε λῷον καὶ τοῖς κοινοῖς συμφέρον Ῥωμαίων πράγμασιν. (Wright, 1913)

„Aber unsere Vorfahren aus der Zeit des allergöttlichsten Königs Numa, zollten dem Gott Helios (Sol) noch größere Verehrung. Sie ignorierten die Frage seines bloßen Nutzens denke ich, weil sie eine natürliche Religiosität pflegten und dabei mit ungewöhnlicher Intelligenz ausgestattet waren. So sahen sie sehr wohl, dass er (Helios) der Grund alles Nützlichen war, und so eröffneten sie die Feier des Neuen Jahres in Bezug zur gegenwärtigen Jahreszeit, das heißt, wenn König Helios wieder zu uns zurückkehrt, um

> die Region des äußersten Südens zu verlassen, indem er das Zeichen des Steinbocks umrundet als wäre es ein Torpfosten, fortschreitend vom Süden in den Norden, so tut er dies, um uns unseren Anteil an den Segnungen des Jahres teilhaftig werden zu lassen.
> Und wie unsere Vorfahren, weil sie dies vollkommen richtig begriffen, solcher Maßen den Beginn des Jahres festsetzten, kann man durchaus aus dem Folgenden erkennen:
> Denn es war NICHT, so glaube ich, der Zeitpunkt als der Gott sich (tatsächlich) wieder ihnen zuwandte, sondern der Zeitpunkt als es für die Menschen sichtbar wurde, wie er da vom Süden in den Norden reiste, den sie zum Augenblick des Festes erhoben.
> Denn Ihnen waren all die Feinheiten der (astronomischen) Gesetze noch unbekannt, die die Chaldäer und Ägypter entdeckt hatten, und die Hipparch und Ptolemäus perfektioniert hatten – sondern sie entschieden einfach durch ihre Sinneswahrnehmung und wurden durch das begrenzt, was sie tatsächlich sehen konnten. Aber die Wahrheit dieser Umstände wurde, wie gesagt, von einer späteren Generation anerkannt."
> „Hymne an König Helios" (361 n. Chr.) (Übersetzung aus dem Englischen: G. Kürt)

Als Kaiser Theodosius um 392 n. Chr. alle heidnischen Kulte verbot und das Amt des Pontifex Maximus ablegte, gab es von Stund an auch keine *proclamatio* mehr. Die ideelle Verbindung des Weihnachtsfestes mit dem Gedanken der Wintersonnenwende wurde auf Dauer gekappt.

Die klassisch gebildeten christlichen Gelehrten der Zeit verbanden den 25. Dezember durchaus noch mit dem Gedanken der auferstandenen Sonne, was den Gedanken an die Wintersonnenwende miteinschließt:

> [1] „Und wieder lasst es uns erklären: „Dies ist der Tag, den der Herr gemacht hat, lasst uns daran erfreuen und fröhlich darin ergehen – (der Tag), an dem die Dunkelheit zu weichen beginnt, und die Länge der Nacht schwindet durch die zunehmenden Strahlen der Sonne." – Aus „Sermon über die Geburt des Erlösers" Gregor von Nyssa (335/40 – 394 n. Chr.)

[2]... ergo dies, tanto quae munere condidit alto Felicem caelo, sacris sollemnibus ista est, quae post solstitium, quo Christus corpore natus sole nouo gelidae mutauit tempora brumae atque salutiferum praestans mortalibus ortum procedente die se cum decrescere noctes iussit, ab hoc quae lux oritur uicesima nobis, sidereum meriti signat Felicis honorem.

So ist der Tag, der ein so großes Geschenk wurde, indem er Felix in die höchsten Himmel entrückte, der Tag unseres jährlichen Rituals. Es kommt **nach** der Sonnenwende die Zeit, wenn Christus im Fleisch geboren wurde, um die kalte Winterzeit durch eine neue Sonne zu verwandeln, wenn er den Menschen das Versprechen ihrer Erlösung durch seine Geburt bezeugt und den Nächten befahl, sich zu verkürzen und dem Tageslicht, mit ihm selbst zu wachsen. – Aus Carmen 14 Paulinus von Nola (354 – 431 n. Chr.) (Übersetzung: G. Kürt)

Schon ab dem 6. Jahrhundert finden wir praktisch nichts mehr dergleichen bei den christlichen Autoren. Damit löste sich der fixe Geburtstag *Sol-Invictus / Mithras*‘ bzw. Jesu jedoch nicht nur ideell, sondern auch terminlich immer mehr vom eigentlichen Datum der Wintersonnwende, die durch den Fehler des julianischen Kalenders in Relation zum Fixdatum des 25. Dezember immer früher stattfand. Dieses astronomische Wendemoment wurde im Denken des frühchristlichen Europa so unbedeutend, dass erste Versuche einer Korrektur nicht wegen der Wintersonnenwende, sondern auf Grund der ebenfalls aus dem terminlichen Ruder gelaufenen Frühlings-Tag-und-Nacht-Gleiche erfolgten.

Im deutschen Sprachraum wurde übrigens erst im Jahre 813 durch die Mainzer Synode der 25. Dezember offiziell zum „*festum nativitas Christi*“ erhoben.

Letztendlich bleibt festzuhalten, dass der 25. Dezember ursprünglich ein mehrfach in Rom proklamierter Termin der Wintersonnenwende bzw. für einen Tag kurz nach der Wintersonnenwende gewesen war, der jedoch seit seiner Ausrufung durch Kaiser Aurelian nicht mit dem astronomischen Wintersonnenwendtermin identisch ist.

7.2. Exkurs III: Die gregorianische Kalenderreform oder von der Diskrepanz zwischen Sonnenkalender und Sonne

Der Feiertag – also der Geburtstag *Sol-Mithras'* bzw. *Jesu'* – war nun kalenderfixiert und wird (bis heute) immer in der Nacht vom 24. auf den 25. Dezember gefeiert. Das geschah auch so im julianischen Kalender über die Jahrhunderte hinweg, ungeachtet der Tatsache, dass durch den Fehler des julianischen Kalenders die Wintersonnenwende in Relation zum Festtag am 25. Dezember immer früher stattfand, d.h. er wanderte im Kalender in 128 Jahren einen Tag nach vorne. Der gleiche Sachverhalt galt natürlich auch für die Sommersonnenwende sowie für die Frühjahres- und Herbst-Äquinoktien. Um das Ganze *ad abstractum* weiterzuführen sei erwähnt, dass auf diese Weise nach etwa 23360 Jahren der Anwendung und Fortführung des julianischen Kalenders Winter- und Sommersonnenwende faktisch den Platz getauscht hätten. In vergleichbarer Weise verschieben sich die Sternbilder etwa alle 2000 Jahre um eine Position. Infolge dessen spricht man von verschiedenen Zeitaltern, z.B. dem des Widders, der Fische, des Wassermanns, usw., je nachdem in welchem Sternbild der Frühlingspunkt liegt.

Während die Wintersonnenwende im frühchristlichen Festkreis (Jahreskreis) praktisch nicht vorkam, war das Osterfest natürlich von zentraler Bedeutung und damit die Berechnung dieses Mondfestes. Die Bindung des Ostertermins an den Frühlingsvollmond stammt aus den Anfängen der Christenheit als noch der jüdische Lunisolarkalender benutzt wurde. Die Kreuzigung Jesu fand am 14. Tag des jüdischen Monats *Nisan* statt, das war der Tag des Frühlingsvollmondes. Diesen, im julianischen Sonnenkalender durch den Frühlingsmonat wandernden Vollmondtermin, im voraus richtig zu berechnen, war bis in die Neuzeit die Aufgabe der *Computisten* oder „Osterberechner".

Der einzige feste Bezugspunkt für diese Osterberechnung war im julianischen Kalender des 4. Jahrhunderts natürlich der Tag der Frühlings-Tag-und-Nachtgleiche, das war kalendarisch eigentlich der 25. März. Während sich die weströmischen Computisten noch im 5. Jahrhundert auf dieses proklamierte Datum verließen, stellte man in Alexandria allmählich eine beachtliche Abweichung dieses Datums vom tatsächlichen astronomischen Ereignis fest und berechnete nun ab dem 21. März. Diese astronomische Erkenntnis bildete neben der Verwendung unterschiedlicher Mondzyklen zur Vorausberechnung des Vollmond-Datums für die kommenden Sonnenjahre den eigentlichen Kern des frühmittelalterlichen Osterstreites. Alexandria arbeitete mit einem 19-Jahres-Zyklus, dem sogenannten „Meton-Zyklus", bei dem 19 Sonnenjahre etwa gleich lang wie 235 Mond-Monate sind. Rom hingegen nutzte einen relativ ungenauen 84 Sonnenjahre langen Zyklus. Der Meton–Zyklus war zweifellos einfacher und genauer, wies aber minimale Abweichungen auf.

Ein zusätzlicher Fehler des julianischen Kalenders bestand außerdem darin, dass neunzehn Jahre nach dem julianischen Kalender etwa um 0,06 Tage länger sind als die 235 synodischen Monate im Mondzirkel. Darum summierte sich in etwa 16 Perioden (d.h. also in etwa 300 Jahren) der Fehler zwischen berechnetem und dem tatsächlich beobachtbaren Vollmondzeitpunkt auf einen ganzen Tag (Pedersen, 1983).

Der Mönch Dyonisus Exiguus (470 – 540 n. Chr.), ein herausragender Computist und Begründer der Christlichen Zeitrechnung (ab Geburt Christi), führte das alexandrinische Datum der Frühlings-Tag-und-Nachtgleiche (21. März), wie auch den 19-jährigen Meton-Zyklus, schließlich auch in Rom ein. Nichts desto trotz zog sich der Streit auch noch durch die folgenden 200 Jahre, bis der anglische Mönch Beda Venerabilis (673 – 735) durch seine eigenen Osterberechnungen dem Datum des 21. März als Tag der Frühlings-Tag-und-Nachtgleiche zum Durchbruch verhalf, obgleich er bereits wieder eine weitere Abweichung von der eigentlichen Tag-und-Nachtgleiche feststellte, die mittlerweile auf den 19. März vorgerückt war (North, 1983). Spätestens jetzt wusste man um den Fehler im julianischen Kalender, aber noch dauerte es über 800 Jahre bis man sich zu einer entsprechenden Kalenderreform entschloß – der Kalenderreform unter Papst Gregor XIII. im Jahr 1582.

Die Kalenderreform durch Papst Gregor beseitigte diese Ungereimtheiten folgendermaßen: Um ein stetiges Abrücken des Frühlingsbeginns vom 21. März für die Zeit der Kalenderbenutzung zu verhindern, ist die Dauer eines mittleren Kalenderjahres von den bisherigen 365,25 Tagen des julianischen Kalenders auf 365,2425 Tage im gregorianischen Kalender verkürzt worden. Diese Verkürzung des Jahres erfolgte durch die

Einführung einer zusätzlichen, übergeordneten Schaltregel. Diese weitere Schaltregel verlangt, dass die Jahre, deren Jahreszahl durch 100 teilbar ist, die sogenannten *Säkularjahre*, deren Jahreszahl jedoch nicht auch durch 400 teilbar ist, keine Schaltjahre sind. Dieser Regel zufolge waren die Jahre 1700, 1800 und 1900 keine Schaltjahre, die Jahre 1600 und 2000 dagegen schon. Dem gemäß werden im vor uns liegenden dritten Jahrtausend nur die Jahre 2400 und 2800 Jahre mit Schalttag sein, 2100, 2200, 2300, 2500 usw. dagegen nicht. Weiter präzisiert wird diese übergeordnete Schaltregel der gregorianischen Kalenderreform durch die griechisch-orthodoxe Kalenderreform von 1923. Diese verringert den Jahresdurchschnitt auf 365,242125 Tage, indem die Schaltung in den Jahrhunderttagen nur erfolgt, wenn bei der Teilung Jahrhundertziffern durch neun, der mathematische Rest zwei oder sechs beträgt (Rüpke, 2006). Demnach sind die Jahre 1600 und 2800 keine Schaltjahre, während die Jahre 2000 und 2400 auch nach der griechisch-orthodoxen Kalenderreform Schaltjahre sind.

Abb. 19: Papst Gregor XIII (Gemälde von Lavinia Fontana)
Die gregorianische Kalenderreform korrigierte die Fehler des julianischen Kalenders.

Zur Bestimmung des Ostertermines wird im gregorianischen Kalender weiterhin der Mondzirkel verwendet, nach dem die Mondphasen alle 19 Jahre (Meton-Zyklus) relativ genau wieder zum gleichen Datum beobachtbar sind. Im julianischen Kalender existierte hier eine kleine Diskrepanz von etwa einem Tag in 310 Jahren. Bei der Kalenderreform durch Papst Gregor wurde die Mondgleichung jedoch in die Osterrechnung mit aufgenommen. Die Regelung beinhaltet die Vorverschiebung des Tages des Frühlings-Vollmondes um einen Tag in 312,5 Jahren (um acht Tage in 2500 Jahren) im Bezug zum julianischen Kalender. Diese Regel ist ohne weitere Korrekturen auch im gregorianischen Kalender anzuwenden.

1582 wurde der gregorianische Kalender im Heiligen Römischen Reich deutscher Nation inkl. der katholischen Teile der Schweiz offiziell eingeführt, im Elsaß 1648, in Preußen und Dänemark 1700, in England, Schottland und Skandinavien 1752, in Lothringen 1760 und im Schweizer Kanton Graubünden erst 1811. Bis zum heutigen Tag findet der julianische Kalender in der russischen, ukrainischen, weißrussischen, armenischen, georgischen, mazedonischen und serbisch-orthodoxen Kirche, im Patriarchat von Jerusalem sowie in der äthiopischen Kirche und in ganz Äthiopien Verwendung.

Anzumerken wäre dabei, dass sich 1582, also zum Zeitpunkt der gregorianischen Kalenderreform, aus der jährlichen Differenz von 11 Minuten und 14 Sekunden zwischen julianischem Kalender und Sonnenjahr bereits eine **Divergenz von 12,7265 Tagen zwischen Wintersonnenwende und Weihnachtsfest** aufsummiert hatte. Diese Divergenz wurde durch die gregorianische Reform nicht vollständig ausgeglichen, da ihr **Zehn-Tage-Sprung** vom 4. direkt auf den 15. Oktober 1582 nur bis zu der Fixierung der Frühlings-Tag-und-Nacht-Gleiche durch den Mönch Exiguus zurückführen sollte.

Damit verschob sich die Wintersonnenwende, die von da an wirklich kalendarisch fixiert war, auf die Nacht zwischen dem 21. und 22. Dezember, während das Weihnachtsfest auch weiterhin in der Nacht vom 24. auf den 25. Dezember, dem ursprünglich-proklamierten Termin der Wintersonnenwende im Jahr 45 v. Chr., gefeiert wurde.

7.3. Vom Mond- zum Lunisolarkalender

Der Kalender eines antiken Volkes war weit mehr als ein Instrument zur Datierung der Jahreszeiten. Er reflektierte immer auch das mythologische Verständnis dieser Völker, mit dem sie das Jahr betrachteten. Solche Jahreskreise spiegelten daher zu allen Zeiten die spirituelle und mythische Vorstellungswelt des Menschen von sich, der Natur und den göttlichen Zusammenhängen wider. Ein Jahreskreis mit seinen Festen ordnet das Jahr nach den religiösen Vorstellungen einer Gesellschaft und in den Festen dieses Jahreskreises bindet sich das gesellschaftliche Leben stets aufs Neue an seine natürlichen und religiösen Grundlagen, auf dem es steht.

Sonne, Mond und Sterne als sichtbare Zeichen zyklischer Zeitentfaltung bewegen sich von jeher auf eigenen, voneinander unabhängigen Zeitschienen, deren Bahnen für den antiken Menschen nur schwer zu synchronisieren waren.

Im Moment, da die europäischen Kulturen damit begannen, das Mondjahr kalendarisch an das Sonnenjahr zu binden (gebundener Mondkalender), entstand die Notwendigkeit dieses kürzere Mondjahr durch Einfügung entsprechender Schalttage oder -monate mit dem längeren Sonnenjahr zu synchronisieren, so dass die Festtage des Jahreskreises, in denen sich das mythologische Verständnis eines solchen lunisolaren Kalenders widerspiegelt, nicht aus der jahreszeitlichen Bindung des Sonnenjahres gelöst wurden.

Die zeitliche Diskrepanz zwischen Mond- und Sonnenjahr bzw. der eingeschaltete Monat mussten sowohl eine besondere mythische wie auch eine praktisch-weltliche Bedeutung erlangen.

7.3.1. Die Diskrepanz zwischen Mond- und Sonnenjahr

Die Zeit von einer Frühlings-Tagundnachtgleiche zur nächsten, d.h. die Zeit bis die Erdachse wieder den gleichen Winkel zur Sonne hat und damit eine scheinbar vollständige Umkreisung der Sonne um die Erde, wird als tropisches Jahr bezeichnet. Jeder Sonnenkalender muss sich nach dem tropischen Jahr richten, da es das jahreszeitliche Jahr beschreibt. Die genaue Dauer des tropisches Jahres beträgt 365,242190 Tage bzw. 365 d 5 h 48 min 45 s.

Die Dauer eines Monats lässt sich im Vergleich zur Jahresdauer etwas schwieriger bestimmen, da es hierzu zwei Herangehensweisen gibt.

Die erste besteht darin, den Lauf des Mondes am Himmel zu verfolgen und einen Monat durch die Zeit zu bestimmen, die der Mond benötigt, um an die exakte Stelle am Himmel zurückzukehren, von der er am festgelegten Monatsbeginn startete. Dies könnte man zum Beispiel mit Hilfe einer Gebirgsformation bestimmen. Etwa alle 27 Tage kehrt der Mond an die selbe Stelle am Himmel zurück. Diese Form des Monats wird als siderischer Monat bezeichnet und sie dauert genau 27 Tage 7 Stunden und 43 Minuten (siderischer Monat = gleiche Stelle am Himmel / egal welche Mondphase).

Die zweite Herangehensweise wäre der synodische Monat, der sich nach den Mondphasen richtet. Die Monatsdauer bestimmt sich demzufolge durch die Zeitspanne von Neumond zu Neumond bzw. in manch anderen Kulturen von Vollmond zu Vollmond (synodischer Mond = gleiche Mondphase z.B. Neumond / egal welche Stelle am Himmel).

In den gebundenen Mondkalendern der europäischen Antike wurde ausschließlich das synodische Mondjahr verwendet. Der mittlere Mondmonat (synodische Monat) beträgt derzeit sekundengenau: 29,530589 Tage (29 Tage, 12 Stunden, 44 Minuten, 2,9 Sekunden), wobei der Mondphasenwechsel, die sogenannte Lunation, Schwankungen unterworfen ist. Der Wert der aktuellen Lunationen variiert zwischen etwa 29,272 Tagen und 29,833 Tagen. In der Praxis eines Mondkalenders werden alternierend hohle Monate von 29 Tagen und volle Monate von 30 Tagen abwechselnd aneinandergereiht. Das bedeutet, dass die Dauer eines Monats gemittelt 29,5 Tage beträgt. Damit ist das kalendarische Mondjahr mit zwölf Monaten 354 Tage lang (6x29 + 6x30). Somit ergibt sich nun die Diskrepanz zwischen Mond- und Sonnenjahr:

Sonnenjahr = 365,242190 Tage
Mondjahr = 354 Tage (exakt 354,3671 Tage)
Diskrepanz ≈ 11¼ Tage oder 12 Nächte (11 Tage umrahmt von 12 Nächten)

Dazu kommt noch eine leichte Abweichung vom tatsächlichen astronomischen Mondjahr von 354,3671 Tagen (12 Lunationen), die gelegentlich (etwa alle drei Jahre) durch Einfügen eines zusätzlichen Schalttages angeglichen werden musste.

7.3.2. Die Wintersonnwende als solares Fixdatum

War nun diese Diskrepanz von 11,24 Tagen durch Beobachtung erfasst, so war klar, dass diese Diskrepanz in irgendeiner Form ausgeglichen werden musste, damit Mond- und Sonnenjahr synchron verliefen und dieser Ausgleich musste in Bezug zu einem feststehenden Sonnendatum erfolgen. Hier bieten sich natürlich die beiden Sonnwenden (Sommer- & Wintersonnwende) sowie die beiden Tag-und-Nacht-Gleichen (Frühlings- & Herbst-Äquinox) an.

Nun war noch (gemäß des Einflusses der herrschenden Kulte) zu entscheiden, ob der Mond der Sonne hinterher eilen sollte – also aufzuholen hatte – oder ob die Sonne auf den Mond zu warten hatte. In der Römischen Republik wurde offensichtlich bereits vor der Einführung eines reinen Sonnenkalenders dem Sonnengott *Sol* eine größere Machtfülle zugesprochen als der Mondgöttin *Luna*. So begann das Jahr zwar mit dem Neulicht des Lunarmonats *Martius*, es endete jedoch mit dem Ende des Sonnenjahres im *December*. Sowohl die Folgemonate *Ianuarius* als auch *Februarius* sowie der Schaltmonat *Mensis intercalaris* wurden an das Ende des Solarjahres angehangen. In der frühesten mythologischen Vorstellung des römisch-antiken Menschen war es nur logisch, dass diese elf Mondtage (mit den zwei verbliebenen Lunarmonaten) an das Ende des Mond-Jahres angehängt wurden, da sie das längere Sonnenjahr aufzuholen hatten, logischer Weise natürlich auch zum Ende des Sonnenjahres. Praktisch wurden, wie wir bereits gesehen haben, die 11¼ Mondtage auf 22 bzw. 23 Tage angesammelt und dann alle zwei Sonnenjahre eingeschaltet. Beide Jahresenden waren in einem gebundenen Mondkalender (den an das Sonnenjahr gebundenen Mondkalender) mythologisch am Ende des Sonnenjahres miteinander verbunden.

Auch im nördlichen Europa begann und endete das Sonnenjahr zur Wintersonnwende – dem Zeitpunkt der Wiedergeburt der Sonnengottheit *Sunna/Sol*. Aber in der damaligen Logik der Germanen und Kelten, die über Tausende von Jahren im Zeichen des Mondes lebten und die die Mondgottheit mächtiger als die Sonnengottheit ansahen (ggf. weil diese auch in der Polarnacht präsent war), hatte die Sonne zu warten – sie hatte „stillzustehen".

So kennen wir einen solchen Übergang von einem reinen Mondkalender zu einem Lunisolarkalender zum Beispiel von den Kelten (Olmstedt, 1996). Bernhard Maier schreibt hierzu:

> „Die keltische Art der Zeitrechnung und Zeiteinteilung kennen wir durch Nachrichten der antiken Autoren, Fragmente der gallorömischen Kalender von *Coligny* und *Villards d'Héria* sowie vereinzelte Hinweise in den inselkeltischen Literaturen des Mittelalters. Den ältesten Hinweis verdanken wir Caesar, der das gallische System der Zeitrechnung auf die druidische Lehre von der Abstammung aller Gallier von einem Gott der Unterwelt zurückführt:
>
> *Alle Gallier rühmen sich, von Dis Pater abzustammen und sagen, dies sei ihnen von den Druiden überliefert worden. Deshalb bestimmen sie sämtliche Zeiträume nicht nach der Zahl der Tage, sondern der Nächte. Die Geburtstage sowie die Anfänge der Monate und Jahre berechnen sie so, daß der Tag auf die Nacht folgt.*
>
> Ergänzt wird diese Mitteilung durch eine Notiz über die keltische Zeitrechnung, die vermutlich auf eine griechische Vorlage (vielleicht *Poseidonios*) zurückgeht und bei *Plinius dem Älteren* überliefert ist. Ihr zufolge begannen sowohl der Monat als auch das Jahr und der dreißigjährige Zeitraum der Generation jeweils am sechsten Tag nach Neumond, so dass ähnlich wie im islamischen Kulturkreis von einem reinen Mondjahr auszugehen ist. Ein kombiniertes Mond-Sonnen-Jahr zeigt demgegenüber der gallorömische Kalender, der 1897 zusammen mit den Überresten einer Bronzestatue des Gottes *Mars* in *Coligny* im *Département Ain* in Südostfrankreich gefunden wurde. Die Grundlage der Zeitrechnung bildete hier ein Mondjahr aus 12 Monaten mit (7x30 + 5x29 =) 355 Tagen. Die Abweichung gegenüber dem Sonnenjahr wurde dadurch ausgeglichen, dass man alle zweieinhalb Jahre, d.h. nach jeweils 30 Monaten, einen 30-tägigen Schaltmonat einschob. Der auf einem Kalender dargestellte Fünfjahreszyklus umfasst

dementsprechend 62 Monate, von denen jeder in zwei Hälften aus 15+15 oder 15+14 Tagen unterteilt war...“ (Maier, 2001)

Wenn also das Sonnenjahr an jenem Fixpunkt der Wintersonnenwende endete, um Tags darauf wiedergeboren zu werden – so galt dies nicht für das Mondjahr. Dieses begann mit dem Wintervollmond und endete entsprechend mit dem vorausgehenden Lunarmonat. Darüber hinaus war es aus mythologischen Gründen nicht möglich, einen Monatszyklus zu zerteilen, so dass nur ein Lunarmonat in seiner Gesamtheit eingeschaltet werden konnte. Bei den Germanen erfolgte dies im letzten Quartal des Mondjahres zwischen dem lunaren Mittsommer und dem lunaren Neujahr zum Wintervollmond.

7.3.3. Exkurs IV: Das Dodekahemeron – der christliche 13. Tag

In den süddeutschen Missionsgebieten des 6. und 7. Jahrhunderts wurde ein Kalenderbrauchtum gepflegt, das sich stark an die römisch-heidnische Kalendertradition angelehnt hatte. Dort war die Vorstellung der Wintersonnenwende von ihrem natürlichen Datum auf den 25. Dezember gewandert, was noch in heidnisch-römischer Zeit auf die unmittelbar im Gebiet des Imperium Romanum (einschließlich der Provinz Britannia) siedelnden und die direkt angrenzenden germanischen Völker wirkte. Unter dem Einfluss des römischen Sonnenkalenders löste sich deren Neujahrsgedanke aus der alten Vollmondvorstellung und wurde nun zum Fixdatum. Dieses wurde fortan am 6. Januar[G] begangen. Ein Datum, das wir im heutigen süddeutschen Brauchtum auch als Hochneujahr kennen.

Die Zeit zwischen 25. Dezember[G] und dem 6. Januar[G] kannte man zumindest schon im Altenglischen unter der Bezeichnung *die Zwölf Nächte*. Der 6. Januar ist vor allem im östlichen Christentum als Tag *Epiphanias* (Erscheinung) bzw. heute als Dreikönigstag bekannt und ist einer der Kernmotive des römisch-katholischen Kirchenjahres. So heißt es in einer altenglischen Glosse: „*Ðý twelftan dæge ofer geóhol Epiphaniæ*“ – Den zwölften Tag nach Jul/Weihnachten [bezeichnet man als] Epiphanie (Bosworth-Toller, 2010).

Der griechische Begriff *Epiphanie* bedeutet im ursprünglichen Sinne eigentlich nur „Ankunft des römischen Herrschers“ und „sein glückverheißender Einzug in eine Stadt" (lat. *adventus Caesaris*). So entwickelte sich im hellenistischen Osten des römischen Reiches aus der Ankunft (*Epiphanie*) Gaius Julius Caesars, der beim Überschreiten des Rubikon am 10. Januar 49 v. Chr. von der dortigen Bevölkerung als *Divus*, was soviel wie *der Göttliche* bedeutet, begrüßt wurde, ein Feiertag, der als Teil seines Zeremoniells die Ankunft des *Divus* beinhaltet (Clauss, 1999). Dieser Feiertag wurde gleichfalls Anfang Januar begangen.

Abb. 20: Gaius Julius Caesars Überquerung des Rubikons und seine Reise gen Ostrom stellten den Ursprung des Epiphanias-Festes – des Tages der heiligen drei Könige dar

Darüber hinaus berichtet bereits Epiphanius von Salamis, Bischof von Konstantia (Zypern), im 4. Jahrhundert (*adversus haereses* 51), dass in der Nacht vom 5. auf den 6. Januar in der hellenistischen östlichen Mittelmeerregion die Geburt des Sonnengottes Äon/*Aion* durch seine Mutter *Persephone* (*Kore*) kultisch begangen wurde.

In der Zeit vom 2. bis 4. Jahrhundert entwickelte sich durch Synkretismen aus diesen Festen das christliche Epiphanias- oder Theophaniefest (gr. *epiphaneia tou kyriou*) der Ostkirche. Clemens von Alexandria (etwa 150 – 215) zufolge wurde dieses Fest anfangs uneinheitlich am 6. Januar, am 10. Januar oder am 20. Mai begangen (Stromateis I, XXI, 145).

Bis zur offiziellen Einführung des 25. Dezember[J] als „Fest der Geburt Jesu Christi" um 354 n. Chr. durch Papst Liberius wurde in Westrom der 6. Januar auch als Tag der „Erscheinung des Herrn – Epiphanias" im Sinn einer Art Geburtstag gefeiert. Vor allem in den Gemeinden der Ostkirche hielt sich das Verständnis einer Christi Geburt am Dreikönigstag auch weiter hartnäckig, so dass schon früh nach Möglichkeiten einer Harmonisierung von altem und neuem Geburtstag gesucht wurde. Initiale Bestrebungen in dieser Hinsicht soll es bereits vor 373 durch Ephräm dem Syrer gegeben haben, was zu dieser Zeit wenig wahrscheinlich erscheint.

Auf der fränkischen Synode von Tours im Jahr 567, die auf Einladung des dortigen Königs ganz überwiegend fränkische Fragen erörtern sollte, wurde diese Idee nach fast 200 Jahren plötzlich wieder aufgegriffen und als Dodekahemeron (δωδεκαήμερον) ins offizielle Kirchenjahr eingeführt (*Tours II (xvii) quia inter natale Domini & epiphania omni die festivitates sunt, itemque prandebunt.*). Zum einen darf durchaus vermutet werden, dass hinter der Erweiterung des üblichen Weihnachtsoktavs auf 12 Tage bis Epiphanias auch die Entmachtung des römischen Neujahrsdatums (1. Januar[J]) stehen sollte, das ausgerechnet am Ende des alten Oktavs stand. Das Problem einer notwendigen Harmonisierung von altem und neuem Christi Geburtstagsgedanken war dagegen in der westlichen Kirche gar nicht präsent.

Dabei muss man wissen, dass die katholische Kirche es bei der Berechnung spiritueller Zeiträume im Grunde äußerst genau nahm. Wann immer bei solchen spirituellen Zeiträumen innerhalb des Kirchenjahres (Oktav, Fastenzyklus, Osterzyklus, Advent usw.) eine Abweichung von der Norm um auch nur einen Tag festzustellen ist, kann automatisch ein besonderes Interesse an dieser Abweichung angenommen werden.

So wurde zum Beispiel bei einem Oktav, d.h. den 8 Tagen nach einem Festtag, das dem Oktav zugrundeliegende Fest analog zur inklusiven Zählweise der römischen Nundialwoche immer mitgezählt. Zum Beispiel beim Weihnachtsoktav ist der 25. Dezember der 1. Tag des Oktavs und demzufolge der 1. Januar der 8. Tag des Oktavs. So muss auch für die Erweiterung des Weihnachtsoktavs auf 12 Tage der 25. Dezember mitgezählt werden.

Damit endet das Dodekahemeron jedoch NICHT mit dem Tag Epiphanias, sondern einen Tag zuvor mit dem 5. Januar – Das Dodekahemeron kann die beiden Tage also nicht verbinden.

Die Westkirche übernahm später das Fest der Epiphanie. Da die Geburt Jesu bereits am 25. Dezember begangen wurde, sind stattdessen die „drei Wunder" der Anbetung der Weisen, der Taufe im Jordan und der Hochzeit zu Kana gefeiert worden. Man geht davon aus, dass die Epiphanie in der Westkirche erst nach der Einführung der Geburt Christi zum Weihnachtsfest, d.h. am Festtag des *Sol Invictus*, liturgisch anerkannt wurde.

Warum war es dann Wunsch und Wille der Synode, explizit eine 12-Tages-Festzeit festzusetzen? Es hätte ihr freigestanden, die tatsächlichen 13 Tage als Zeitraum der Weihnachtszeit zu benennen. Wahrscheinlich sollte hier wohl der Versuch unternommen werden, die bereits bekannten zwölf Tage bzw. Nächte des germanischen Heidentums durch die gleich benannte Anzahl von Tagen zu ersetzen. Diese Thematik werden wir bei der Besprechung des Mittwinterfestes wieder aufgreifen. Für das Verständnis der Merkregeln ist es zunächst nur wichtig, dass es diesen 13. Tag gab.

7.4. Die Schaltregel des germanischen Lunisolarkalenders

7.4.1. Die Bedeutung der Differenz zwischen Mond- und Sonnenjahr für die Monatsschaltung

In Gesellschaften bzw. Kalendersystemen, in denen die 11¼ Tage Differenz zwischen Mond- und Sonnenjahr bzw. akkumulierte Vielfache dieser Differenzzeit einen tatsächlichen Schaltcharakter besaßen, also wie z.B. in der Römischen Republik jedes zweite Jahr aufs Neue zu einer Zeit nach der Wintersonnenwende eingefügt wurden, war dieser Sachverhalt selbst die Schaltregel, die dieser Systematik gerecht wurde. Der Logik der Mondkultur folgend, begründete das Neulicht nach dem 22. bzw. 23. Schalttag (22+23=4*11¼) das neue Mondjahr. Gefeiert wurde dieser Beginn jedoch traditionell am ersten Vollmond danach.

Die Frage, die sich damit folgerichtig erhob, bestand darin, wie man diese 11¼ Tage mit der Schaltung eines gesammten Monats in Einklang bringt.

Aus der Beobachtung heraus lernte man, dass, wenn in der Zeit der auf zwölf aufgerundeten Differenznächte eine Neumondzündung zu beobachten war, im folgenden Jahr ein Schaltmonat eingefügt werden musste, damit die beiden Jahresenden und der damit verbundene Mythos von Sonnenjahr und Mondjahr im Gefüge blieben. Damit erhob man die Differenz zwischen Mond- und Sonnenjahr zum Maßwerk des gesamten Kalenders.

Versuchen wir nun eine mathematische Annäherung an das Problem der Differenz zwischen einem Mondjahr auf der Basis synodischer Monate mit 354 Tagen und dem Sonnenjahr, das ungefähr 365 Tage andauert. Die genaue Differenz zwischen Sonnen- und Mondjahr beträgt demzufolge 365,24-354=11,24 Tage. Dieser Unterschied von 11,24 Tagen entspricht (11,24 ÷ 29,53 =) 0,38 Monaten. Anders berechnet: das Jahr von 365,24 Tagen besteht aus 12 + 0,38 Lunar-Monaten zu 29,53 Tagen.

Das heißt wiederum, dass die Wahrscheinlichkeit für das Auftreten einer bestimmten Mondphase, z.B. eines Neumondes, innerhalb dieser 11,24 Tage Differenz auch 0,38 beträgt.

Das Einfügen eines Schaltmonats ist, wie bereits gesagt, dadurch determiniert, dass man in der Abfolge der Mondphasen nur einen gesamten Monat, von Neumond zu Neumond, einfügen kann. Dies ist, wie auch bereits hier geschrieben, für die Mitte des Sommers durch Beda überliefert. Konsequenterweise kann dies nur im Bezug zu einem feststehenden Sonnendatum erfolgen. Durch Bedas und andere Überlieferungen wissen wir, dass dieses solare Fixdatum die Wintersonnenwende war, die von Beda als *Mütternacht* bezeichnet wird. Hängt man an die Wintersonnenwende diese 11,24 Tage an, so würde das folgende Jahr einen eingeschobenen dritten Lithemond enthalten, wenn in den 11,24 Tagen, die sich der *Mütternacht* anschließen, ein Neumond beobachtet wird. Dieser Zeitraum ist im Brauchtum unter dem Namen Zwölf Nächte oder Rauhnächte bekannt.

Wenn wir unsere Regel überprüfen wollen, sollten wir andere Schaltregeln zum Vergleich heranziehen. Die bekannteste Schaltregel basiert auf dem sogenannten **Meton-Zyklus**, benannt nach dem griechischem Astronomen *Meton*, der im 5. Jahrhundert vor der Zeitenwende in Athen lebte (dazu später mehr). Dem Meton-Zyklus liegt die bereits wesentlich länger bekannte Beobachtung zugrunde, dass 19 Jahre mit einer Länge von etwa 6940 Tagen in etwa 235 Monaten zu 29,5 Tagen entsprechen. In 19 Jahren mussten demnach (19 Jahre x 12 Monate x 29,5 Tage =) 6726

Tage in regulären Monaten und die verbleibenden (6940 Tage – 6726 Tage =) 214 Tage in 7,25 Schaltmonaten enthalten sein. In 76 Jahren sind demnach 29 Schaltmonate vorgesehen. Unsere Schaltregel soll nun mit Hilfe eines Mondphasenkalenders für die Jahre 2001 bis 2076 überprüft werden (Kronberg, 2002). Demnach sind folgende Jahre Schaltjahre mit einem dritten Lithemonat: 2001, 2003, 2004, 2006, 2009, 2012, 2014, 2017, 2020, 2022, 2023, 2025, 2028, 2031, 2033, 2036, 2039, 2041, 2042, 2044, 2047, 2050, 2052, 2055, 2058, 2063, 2066, 2069, 2071, 2074.

Das macht insgesamt 30 Schaltjahre in 76 Jahren. Die Zwölf-Nächte-Schaltregel, die im Vergleich zur mathematisch-astronomischen Präzision des Meton-Zyklus, eher als eine Faustregel oder als eine Bauernweisheit angesehen werden sollte, hat sich also recht gut bewahrt. Wenn man bedenkt, dass die Differenz zwischen Sonnenjahr und **astronomischen Mondjahr** nicht 11, sondern 10,882 Tage sind, ist die leichte Abweichung dieser Schaltregelung auch schon erklärt. Etwas überpräzise gesprochen dürften demnach Neumonde in den letzten 2 h 50 min der letzten Rauhnacht nicht mehr in den Schaltmechanismus einbezogen werden. Eine solche Regelung ist jedoch für das Frühmittelalter nicht wahrscheinlich. Wie wir später sehen werden, wurde hier alle neun Jahre etwas nachjustiert.

Bevor wir uns auf die Suche nach Schaltregeln oder nach Relikten **der** Schaltregel für den Lunisolarkalender der Germanen im mittelalterlichen und frühneuzeitlichen Schrifttum begeben, sollen ein paar theoretische Vorüberlegungen gemacht werden, welchen kulturspezifischen Anforderungen neben den astronomischen eine solche Schaltregel erfüllen muss. Einige dieser kulturspezifischen Anforderungen können wir aus den besprochenen Monatsnamen ableiten.

So muss die Schaltregel derart funktionieren, dass immer einer der beiden Jólmonate die Wintersonnenwende bzw. das lunare Jólfest beinhaltet, damit diese ihrem Namen überhaupt gerecht werden können. Dies bedeutet, da das Mondjahr kürzer ist als das Sonnenjahr, dass auf jeden Fall verhindert werden muss, dass die Wintersonnenwende aus dem Frühen Jólmond rutscht. Dies wäre nicht mehr der Fall, wenn der Neumond des Späten Jólmonds vor der Wintersonnenwende zünden würde. Die

Schaltregel muss dann schon ein Jahr vorausblickend über das Einschalten eines interkalierenden Monats entscheiden.

Wie bereits geschildert wurde, beträgt die Differenz zwischen Mond- und Sonnenjahr etwa 11 Tage. Das bedeutet, wenn ein Sonnenjahr zur Wintersonnenwende anfängt und gleichzeitig ein Lunarmonat mit einem Neumond beginnt, dann endet der 12. Lunarmonat bereits 11 Tage vor der nächsten Wintersonnenwende, oder anders gesagt, zur Wintersonnenwende, d.h. zum Beginn des neuen Jahres schreiben wir bereits den 12. Tag des neuen ersten Monats des nächsten Lunarjahres. Aus Bedas Schilderung wissen wir, dass diese Diskrepanz durch das Einschieben eines ganzen Schaltmonats ausgeglichen wurde. Dieser 13. Schaltmonat, der *litha*, *sildemæn*, *aukatungl* oder **aukamánaðr* genannt wurde, wurde im Sommer nach dem 7. Monat, dem Monat des lunaren Mittsommers, eingeschoben, so dass dieser zum Zwiemonat (Doppelmonat) wurde. Da ein Monat alternierend 29 oder 30 Tage andauerte, muss etwa alle drei bzw. vielmehr alle zweieinhalb Jahre ein solcher dritter Lithemond als Schaltmonat eingeschoben werden. Eine genaue Schaltregel wurde jedoch nicht von Beda beschrieben.

Aus Nordeuropa sind jedoch eine Reihe von Merksprüchen überliefert, die zum einen der Bestimmung des Frühen Jólmondes (auch Wintermond) sowie des Späten Jólmondes (auch Distingsmonat) dienen und zum andern die oben hergeleitete Schaltregel in Annäherung wiedergeben. Doch der solare Fixpunkt ist hier nicht immer die Wintersonnenwende, sondern der sogenannte Dreizehnte Tag.

7.4.2. Winter-, Jól-, und Distingsregeln im mittelalterlichen Schrifttum

Nun wollen wir das bei den Monatsnamen bereits angesprochene Problem der zwei Jólmonde wiederaufnehmen, die mit der Wintersonnenwende auf eine Weise, die wir hier genauer untersuchen werden, verknüpft sind. Alles in allem sollen nun zwei Fragestellungen untersucht werden:

> Wie verhalten sich die Monate *Früher Jólmonat* (Wintermond/Jólmond), und der *Späte Jólmonat* (*Distingsmonat / Torri*) im Verhältnis zur Wintersonnenwende?

In welchen Jahren wird ein dreizehnter Schaltmonat im Sommer eingefügt?

Insbesondere aus dem mittelalterlichen und auch frühneuzeitlichen Schrifttum, hier vor allem aus Schweden, sind eine ganze Reihe von Merksprüchen, die entsprechende Regeln beinhalten, erhalten. Viele dieser Regeln nehmen auf die Zwölf Nächte bzw. den Dreizehnten Tag Bezug. Wie wir bereits besprochen haben, waren diese Zwölf Nächte bzw. dieser Dreizehnte Tag ursprünglich unmittelbar im Anschluss an die Wintersonnenwende. In den im Folgenden aufgeführten Merksprüchen war je nach Alter des Spruches zumeist die Zeit von Weihnachten bis zum Dreikönigstag gemeint. Dies spielt hier keine Rolle, da es nur wichtig ist, dass es einen solar fixierten Stichtag gibt und einen damit verankerten zwölftägigen Zeitraum (siehe oben). In vielen dieser Merksprüche wird das Wort *tungl* (ahd. *zungal*) verwendet, das allgemein Gestirn, Wandelstern und im Besonderen Mond bedeutet. Um den Stabreim hier an einigen Stellen aufrecht zu erhalten, wird das sächliche althochdeutsche Wort *zungal* (für Mond) ins Neuhochdeutsche als ***Zungel*** übertragen. Betrachten wir nun die Merksprüche im Einzelnen:

7.4.2.1. Die Jólmondregel

In der isländischen Handschrift V (AM 461, Rím II,140) findet sich folgende Regel zur Bestimmung des Jól-Mondes (Beckmann & Kålund, 1914-16):

Isländisch	Deutsche Übersetzung
þat skal iola tungl telia,	Das soll als Jóls-Zungel (Jól-Mond) zählen,
sem þrettanda dag er a himne,	das am Dreizehnttag am Himmel ist,
*hvort sem þat ungt eða gamall*t.	ganz gleich ob es jung oder alt sei.

Das heißt im Klartext, dass der Jól-Lunarmonat, der Lunarmonat ist, der Dreizehnttags, d.h. nach den 12 Rauhnächten im Aschluß an Christi Geburt, (immmer noch oder schon) am Himmel steht, unabhängig von der Mondphase, die dieser am Dreizehnttag hat.

Aus Norwegen, das heißt aus Ivar Aasens *Wörterbuch der Norwegischen Sprache*, wissen wir aus einem Eintrag, dass der Jólmond der Mond/Monat sei, der zu Jul (Christi Geburt) scheint, unter der Voraussetzung, dass sich dieser über den Dreizehnttag hinaus erstreckt, andernfalls, d.h. erstreckt er sich nicht über den Dreizehnttag hinaus, wird der Mond (Lunarmonat), der danach kommt, als Jólmond bezeichnet (Aasen, 1871; Nordberg, 2006). Es ist also durchaus mit einer Wahrscheinlichkeit von etwa 1/3 möglich, dass die beobachtbare Wintersonnenwende, d.h. das Fest der Christi Geburt, und der Vollmond des Jólmonats in verschiedenen Monaten liegen, wenn dieser während der Rauhnächte als Neumond zünden muss. In diesem Fall wäre bei Anwendung der anglischen Monatsnamen der Monat, in den die Wintersonnenwende fällt, der *Frühe Jólmonat*, und der darauffolgende Monat, an dessen Vollmond das Mittwinterfest begangen wurde, wäre der *Späte Jólmonat*.

Bei Olaus Wormius finden wir eine in diesem Kontext wenig präzise Definition des Jólmondes als den Lunarmonat, dessen Mond während des julianischen Neujahres scheint (Wormius, 1626).

7.4.2.2. Die Distingsregeln

Olaus Magnus berichtet uns in seinem Werk *Historia om de nordiska folken* (Buch IV, Kapitel 6) über das *Disting*, welches zum Vollmond in dem Monat nach dem Späten Jólmond stattfindet, Folgendes zu dessen Datierung:

Schwedisch	**Deutsche Übersetzung**
[Distingen inföll vid...] ...den fullmåne, som följer på den första nytändingen efter tre heliga konungars dag i januari (dvs. trettondagen)	[Das *Disting* fällt auf...] ...den Vollmond, der auf den ersten Neumond nach den drei Heiligen Königen im Januar (d.h. nach dem Dreizehnttag) folgt.

Das bedeutet, dass der Neumond des Lunarmonats *þorri*, d.h. des Distingsmonats (nach der Verschiebung des Distingstermines; s.u.), der Neumond ist, welcher als erster nach den Zwölf Nächten zu beobachten ist. Das Buch wurde 1555 gedruckt, aber offenbar bereits 1526 begonnen. Zu dieser Zeit war Schweden katholisch, womit sich der Bezug auf den Dreikönigstag erklärt.

Eine zweite Quelle, in der eine Distingsregel erhalten ist, ist das zwischen 1591 und 1593 niedergeschriebene Tagebuch des Erich Lassota von Streblau (Schottin, 1866). In diesem heißt es (S. 165):

> Es werden in dieser Stadt (Anm. Uppsala) jerlich zwo Messen oder Märckt gehalten, der Erste heist der Distings Marckt, darumb das Er von der Khünigin Disa eingesezt worden, gefellet allzeit auf den Vollmond des ersten Neuen lichts, nach der heylich drey Könige Tagk, Und so das Neue licht auff, denselben tag der Heilligen drey Künig fur Mittag einträt, wird er nicht auf den ersten, Sondern des nechst kommenden Neuen lichts Vollmon gehalten. Wen aber das Neue licht desselben tags nach Mittag eintritt, wird Er auff den ersten Vollmon gehalten. Der andere Marckt wird alzeit auf Sanct Erichtstag, den 18. May gehalten und darumb Erichs Meß genent.

Der zweite Teil des Tagebucheintrages ab der Stelle „*Und so das Neue licht*" weist auf eine Besonderheit des gebundenen Mondkalenders hin, denn wenn der erste Neumond vor Mittag (gemeint ist wohl Mitternacht, siehe unten) des Dreizehnttages, also in die Zeit der Zwölfnächte fällt, ist dieser *per definitionem*, d.h. nach der oben genannten isländischen Jólmondregel noch der Jólmond und eben nicht der Distingsmond. Darüber hinaus würde bei einer Neumondzündung in den Zwölf Nächten ein sommerlicher Schaltmonat eingefügt werden.

Eine weitere mittelalterliche Merkregel (Nilsson, 1929, Nordberg, 2006) für die Zeitbestimmung des Distingsmarkts in Uppsala hat sich in Runenschrift auf einem Kupferstich von Johann Bureus (Runokänslärespån, Uppsala 1599) erhalten. Sie lautet folgendermaßen:

Schwedisch	**Deutsche Übersetzung**
När trettondags nyt i fylle går, *då disating i Uppsala* står	Wenn des Dreizehnttags Neumond zum Vollmond wird, dann ist *Disting* in Uppsala

Dieser Merkvers drückt die von Olaus Magnus überlieferte Merkregel nur etwas lyrischer aus. Die besagt schlichtweg, dass der Vollmond des Monats, der als erster nach dem Dreizehnttag als Neumond beginnt, der

Monat des Distingmarktes ist. Oder kurz: Der Neumond, der nach Mitternacht der letzten Rauhnacht auftritt, ist der Distingsmonat. Der Monat, der vor diesem Neumond besteht, ist, laut der obigen isländischen Regel, der Jólmond. Die von Johann Bureus angegebene Regel wird noch in drei weiteren Quellen zitiert, so bei Olaus Wormius in *Fasti Danici* (1626), bei Johannes Schefferus in *Upsalia* (1666) und bei Magnus Celsius in *Computus ecclesiasticus* (1673). Magnus Celsius führt die Regel noch an drei weiteren Stellen genauer aus:

Schwedisch	**Deutsche Übersetzung**
Thet Nyed som tändes efter trättandagz mid-nat, är Dijztingztunglet	Der Neumond, der nach Mitternacht des Dreizehnttages zündet, ist der Distingsmond (Beginn des Distingsmonats)

Schwedisch	**Deutsche Übersetzung**
*Thet Tungel som lyser på Himmelen om trättonde dagh jwl / är Julatunglet: oc ther på fölier Diztingstungl*et	Der Mond, der zum Dreizehnttag scheint, ist der Julmond, der welcher darauffolgt, ist der Distingsmond

Schwedisch	**Deutsche Übersetzung**
Thet tungel som är å Himmelen Trettonde dag Jula / that skal wara Julatungl / hwad thet är ungt eller gammalt	Das Zungel/der Mond, das/der am Dreizehnttag am Himmel ist, soll das Jól-Zungel/der Jólmond sein, egal ob er jung oder alt ist

Die letztgenannte Formulierung finden wir auch in Anders Spolens *Commutus ecclesisticus* (1692) sowie bei Harald Ullenius als alte Bauernregel (1720).

Mit Bezug auf die christlichen Daten für Weihnachten und Dreikönigstag (Ende der Rauhnächte) war der früheste Termin für das *Disting* der 22. Januar^{J} (7. Januar^{G} + 15 Tage) und der späteste der 22. Februar^{J} (22. Januar^{J} + 29 Tage), wenn wir den julianischen Kalender zugrunde legen. Im gregorianischen Kalender würde sich die Zeitspanne der möglichen Distingstermine zwischen 27. Januar und 26. Februar befinden.

7.4.2.3. Die färöerische Wintermondregel

In Niels Winthers *Färöerischer Frühgeschichte* wurde uns ein sehr archaischer färöerischer Kalender überliefert. Das eigentlich Besondere daran ist, dass dort auch eine (noch heidnische) Schaltregel skizziert wird, die jedoch sehr gut die aus der isländischen Handschrift AM 461 (R2,140) stammende Jólmondregel und die verschiedenen Distingsregeln ergänzt. Hier sei noch einmal darauf hingewiesen, dass im Färöerischen der Begriff *sólin* auch für den Mond im Sinne einer *Wintersonne* steht. Niels Winther definiert den Wintermond, d.h. den Frühen Jólmonat, wie folgt:

Dänisch	**Deutsche Übersetzung**
Vetrasólin er det Måneskin, der indtræffer ved Vintersolhverv. I et regelret År indtræffer den samme Nymåne i den samme Uge eller inden første Ugens Udgang af December Måned.	Die Wintersonne/der Wintermond ist der Mondschein, der zur Wintersonnenwende eintrifft. In einem regelrechten Jahr trifft der gleiche Neumond in die gleiche Woche oder in den Ausgang der ersten Woche des Dezember-Monats.

Das bedeutet: Der Wintermond (*vetrasólin*), welcher dem Frühen Jólmond entspricht, ist der Lunarmonat, dessen Mondschein zur Wintersonnenwende (hier ist die wirkliche Sonnenwende gemeint) beobachtbar ist. Das heißt, im Vergleich zu den zuvor genannten Schaltregeln wird hier nicht der Dreizehnte Tag (Dreikönigstag) als Fixdatum benutzt, sondern die Wintersonnenwende selbst. Dies ist ein Relikt des heidnischen gebundenen Mondkalenders und ein signifikanter Unterschied zum christlich beeinflussten Mondkalender. Im Bezug auf den gregorianischen Dezember kann der *vetrasólin*-Neumond also spätestens am 21./22. Dezember^{G} zünden, frühestens jedoch 30 Tage vorher am 21./22. November^{G} (Wenn wir uns auf die beobachtbare Wintersonnenwende am 24./25. Dezember^{G} beziehen müssen wir hier eine Differenz von +3 Tagen einbeziehen).

Was in der Regel nicht gesagt wird, sich aber aus den Monatsnamen ableiten lässt, ist, dass der Monat, der frühestens nach der Wintersonnenwende zündet, der Monat *jólasólin*, d.h. der Späte Jólmonat ist, an dessen Vollmond das heidnische Mittwinterfest begangen wurde.

Im zweiten Satz der Regel wird noch gesagt, dass in einem regelrechten Jahr, einem Jahr ohne Schaltmonat, der *vetrasólin*-Neumond im Ausgang der ersten Dezemberwoche zündet. Mit dem „Ausgang der ersten Dezemberwoche“ sollte in etwa „nach dem 4. Dezember[G]“ gemeint sein. Dies wiederum bedeutet, dass einen Monat später der Späte oder eigentliche Jólmond erst nach den Zwölf Nächten zündet. Hieraus kann man schlussfolgern, dass in einem Schaltjahr der Späte Jólmond, *jólasólin*, in den Rauhnächten zündet bzw. der Wintermond, *vetrasólin*, vor dem 4. Dezember zündet. Damit wäre die vorchristliche Schaltregel gefunden.

Die färöerische Wintermondregel, die isländische Jólmondregel und die schwedischen Distingsregeln ergänzen sich nicht nur gegenseitig, sie beleuchten eigentlich nur verschiedene Aspekte ein und derselben Regel, wenn man sich bewusst ist, dass mit der Wintersonnenwende und dem Dreizehntag verschiedene solare Fixdaten analog verwendet wurden.

7.4.2.4. Der Finnisch-/Saamische Jahreskreis und dessen Schaltregel

Ergänzend hierzu noch ein Exkurs zu den Finnen bzw. Saami. M.P. Nilsson überliefert uns in seinem Buch *Primitive Timereckoning* (Lund, 1929, S. 305 ff.) in einem Bericht von Prof. K.B. Wiklund aus dem östlichen Finnland eine Schaltregel, die höchst wahrscheinlich ursprünglich von den Ostfinnen aus Skandinavien, d.h. von den benachbarten Schweden, übernommen wurde. Wiklund berichtet folgendes:

> Der Mond, der geboren wird, während der Winter noch in seinem Hause ist (18. – 22. Dezember[G]), oder danach, ist der erste Herz-(Mittel-)mond. Wenn dies so ist, fällt das Christfest (Weihnachten) manchmal in den ersten Herzmond und dann hoffen wir auf eine gute Ernte. Aber wenn der erste Herzmond spät geboren wird, z.B. nach dem Zwölfttag, dann gibt es keinen zweiten Herzmond in diesem Jahr, sondern dann folgt der Schaummond (der so genannt wird, weil der Schnee wie Schaum ausschaut), der Schneekrustenmond, der Taumond, Sproßmond, usw... Wenn wir die Monde des Jahres zusammenrechnen, beginnend mit dem ersten Herzmond, haben wir manchmal 13 Monate im Jahr, obgleich es nur 12 Buchmonate sind. (eigene Übersetzung aus dem Englischen)

Hier haben wir eine weitere eindeutige Beschreibung der vorchristlichen Schaltregel unseres Lunisolarkalenders. Zündet der Späte Jólmond (Herzmond) vor dem Ende der Rauhnächte (Zwölfttag), wird ein zweiter Herzmonat (entspricht hier einem Schaltmonat, der nach dem Späten Jólmond eingeschoben wird) eingeschaltet. Zündet der Neumond des Späten Jólmonats nach den Zwölf Nächten, haben wir ein reguläres Jahr ohne Schaltmonat. In dem Bericht wird nicht nur die Schaltregel erklärt. Es wird auch deutlich, dass ein 13. Monat (Schaltmonat) ein Segen für die Bevölkerung war, da dieser nicht als Buchmonat galt und dementsprechend keine Abgaben gezahlt werden mussten. Im Gegensatz zu den Germanen erfolgte die Einfügung des Schaltmonates bereits im Winter als zweiter Herzmonat und nicht im Sommer. Die Zeitspanne des „Hauses des Winters" (18. – 22. Dezember[G]) kann gut der monatslosen Fünf-Tage-Woche (*fimt*) in einem dem Färöerischen Wochenkalender ähnlichen finnisch/saamischen Wochenkalender entsprechen und das „danach" den Zwölf Nächten.

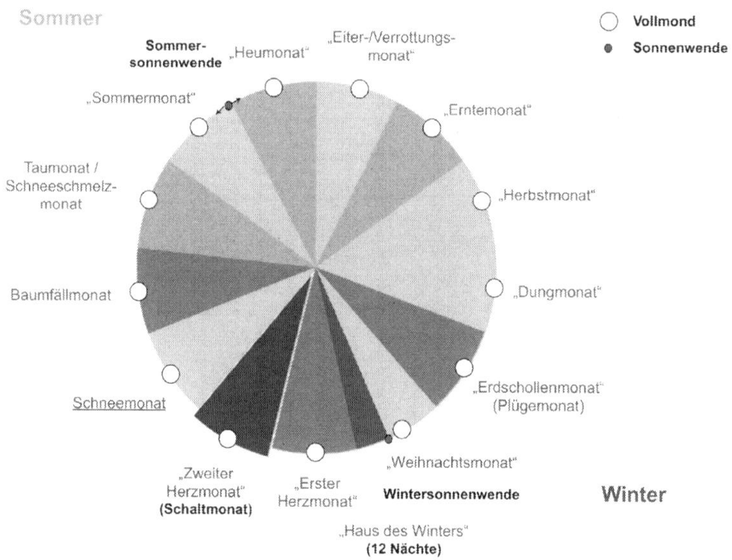

Abb. 21: Schema des finnischen gebundene Mondkalendes
nach K.B. Wiklund

Aus dem 18. Jahrhundert kennen wir noch die Beschreibung eines saamischen gebundenen Mondkalenders, der ursprünglich von einem uns unbekannt bleibenden schwedischen Priester stammte, der in der Lappmark gewirkt hat.

> *Månadena räknades ifrån den ena Nytändningen til den andra nästförjande, hwilcka dagar äfwen högtijdeligen bigingos äfwen som hos Israeliterna och fördeltes hwar månad i fyhra delar nemligen ifrån Nytändningen til första quarteret, ifrån första quarteret til fullmånaden [sic!] eller det andra quarteret, ifrån det andra quarteret eller fullmånaden til tredje quarteret eller nedanätt och änteligen ifrån nedanätt eller tredje quarteret til nästföljande Nytändning eller Nymånad.*
> *Åhren begyntes ifrån winter Sohlståndet och fördeltes äfwen som Månadetalet ij fyra åhrstijder, hwilka hwar för sig tre dagar å slag högtijdeligen begyntes och beslötos, under offrande rökande prognosticerande och hwarjehanda frögdebetydelser, eftersom åhrstijden och omständigheterna, det ärfordrade och tillfället medgaf.*
> *Then första åhrstijden tog sin begynnelse in momento solstitii Brumalis och warade intil momentum æquinoctii vernalis,... then andra åhrstijden räknades ifrån Momento æquinoctii vernalis och varade intil momentum solstitii æstivalis... Then tredie åhrstijden ifrån momento solstitii æstivalis til momentum æquinoctii Auctumnalis... Then fiärde och sidsta åhrstijden ifrån momento æquinactii auctumnalis in til förstnamde momentum solstitii Brumalis igen...* (Astrophysica Lapponica nach Nordberg 2006)

Die Monate wurden von einem Neumond bis zum nächsten Neumond gezählt, dessen Tage, auch die hochzeitlichen (festlichen), wie bei den Israeliten begangen wurden. Jeder Monat wurde in vier Abschnitte unterteilt, nämlich von der Neuzündung bis zum ersten Viertel; vom ersten Viertel bis zum Vollmond, dem zweiten Viertel; vom zweiten Viertel bzw. vom Vollmond bis zum dritten Viertel, der Nidnacht; und von der Nidnacht bzw. dem dritten Viertel bis zur nächsten Neuzündung bzw. Neumond.
Das Jahr begann mit der Wintersonnenwende und wurde einschließlich der Monatszahl in vier Jahreszeiten unterteilt, welche jeweils mit einer dreitägigen Festzeit begannen und endeten, unter opfernden, räuchernden, vorhersehenden [Ritualen?] jeglicher Art mit freudiger Bedeutung, je nach den Umständen und Zufällen, die die jeweiligen Jahreszeiten erfordern.
Die erste Jahreszeit begann um die Wintersonnenwende und ging bis zur

> Frühlings-Tag-und-Nachtgleiche, die zweite Jahreszeit ging von der Frühlings-Tag-und-Nachtgleiche bis zur Sommersonnenwende... Die dritte Jahreszeit von der Sommersonnenwende bis zur Herbst-Tag-und-Nachtgleiche, die vierte und letzte Jahreszeit von der Herbst-Tag-und-Nachtgleiche bis zu der erstgenannten Wintersonnenwende. (eigene Übersetzung aus dem Schwedischen)

7.4.2.5. Fazit der Merkregeln zur Bindung des Mondjahres an das Sonnenjahr

In den Merkregeln werden im Prinzip drei wichtige Aspekte zum Verhältnis der beiden Jólmonde zueinander, sowie zu deren Relation zum Sonnenjahr beschrieben.

Zum einen muß sich der Frühe Jólmonat immer über ein solares Fixdatum hinaus erstrecken. Dieses Fixdatum war ursprünglich die Wintersonnenwende selbst, später, d.h. durch Einfluß des Christentums, galt der Dreikönigstag als Fixtag im Sonnenjahr.

Infolgedessen darf, zum zweiten, der Späte Jólmonat frühestens unmittelbar nach diesem solaren Fixdatum zünden. In diesem Monat, der nach dem solaren Fixdatum zündete, wurde ein Vollmondfest (Mittwinterfest/Jól) begangen.

Um diese Relation zum solaren Fixdatum im Jahreswechsel zu gewährleisten, gab es die Faustregel, dass bei einer Neumondzündung des Späten Jólmonats in der Zeit der Zwölf Nächte in dem jeweiligen Mondjahr ein Schaltmonat eingefügt wurde.

8. Der Lunisolarkalender in der germanischen Mythologie

Mit dem nun gewonnenen Wissen über den Lunisolarkalender bzw. gebundenen Mondkalender, der von den Germanen ursprünglich benutzt wurde, wenden wir uns der germanischen Mythologie zu. So etwas Bedeutsames wie ein Kalender, nach dem sich alle bedeutenden Festtage berechnen ließen, muss sich in irgendeiner Form in der Mythologie niedergeschlagen haben. Und in der Tat finden wir einige Hinweise, die insbesondere die Rolle des Mondes als fundamentale Basis des Kalendersystems unterstreichen, so zum Beispiel in der 13-14 Strophe der *Alvíssmál* (Übersetzung nach Karl Simrock, 1855).

Altnordisch	**Deutsche Übersetzung**
Þórr kvað:	Thor sprach:
„Segðu mér þat, Avlíss,	„Sage mir, Alwis,
- öll of rök fira	da alle Wesen,
vörumk, dvergr, at vitir -:	Kluger Zwerg, du erkennst,
hversu máni heitir,	Wie heißt der **Mond**,
sá er menn séa,	den die Menschen schaun,
heimi hverjum í?"	In den Welten allen?"
Alvíss kvað:	Alwiss sprach:
*„**Máni** heitir með mönnum,*	**Mond** sagen die Menschen,
en mylinn með goðum,	Scheibe Götter,
kalla hverfanda hvél helju í,	Bei Hel sagt man rollendes Rad,
skyndi jötnar,	Sputer bei Riesen,
en skin dvergar,	Schein bei Zwergen,
kalla alfar ártala."	**Jahrzähler** aber bei Elben.

Hier wird der Mond, nicht jedoch die Sonne, als Jahrzähler (an. *ártali*) bezeichnet. Eine eindeutige Anspielung auf den Mondkalender. Doch diese *Alvíssmál*-Strophen sind nicht die einzigen in der Liederedda, in denen der Mond als Jahrzähler bezeichnet wird. Auch in den *Vafþrúðnismál*-Strophen 22-25 findet sich diese Bezeichnung gleich zweimal (Übersetzung nach Karl Simrock, 1855).

Altnordisch	Deutsche Übersetzung
Óðinn kvað:	Odin sprach:
„Seg þú þat annat,	Sag mir zum andern,
ef þitt æði dugir	wenn der Sinn dir ausreicht
ok þú, Vafþrúðnir, vitir,	Und du es weißt, Wafthrudnir,
hvaðan máni kom,	Von wannen der Mond kommt,
sá er ferr menn yfir,	der über die Menschen fährt,
eða sól it sama."	Und so die Sonne?
Vafþrúðnir kvað:	Wafthrudnir sprach:
*„**Mundilfari** heitir,*	**Mundilfari** heißt
*hann er **mána** faðir*	des **Mondes** Vater
ok svá Sólar it sama;	und so der Sonne.
himin hverfa	Sie halten täglich
þau skulu hverjan dag	am Himmel die Runde
öldum at ártali."	den Menschen als **Jahrzähler**.
Óðinn kvað:	Odin sprach:
„Seg þú þat it þriðja,	Sag mir zum dritten,
alls þik svinnan kveða	so du weise dünkst
ok þú, Vafþrúðnir, vitir,	Und du es weißt, Wafthrudnir,
hvaðan dagr of kom,	Wer hat den Tag gezeugt,
sá er ferr drótt yfir,	der über die Völker zieht,
*eða **nótt með niðum**."*	Und die **Nacht mit dem Nidmond**?
Vafþrúðnir kvað:	Wafthrudnir sprach:
„Dellingr heitir,	Delling heißt
hann er Dags faðir,	des Tages Vater,
en Nótt var Nörvi borin;	Die Nacht ist von Nörwi gezeugt.
ný ok nið	**Neu und Nid**
skópu nýt regin	schufen milde Räte/Götter
öldum at ártali."	den Menschen als **Jahrzähl**er.

Im Gegensatz zur *Alvíssmál*–Strophe 14 werden in der *Vafþrúðnismál*-Strophe 23 sowohl Mond als auch die Sonne mit der Bezeichnung „der Menschen Jahrzähler" – *ártali* betitelt, was hier als eine prosaische Umschreibung eines Lunisolarkalenders gewertet werden kann. Darüber hinaus erfahren wir, dass *Mundilfari*, das rotierende Prinzip der Weltmühle, der Vater von Mond und Sonne ist. Während in Strophe 23 der Mond direkt als *máni* aufgeführt wird, wird dieser in Strophe 25 durch sein typisches Synonym *ný ok nið* in den Stabreim mit Nacht eingebunden. Hier wird er wieder allein, ohne Nennung der Sonne, als Jahrzähler und auch als Schöpfung der Götter bezeichnet.

Eine ähnliche Konstellation finden wir auch in den *Völuspá*-Stophen 5-6 (Übersetzung nach Karl Simrock, 1855).

Altnordisch	**Deutsche Übersetzung**
Sól *varp sunnan,*	Die **Sonne** von Süden,
sinni ***mána****,*	des **Mondes** Gesellin,
hendi inni hægri	Hielt mit der rechten
um himinjöður;	Hand die Himmelsrosse.
sól *þat né vissi,*	**Sonne** wußte nicht
hvar hon sali átti,	wo sie Sitz hätte,
máni *þat né vissi,*	**Mond** wußte nicht
hvat hann megins átti,	was er Macht hätte,
stjörnur þat né vissu	Die Sterne wußten nicht,
hvar þær staði áttu.	wo sie Stätte hatten.
Þá gengu regin öll	Da gingen all die Räte
á rökstóla,	zu den Ratssitzen,
ginnheilög goð,	Hochheilge Götter
ok um þat gættusk;	um Rat zu halten:
nótt ok ***niðjum***	Der Nacht und dem **Nidmond**
nöfn of gáfu,	gaben sie Namen,
morgin hétu	hießen den Morgen
ok miðjan dag,	und die Mitte des Tages,
undorn ok aftan,	(sowie) Untarn und Abend,
árum at telja.	**die Jahre zu zählen**.

Hier benennen die Götter unter anderem Sonne und Mond und weisen ihnen ihre Wirkstätten zu, mit dem Zweck, die Jahre zu zählen – *árum at telja*, was klar eine Umschreibung für den Jahrzähler – *ártali* ist, und damit das vertraute Bild des Mondkalenders assoziiert. Wir finden hier auch das bereits von bronzezeitlichen Felszeichnungen bekannte Motiv, welches Sonne und Mond auf himmlischen Wagen oder Schiffen darstellt, die zum Teil von Hirschen oder Pferden gezogen werden. Auf den bronzezeitlichen Felszeichnungen (*Helleristninger*) wird die Sonne in der Regel durch einen oder mehrere konzentrische leere Kreise, ein Strahlenbündel oder eine Spirale, von der Strahlen ausgehen, versinnbildlicht, während der Mond mit seinen vier Phasen oder Mondgestalten als ausgekreuzter Kreis (vierspeichiges Rad, Radkreuz) abgebildet wird.

9. Die Jahreszeiten

Bevor in dieser Abhandlung die Feiertage besprochen werden, soll kurz auf die Unterteilung des Jahres in bzw. die Zusammenfassung von Monaten zu Jahreszeiten besprochen werden. Die Jahreszeiteinteilung ist natürlich stark von landwirtschaftlichen Aspekten und den subjektiv empfundenen Zeitqualitäten abhängig. Im Bereich der Germanen stoßen hier zwei Traditionen aufeinander, die sich regional unterschiedlich stark durchdringen. Dies sind zum einen der zwei- bzw. viergeteilte Jahreskreis im Norden, den wir auch bei Finnen und Saamen finden, und der dreigeteilte Jahreskreis im Süden, der sich auch noch in keltischen und romanisch-mediterranen Gegenden nachweisen lässt und gegebenenfalls von diesen übernommen wurde.

9.1. Der zweigeteilte Jahreskreis: Winter und Sommer

Wie auch Beda berichtet, wurde ursprünglich bei den Inselgermanen (Angeln) das Jahr in eine Sommerhälfte und eine Winterhälfte unterteilt. Sommer und Winter waren wohl die beiden ersten Jahreszeiten, die die Germanen kannten, und es sind auch heute noch die einzigen, deren Namen im gesamten germanischen Sprachraum gleich lauten. Der Winter begann mit dem Wintervollmond, im *winterfilleth* (Wintermond / Oktober). Der Sommer nahm mit dem Vollmond im *eosturmónað* (Ostermond, April), d.h. mit dem zu diesem Zeitpunkt gefeierten Osterfest oder *v*árblót, seinen Anfang. Gezählt wurde im gesamten germanischen Raum nicht nach Jahren oder Sommern, sondern nach Wintern.

9.2. Der viergeteilte Jahreskreis: Frühling, Sommer, Herbst und Winter

Der viergeteilte Jahreskreis mit den Jahreszeiten Frühling, Sommer, Herbst und Winter entsteht im Prinzip nur durch die Zweiteilung von Winter und Sommer durch Mittwinter und Mittsommer. Die erste Hälfte des Winters wird demnach als Herbst und die erste Hälfte des Sommers als Frühling bezeichnet. Die durch diese Vierteilung des Jahres entstehenden Quartale umfassen im Wochenkalender jeweils 13 Wochen. Darum nannte man sie unter anderem auch *trettingar* – Dreizehner, aber auch *mál*, *mässor*, *täljor* oder *räppar* (Nordberg, 2006). Der viergeteilte Jahreskreis ist im Prinzip mit dem zweigeteilten Jahreskreis deckungsgleich. Es ist jedoch sehr interessant, an welchen genauen Daten die einzelnen Quartale bzw. Jahreszeiten ineinander übergingen. Hier kann man gut den Übergang von einem Mondkalender über den Wochenkalender zu den julianischen und gregorianischen Sonnenkalendern verdeutlichen.

Wie Beda Venerabils schrieb, begann der Winter mit dem Vollmond des zehnten Lunarmonats, *winterfylleth*, was ursprünglich auch für die skandinavischen *vetrnætr* und gemäß der Realglossare auch für Kontinentaleuropa zugetroffen haben sollte. Demnach waren Mittwinter zum Vollmond des ersten Lunarmonats (nach der Wintersonnenwende), Sommerbeginn zum Vollmond des vierten Lunarmonats (Ostern) und Mittsommer zum Vollmond des siebten Lunarmonats.

Einen weiteren Hinweis, dass dies der Fall war, finden wir in der Zeit, als der Wochenkalender und der julianische Kalender parallel verwendet wurden. So sind auf den Rîmstöcken/Primstäben (Runenkalender) die entsprechenden Quartalsdaten kalenderfixiert wiedergegeben. Hier werden *Sumarmál*, der Sommerbeginn, auf den 14. April[J], Mittsommer auf den 14. Juli[J], die (erste) Winternacht auf den 14. Oktober[J] und Mittwinter auf den 12. Januar[J] festgelegt. Auffällig hierbei ist, dass sich all diese Datumsangaben in der Mitte eines julianischen Monats befinden. Diese Datierung in der Monatsmitte spiegelt ein fixiertes Mondjahr wider, da in einem solchen die entsprechenden Stichtage auf einen Vollmond fielen, der, wie wir zu Beginn des Buches gesehen haben, die Mitte eines Monates darstellt. Hierbei bestehen deutliche Parallelen zu den *Iden* der Etrusker und Römer, die wir bereits zu Beginn des Buches kennengelernt haben. Der *Idus*-Tag, das heißt der dem *Iuppiter* geweihte Vollmondtag, fiel entsprechend der Monatslänge entweder auf den 13. Tag oder 15. Tag des Monats. Demnach kann man in den Terminen für die Winternächte, Mittwinter, Sommerbeginn/Ostern und Mittsommer germanische Entsprechungen der *Iden* im Wintermond, Späten Jólmond, Ostermond bzw. Heumond sehen.

Qrt. Nr.	Zeitpukt	Mondjahres Vollmond	julianisches Datum	gregorianisches Datum(errechnet für 1100)
1.	Mittwinter (*miðvetr*)	1. Lunarnonat: Später Jólmond	12.-14. Januar	19.-21. Januar
2.	Sommerbeginn (*sumarmál*)	4. Lunarmonat Ostermond	13.-15. April	20.-22. April
3.	Mittsommer (*miðsumar*)	7. Lunarmonat: Heumond	13.-15. Juli	20.-22. Juli
4.	Winternächte (*vetrnætr*)	10. Lunarmonat: Wintermond	13.-15. Oktober	20.-22. Oktober

Tab. 5: Quartalseinteilung des Jahres

Im 13. Jahrhundert begannen und endeten die jeweiligen Jahresquartale mit den Sonnenwenden und den Tag-und-Nacht-Gleichen. Diese Quartalseinteilung hat ihren Ursprung im Frankenreich des 8. Jahrhunderts (Nordberg, 2006). Ein markantes Beispiel hierfür ist das Kapitel 78 von Snorri Sturlusons *Skáldskarparmál*. Damit wir in diesem Buch auch seine Auflistung der Monatsnamen im Original betrachten können, sei dieses Kapitel hier in vollständiger Länge wiedergegeben:

78. Heiti stundanna. Þessi eru nöfn stundanna: öld, forðum, aldr, fyrir löngu, ár, misseri, vetr, sumar, vár, haust, mánuðr, vika, dagr, nótt, morginn, aftann, kveld, árla, snemma, síðla, í sinn, fyrra dag, í næst, í gær, á morgun, stund, mél. Þessi eru enn heiti nætrinnar í Alsvinnsmálum:

314. Nótt heitir með mönnum,
en njóla með goðum,
kalla grímu ginnregin,
ósorg kalla jötnar,
alfar svefngaman,
dvergar draumnjörun.

Frá jafndægri er haust, til þess er sól sezt í eykðarstað. Þá er vetr til jafndægris. Þá er vár til fardaga. Þá er sumar til jafndægris. Haustmánuðr heitir inn næsti fyrir vetr, fyrstr í vetri heitir gormánuðr, þá er frermánuðr, þá er hrútmánuðr, þá er þorri, þá gói, þá einmánuðr, þá gaukmánuðr ok sáðtíð, þá eggtíð ok stekktíð, þá er sólmánuðr ok selmánuðr, þá eru heyannir, þá er kornskurðarmánuðr. (Snorri Sturluson in Skáldskarþarmál nach Guðni Jónsson)

<u>78. Die Synonyme für Zeit:</u> Dies sind die Namen für die Zeit(-abschnitte): Zeitalter, Früher, Leben(-salter), vor Langem, Jahr, Halbjahr, Winter, Sommer, Frühling, Herbst, Monat, Woche, Tag, Nacht, Morgen, Abend, Quilt, früh, bald, spät, einstmals, Vortag, Nächster, Gestern, morgens, Stunde, Augenblick. Und das sind weitere Namen für die Nacht aus dem Allwisslied:

314. Nacht heißt sie bei den Menschen,
und Nebel bei den Göttern,
Hülle/Maske bei den hohen Räten,
Ohnelicht nennen sie die Riesen,
die Elben Schlummerlust,
bei den Zwergen Traumgenuß.

Von der (Herbst-)Tag-und-Nacht-Gleiche ist es Herbst, bis die Sonne in ihrem tiefsten Stand aufgeht. Danach ist Winter bis zur (Frühlings-)Tag-und-Nacht-Gleiche, und ab da ist Frühling bis zu den Fahrtagen. Dann ist Sommer bis zur (Herbst-)Tag-und-Nacht-Gleiche. Herbstmonat heißt der Monat unmittelbar vor Winterbeginn. Der erste Wintermonat ist der Schlachtmonat, danach kommt der Frostmonat, dann der Widdermonat, dann ist der Winterdürremonat, dann *gói*/Spörkelmonat, dann der Ein(zel)monat, dann Kuckucksmonat und Saatzeit, dann Eierzeit und Bratzeit, dann ist Sonnenmonat und Sennmonat, dann ist Heuert und dann der Kornschnittmonat. (eigene Übersetzung, Strophe 314 nach Simrock)

Wie man aus den dickmarkierten Sätzen lesen kann, bezog sich Snorri bei seinen Angaben bereits auf das solare Bezugssystem des julianischen Kalenders, was sicher ein Ergebnis des Einflusses der katholischen Kirche in Island war. Die Datumsangaben für die Tag-und-Nachtgleichen sowie die Sonnenwenden sind im gregorianischen Kalender auf den 21.-22. Dezember^{G} (Wintersonnenwende), 21.-22. März^{G} (Frühlings-Tag-und-Nacht-Gleiche), 21.-22. Juni^{G} (Sommersonnenwende) und den 20.-22. September^{G} (Herbst-Tag-und-Nacht-Gleiche) fixiert. Um eine Vorstellung von der Datumsverschiebung durch den Kalenderfehler des julianischen Kalenders zu bekommen, sei noch hinzuzufügen, dass im julianischen Kalender im Jahr 1100 (das Jahrhundert unmittelbar nach der Christianisierung Schwedens) die Wintersonnenwende auf den 14.-15. Dezember^{J}, die Frühlings-Tag-und-Nacht-Gleiche auf den 14.-15. März^{J}, die Sommersonnenwende auf den 14.-15. Juni^{J} und die Herbst-Tag-und-Nacht-Gleiche auf den 14.-15. September^{J} gefallen sind.

Vergleicht man die für das 11. Jahrhundert errechneten gregorianischen Datumsangaben der im Wochen- und im julianischen Kalender fixierten Quartalsstichtage mit den heutigen bzw. allgemeingültigen gregorianischen Sonnwend- und Tag-und-Nacht-Gleichen-Datumsangaben, stellt man fest, dass zwischen diesen eine Differenz von vier Wochen, d.h. von einem ganzen Monat, besteht (Tabelle 5), was sich durch die zuvor rekonstruierte Schaltregel leicht erklärt. Wenn nach der heidnischen Schaltregel der Späte Jólmond nämlich frühestens unmittelbar nach der Wintersonnenwende zünden darf, heißt das auch, dass er spätestens etwa 29,5 Tage nach der Wintersonnenwende zünden darf. Dementsprechend verschiebt sich der entsprechende Jólmonds-Vollmond um 15 Tage, so dass die möglichen Vollmondtermine +/- 15 Tage um den 21./22. Januar^{G} datieren. In gleicher Weise gilt dies für die Vollmodtermine von Ostern (+/- 15 Tage um den 21./22. April^{G}), Mittsommer (+/- 15 Tage um den 21./22. Juli^{G}) und den Winternächten (+/- 15 Tage um den 21./22. Oktober^{G}).

9.3. Der dreigeteilte Jahreskreis: Winter, *Vár* und Sommer (?)

Bereits aus der Bronzezeit bzw. aus der La-Tène-Zeit kennen wir Hinweise auf einen dreigeteilten Jahreskreis. Als Beispiele seien hier die Goldhüte von Schifferstadt, Berlin, Avanton und Ezelsdorf-Buch sowie einige Reliefsteine genannt. Darüber hinaus gibt es einen dreigeteilten Anhänger aus Mutterstadt (späte La-Tène Zeit) und einen bronzenen Ring aus Cortaillod (späte La-Tène Zeit, siehe: http://www.hekoverlag.de/01d.html).

In der *Germania* (*De Origine et situ Germanorum*) des Publius Cornelius Tacitus finden wir im 26. Kapitel über die Feldwirtschaft eindeutig die Beschreibung eines dreigliedrigen Jahreskreises mit den Jahreszeiten. Winter, Frühjahr und Sommer:

> *26. Faenus agitare et in usuras extendere ignotum; ideoque magis servatur quam si veti tum esset. Agri pro numero cultorum ab universis in vices occupantur, quos mox inter se secundum dignationem partiuntur; facilitatem partiendi camporum spatia praestant, Arva per annos mutant, et superest ager. Nec enim cum ubertate et amplitudine soli labore contendunt, ut pomaria conserant et prata separent et hortos rigent: sola terrae seges imperatur.* ***Unde annum quoque ipsum non in totidem digerunt species: hiems et ver et aestas intellectum ac vocabula habent, autumni perinde nomen ac bona ignorantur.***

26. Geldgeschäfte zu betreiben und auch mit den Zinsen zu wuchern, ist unbekannt, und deshalb ist man besser dagegen gefeit, als wenn es verboten wäre. Ackerland nehmen sie in einem Ausmaß, das der Anzahl der Bebauer entspricht, mit gesamter Hand füreinander in Besitz; dann teilen sie es nach ihrem Range unter sich auf. Die Weiträumigkeit der Feldmark erleichtert das Teilungsgeschäft. Sie bestellen Jahr für Jahr andere Felder, und doch bleibt Ackerland übrig. Denn ihr Arbeitsaufwand wetteifert nicht mit der Fruchtbarkeit und Ausdehnung des Bodens: sie legen keine Obstpflanzungen an noch umzäunen sie Wiesen oder bewässern sie Gärten; einzig Getreide soll der Boden hervorbringen. **Deshalb teilen sie auch das Jahr nicht in ebenso viele Abschnitte ein. Für Winter,**

> **Frühling und Sommer haben sie Begriff und Bezeichnung; der Herbst ist ihnen unbekannt, der Name ebenso wie die Gaben.** (Übersetzung: Fuhrmann, 2000)

Tacitus benutzt im lateinischen Original den Begriff *ver* als Namen für diese frühjährliche Jahreszeit. Da die Bezeichnungen Lenz und Frühling sprachgeschichtlich jüngeren Datums sind, kann man vermuten, dass diese Jahreszeit bei den Germanen mit dem bis heute in den skandinavischen Sprachen vorkommenden und etymologisch verwandten Begriff in *vár* (altnordisch) bezeichnet wurde. Hierfür finden wir eine ganze Reihe von etymologischen Verwandtschaften: Neuisländisch: *vor* (Frühling), Färingisch: *vár*, Norwegisch und Dänisch: *vaar*, Schwedisch: *vår*, Mittelenglisch: *ware*, *wayre*, modernes Englisch *vernal* (frühlingshaft), Orkneyisch/Norn: *vore*, Shetländisch/Norn: *vor* (Frühlingsarbeit), Altniederfränkisch: *wars*, Griechisch: *uesr*, Altirisch: *vasar* (früh), Avestisch: *vanri* (Frühling), Litauisch: *vasara* (Sommer), Altfriesisch: *wars*, *wers*, Nordfriesisch: *urs*, Lateinisch: *vernus* (sommerlich), Altslavisch *vesna* (Frühjahr), die sich auf die indogermanische Wurzel **ues* (leuchten) zurückführen lassen (Jan de Vries, ‚Altnordisches Etymologisches Wörterbuch', 1962 und Alexander Johannessons ‚Isländisches etymologisches Wörterbuch', 1954).

Bei einer Dreiteilung des Jahres besteht jede Jahreszeit aus vier Monaten. So bilden Februar, März, April und Mai den Frühling; Juni, Juli, August und September den Sommer und Oktober, November, Dezember und Januar den Winter.

Bei den Franken kennen wir *tria generalia placita* – drei ungebotene Gerichte (Lacomblet, 1840) und bei den Angelsachsen *þriwa on geare burhgemot* – drei Bürger-Meetings (um den etymologisch verwandten Anglizismus zur Übersetzung heranzuziehen; de Vries, 1956), die alle eine Dreiteilung des Jahres nahelegen.

Alles in allem bleibt der bei Tacitus erwähnte dreigeteilte Jahreskreis bei den Germanen äußerst fraglich. Bei den vermeintlichen Festlichkeiten beim Übergang zwischen den drei Jahreszeiten sowie bei den drei jährlichen Gerichtsversammlungen scheinen römische Einflüsse eine tragende Rolle gespielt zu haben. Hier sei insbesondere darauf hingewiesen, dass das römische Jahr im Februar (siehe Exkurs I) endete und das neue Jahr im März begann. Es ist durchaus wahrscheinlich, dass insbesondere die Rhein-Weser-Germanen sowie Teile der Elbgermanen unter römischem Einfluss zunächst den Lunisolarkalender der römischen Republik und später den rein solaren julianischen Kalender bereits vor ihrer Christianisierung übernommen haben.

10. Die Hohen Zeiten des germanischen Jahreskreises – Die Fest- und Feiertage

Zu Beginn eine kurze Vorbemerkung: In dieser Abhandlung sprechen wir von den Festtagen bei den Germanen vor dem Hintergrund des gebundenen Mondkalenders, der hier zuvor beschrieben wurde. Das Ganze soll in einem historischen, also quellenbasierten, Kontext stehen. Mit validen Quellen sind hier vor allem die skandinavischen Sagas, die Runenkalender (*Primstäbe*/Rîmstöcke) und etliche außerskandinavische, zumeist lateinische Schriften wie die von Beda Venerabilis (*De mensibus anglorum*) gemeint.

Begibt man sich jedoch im Internet auf die Suche nach den Feiertagen bei den Germanen, stößt man hauptsächlich auf Seiten, die einen achtgeteilten Jahreskreis, das sogenannte „achtspeichige Jahresrad" auf der Basis der Sonnenwenden, der Tag-und-Nacht-Gleichen und von vier dazwischenliegenden Mondfesten, präsentieren. Dieser Jahreskreis hat keinerlei historische Grundlage. Obwohl dieser offensichtlich sehr populär in neuheidnischen Kreisen, insbesondere im *Wicca* und im eklektischen Ásatrú (*Asatro*) ist, gibt es soweit keinerlei verifizierbare Hinweise, dass solch ein Jahreskreis die Grundlage für die Jahreskreisfeste bildete. Ähnlich ist die Situation bei den keltischen Jahreskreisfesten, denn auch die Gallier benutzten einen lunisolaren Kalender, wie wir an den Beispielen von Coligny und Villards d'Heria sehen (Olmstedt, 1992). Falls man je solche Vorstellungen verinnerlicht hatte, sollte man sich zunächst von diesen trennen!

Abb. 22: Primstäbe aus Vegusdal in Aust-Agder ausgestellt im Norsk Folkemuseum (Winter- und Sommerseite)

10.1. Die Sonnenbindung über die beobachtbare Wintersonnenwende

10.1.1. Die Mütternacht (*Modranecht*)

Im gebundenen Mondkalender der Germanen erfolgte die Bindung an das Sonnenjahr mit Hilfe der bereits genannten Schaltregeln über die (beobachtbare) Wintersonnenwende. Die Wintersonnenwende ist damit die einzige wirklich solar fixierte Festzeit des germanischen Lunisolarkalenders. (Wie wir später sehen werden, war der Termin für das Allding im Bezug zum Sommerbeginn so definiert, dass es zur Sommersonnenwende stattfand.) Einen Hinweis auf die Bedeutung der Wintersonnenwende als Festtag finden wir in der wohl detailiertste Beschreibung eines germanischen Jahreskreises bzw. Kalenders und zwar bei Beda Venerabilis in seiner Beschreibung der angelsächsischen Monate – *De mensibus anglorum*. Beda berichtet:

> Sie begannen das Jahr an der 8. Kalendae vor Beginn des „Januars“, wenn wir die Geburt des „Herrn“ feiern. Diese Nacht der Nächte, die uns so heilig ist, wird von ihnen mit dem heidnischen Namen **Modranecht** bezeichnet, was „Mütternacht“ bedeutet, wahrscheinlich wegen der Zeremonien, die sie (wie wir vermuten) die ganze Nacht hindurch durchführen.

Wie im entsprechenden Abschnitt über die Monate der Angeln bereits geschrieben, entsprechen hier die 8. Kalendae vor Beginn des Januars dem **25. Dezember**^{J}. Der 25. Dezember war initial der im Jahre 45 v. Chr. durch Julius Caesar festgelegte Termin der Wintersonnenwende (siehe Exkurs II). Hierbei gilt es zu beachten, dass sich Beda mit dem 25. Dezember^{J} wahrscheinlich auf den julianischen Kalender seiner Zeit, d.h. das 7. Jahrhundert, bezieht. Der julianische Kalender besitzt eine Abweichung von einem Tag in 128 Jahren. Zu Bedas Zeiten gab es also eine Differenz von etwa sechs Tagen zwischen astronomischer Wintersonnenwende und dem Datum des 25. Dezembers^{J}. Trotz all dieser Diskrepanzen galt in der kirchlichen Kalenderrechnung der 25. Dezember^{J} weiterhin als offizieller (proklamierter) Termin der (im Jahre 45 v. Chr. beobachtbaren) Wintersonnenwende und im Wochenkalender sogar als Neujahrstag. Die hier von Beda beschriebene *Mütternacht* entspricht intentionell also der beobachtbaren Wintersonnenwende. Den entsprechenden Monat sowie den darauf folgenden Monat benennt er mit *giuli*. Das Jól- oder Mittwinterfest, nach dem die Monate benannt sind, findet, wie wir sehen werden bzw. anhand der Schaltregeln bereits erfahren haben, nicht unmittelbar zur Wintersonnenwende statt, ist aber über die Jólmondregel mit der Wintersonnenwende terminlich assoziiert. Der von Beda überlieferte Name der Wintersonnenwende – *Mütternacht* – weist höchstwahrscheinlich auf einen Festtag hin, der mit dem Matronenkult, zumindest in England zur Zeit Bedas, assoziiert war (Shaw, 2002).

Abb. 23: Detail des Altars der Aufanischen Matronen unter dem Bonner Münster

10.1.2. Das Ende der Polarnacht – Erstes Erscheinen der Sonne nach der Wintersonnenwende

In seinem Bericht *De Bello Gothico* – über den *Gothischen Krieg* berichtet Procop (*Procopios von Caesarea*) über ein Fest anlässlich des ersten Sonnenerscheinens kurz vor Ende der vierzigtägigen Polarnacht auf der Insel Thule. Die entsprechende Textpassage (Gotenkrieg II, 15) lautet wie folgt:

Ἔστι δὲ ἡ Θούλη μεγίστη ἐς ἄγαν. Βρεττανίας γὰρ αὐτὴν πλέον ἢ δεκαπλασίαν ξυμβαίνει εἶναι κεῖται δὲ αὐτῆς πολλῷ ἄποθεν πρὸς βορρᾶν ἄνεμον. ἐν ταύτῃ τῇ νήσῳ γῆ μὲν ἔρημος ἐκ τοῦ ἐπὶ πλεῖστον τυγχάνει οὖσα, ἐν χώρᾳ δὲ τῇ οἰκουμένῃ τριακαίδεκα ἔθνη πολυανθρωπότατα ἵδρυται· βασιλεῖς τέ εἰσι κατὰ ἔθνος ἕκαστον. ἐνταῦθα γίνεται ἀνὰ πᾶν ἔτος θαυμάσιον. ὁ γὰρ ἥλιος ἀμφὶ θερινὰς μὲν τροπὰς μάλιστα ἐς ἡμέρας τεσσαράκοντα οὐδαμῆ δύει, ἀλλὰ διηνεκῶς ἐς πάντα τοῦτον τὸν χρόνον ὑπὲρ γῆς φαίνεται. μησὶ δὲ οὐχ ἧσσον ἢ ἓξ ὕστερον ἀμφὶ τὰς χειμερινὰς τροπὰς ἥλιος μὲν ἐς ἡμέρας τεσσαράκοντα τῆς νήσου ταύτης οὐδαμῆ φαίνεται, νὺξ δὲ αὐτῆς ἀπέραντος κατακέχυται· κατηφειά τε ἀπ› αὐτοῦ ἔχει πάντα τοῦτον τὸν χρόνον τοὺς τῇδε ἀνθρώπους, ἐπεὶ ἀλλήλοις ἐπιμίγνυσθαι μεταξὺ οὐδεμιᾷ μηχανῇ ἔχουσιν.

ἐμοὶ μὲν οὖν ἐς ταύτην ἰέναι τὴν νῆσον τῶν τε εἰρημένων αὐτόπτῃ γενέσθαι, καίπερ γλιχομένῳ, τρόπῳ οὐδενὶ ξυνηνέχθη. τῶν μέντοι ἐς ἡμᾶς ἐνθένδε ἀφικομένων ἐπυνθανόμην ὅπη ποτὲ οἷοί τε ἀνίσχοντος ἔιτε δύοντος τοῖς καθήκουσι χρόνοις ἐνταῦθα ἡλίου. οἵπερ ἐμοὶ λόγον ἀληθῆ τε καὶ πιστὸν ἔφρασαν.

τὸν γὰρ ἥλιόν φασι τεσσαράκοντα ἡμέρας ἐκείνας οὐ δύειν μὲν, ὥσπερ εἴρηται, φῶς δὲ τοῖς ταύτῃ ἀνθρώποις φαίνεσθαι πὴ μὲν πρὸς ἕω, πὴ δὲ πρὸς ἑσπέραν. ἐπειδὰν οὖν ἐπανιὼν αὖθις ἀμφὶ τὸν ὁρίζοντά τε γινόμενος ἐς τὸν αὐτὸν ἀφίκηται χῶρον, οὗπερ αὐτὸν ἀνίσχοντα τὰ πρῶτα ἑώρων, ἡμέραν οὕτω καὶ νύκτα μίαν παρῳχηκέναι διαριθμοῦνται.

καὶ ἡνίκα μέντοι ὁ τῶν νυκτῶν χρόνος ἀφίκηται, τῆς γε σελήνης τῷ ὁρᾶσθαι ἀεὶ τοῖς δρόμοις τεκμηριούμενοι τὸ τῶν ἡμερῶν λογίζονται μέτρον. ὁπηνίκα δὲ πέντε καὶ τριάκοντα ἡμερῶν χρόνος τῇ μακρᾷ ταύτῃ

διαδράμοι νυκτὶ, στέλλονταί τινες ἐς τῶν ὀρῶν τὰς ὑπερβολὰς, εἰθισμένον αὐτοῖς τοῦτό γε, τόν τε δὴ ἥλιον ἀμηγέπη ἐνθένδε ὁρῶντες ἀπαγγέλλουσι τοῖς κάτω ἀντρώποις, ὅτι δὴ πέντε ἡμερῶν ἥλιος αὐτοὺς καταλάμψοι. οἱ δὲ πανδημεὶ πανηγυρίζουσιν εὐαγγέλια καὶ ταῦτα ἐν σκότῳ. αὕτη τε Θουλίταις ἡ μεγίστη τῶν ἑορτῶν ἐστι. δοκοῦσι γάρ μοι περιδεεῖς ἀεὶ γίνεσθαι οἱ νησιῶται οὗτοι, καίπερ ταὐτὸ ξυμβαῖνον σφίσιν ἀνὰ πᾶν ἔτος, μή ποτε αὐτοὺς ἐπιλείποι τὸ παράπαν ὁ ἥλιος.
(Procopios von Caesarea, De Bello Gothico II,15)

Thule ist eine sehr große Insel, über zehnmal größer als Britannien, sie liegt von dort noch weit gen Norden. Der größte Teil der Insel ist wüst, auf dem bebauten Teile wohnen 13 Stämme mit je einem König. Hier begibt sich alljährlich etwas Verwunderliches. Die Sonne geht nämlich um die sommerlichen Wenden auf ungefähr 40 Tage nicht unter, sondern scheint diese ganze Zeit hindurch über der Erde. Nach nicht weniger als sechs Monaten später um die winterlichen Wenden scheint die Sonne auf dieser Insel auf 40 Tage überhaupt nicht, endlose Nacht strömt einher. In Traurigkeit leben die dortigen Menschen diese ganze Zeit, da sie inzwischen auf keine Weise Verkehr pflegen können.

Nach dieser Insel zu gelangen und das Gesagte mit eigenen Augen zu sehen, ist mir, obgleich ich es dringend gewünscht habe, unter keinen Umständen gelungen. Jedoch habe ich Leute, die von dort zu uns kamen, gefragt, wie überhaupt sie imstande seien, das Maß des Tages zu erschließen, wenn in den dort üblichen Fristen die Sonne weder auf- noch untergehe. Diese gaben mir wahrhaften und vertrauenswürdigen Bericht.

Die Sonne gehe jene 40 Tage in der Tat nicht unter, wie gesagt worden, Licht scheine den dortigen Menschen bald gen Osten, bald gen Westen. Nachdem nun rückkehrend die Sonne um den Himmelsrand herumgelangt zu demselben Orte komme, wo sie sie in früheren Zeiten, früher aufsteigen sahen, zählen sie dies als den Verlauf von einem Tage und einer Nacht.

> Wann aber die Zeit der Nächte gekommen sei, berechnen sie das Maß der Tage, indem sie es beständig aus den Umläufen des Mondes und der Sterne folgern. Sobald aber 35 Tage dieser langen Nacht vorüber sind, werden einige auf die äußeren Höhen der Berge gesandt, und zwar ist dies dort Sitte, welche von dort auf irgendeine Weise die Sonne sehen und den Leuten drunten melden, daß in fünf Tagen die Sonne sie beleuchten werde. Die frohe Botschaft feiern sie mit dem ganzen Volke, und zwar noch in der Finsternis. Und dies ist der Thulebewohner größtes Fest. Mir scheint es, daß diese Inselbewohner in großer Sorge sind, es möchte ihnen die Sonne, wenn ihre Wiederkehr sich ihnen auch jedes Jahr wiederholt, doch einmal ganz ausbleiben. (Quelle: Procopios von Caesarea, de bello gothico 2, 15 ed. Haury II (1905), S. 215 ff)

Der Name Thule wurde erstmals von dem griechischen Seefahrer Pytheas erwähnt. Thule war die nördlichste Anlaufstelle seiner um 300 v.Chr. durchgeführten Schiffsreise, die in *Massalia* (Marseille) startete, ihn um die iberische Halbinsel, an Britannien vorbei und über die Nordsee führte. Lange bestand darüber Unklarheit, welche Insel mit dem Begriff Thule gemeint war. Die geodätischen Analysen zur Entschlüsselung von Ptolemaios Atlas der Oikumene konnten jedoch zeigen, dass es sich bei Thule um die Insel Smøla bzw. um die Inselgruppe Smøla, Hitra und Frøya am Trondheimfjord handelt (Kleineberg *et al.* 2011). Wobei in der späteren antiken Literatur, so auch bei Prokop, mit dieser Insel Thule wohl ganz Norwegen bzw. die gesamte skandinavische Halbinsel gemeint war.

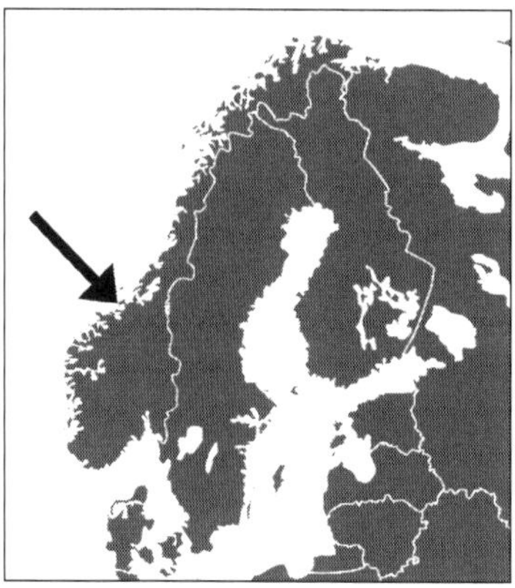

Abb. 24: Karte von Skandinavien: Der Pfeil deutet auf die ungefähre Lage der Insel Smøla/Thule

Die vierzig Nächte währende Polarnacht solle man nicht allzu genau nehmen, denn die Vierzig war in der Antike eine übliche Rundungszahl. Eine wirkliche Polarnacht wäre erst ab 67°10' nördlicher Breite beobachtbar. Smøla befindet sich jedoch bei 63° 24′ nördlicher Breite und 8° 0′ östlicher Länge. Das bedeutet, dass Procops Bericht aus noch weiter nördlichen Gebieten Skandinaviens stammen muß. In diesem wird eindeutig das Ende der Polarnacht, bzw. ein Fest 5 Tage vor dem Ende der Polarnacht als Feiertag beschrieben. Weiter südlich war, wie wir gesehen haben, die beobachtbare Wintersonnenwende selbst, d.h. die Mütternacht am 25. Dezember[G], von Festlichkeiten begleitet worden. Die Germanen, die kein *horologium augusti* zur Verfügung hatten, haben sicherlich auch einen ähnlichen Zeitverzug wie die Römer bei der Bestimmung der Wintersonnenwende hinnehmen müssen. Darüber hinaus bestätigt Procop hier, dass sich die Germanen stark am Mond orientierten, den sie zur Zeit der Polarnacht auch zur Bestimmung der Tage und nicht nur der Monate nutzten.

Tab. 6: Zusammenfassung der solar verankerten Festzeiten

Bezeichnungen des Festes	Datum (gregorianisch)*	Sinn der Festzeit
Mütternacht / *modranecht* Wintersonnen-sützfest / *vetrarsól-stöðubl*ót	24./25. Dezember[G]	Über die Wintersonnenwende wird das Mondjahr mit dem Sonnenjahr verbunden. Matronenverehrung (?)
Ende der Polarnacht	5 Tage vor Ende der Polarnacht (im Tal)	Sonnenverehrung

* Die Datumsangaben beziehen sich auf die beobachtbare WSW, für die astronomische WSW am 21./22. Dezember[G] sind entsprechend 3 Tage abzuziehen

10.2. Die mondgebundenen Festtage in der Tradition des zwei- bzw. vier geteilten Jahreskreises

Ein erster Hinweis für die Vollmondzeit als Festzeit bei den heidnischen Goten, d.h. bei dem gotischen Teilstamm der Terwingen, ist die wohl beabsichtigte Fehlübersetzung des Paulusbriefs an die Kolosser (lat. *Pauli epistula ad Colossenses*) durch den ersten Bischof der Terwingen *Wulfila*. Der Kolosserbrief ist Teil seiner gotischen Übersetzung der Bibel, der nach ihm benannten Wulfilabibel. Inhaltlich ist der Kolosserbrief eine Schelte des Apostels Paulus, der bei den Kolossern heidnisch-judaistische Tendenzen kritisiert. In Kapitel 2/16 des Kolosserbriefes heist es:

> Μὴ οὖν τις ὑμᾶς κρινέτω ἐν βρώσει καὶ ἐν πόσει ἢ ἐν μέρει ἑορτῆς ἢ **νεομηνίας** ἢ σαββάτων (Paulus von Tarsus)

> *nemo ergo vos iudicet in cibo aut in potu aut in parte diei festi aut* ***neomeniae*** *aut sabbatorum (Vulgata; Lateinische Bibel)*

> So lasset nun niemand euch Gewissen machen über Speise oder über Trank oder über bestimmte Feiertage oder **Neumonde** oder Sabbate (Lutherbibel, 1912)

> *ni manna nu izwis bidomjai in mata aiþþau in draggka aiþþau in dailai dagis dulþais aiþþau* ***fulliþe*** *aiþþau sabbatum (Wulfila, Wulfilabibel)*

Im Gegensatz zum Original, das eindeutig Feste zu Neumond (griech. νεομηνίας, lat. *neomeniae*) aufführt, überträgt Wulfilia die Passage mit einem Verweis auf Feste zu Vollmond (got. *fulliþe*). Den gotischen bzw. germanischen Begriff *fulleiþ* oder *fulliþs* haben wir bereits als *Winterfylleth* (Wintervollmond) in Beda Venerabilis' *De mensibus anglorum* kennengelernt. Offensichtlich addressiert Wulfilia hier die bei den noch heidnischen Goten gängige Praxis ihre Festmahle nach dem heidnischen Luni-Solar-kalender zu Vollmond abzuhalten (Wolfram, 2009 S. 120).

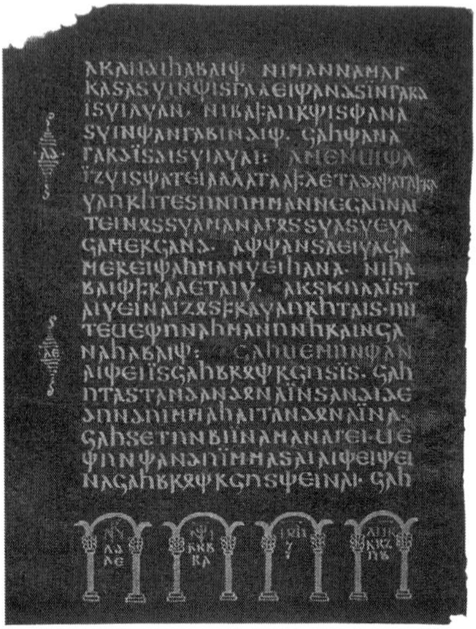

Abb. 25: Blatt 16v aus dem Codex Argenteus, einer Abschrift der Wulfilabibel

Auch die Nord- und Westgermanen benutzen, wie wir gesehen haben, für die Bestimmung ihrer religiösen Festtermine einen gebunden Mondkalender, in dem, wie in dieser Abhandlung verdeutlicht, Schaltmonate eingefügt wurden, um ihn mit dem Sonnenlauf abzustimmen. In diesem Kalender lagen Beginn und Ende eines jeden Monats auf einem Neumond. Im Gegensatz dazu begannen und endeten die Jahreszeiten mit einem Vollmond. So lagen dem Sprachgebrauch zufolge auch mehr oder minder alle Festtage auf oder unmittelbar vor einem Vollmondtermin, denn so wie das altnordische Wort *hádegi*, also Hochtag, die Mittagszeit mit dem höchsten Sonnenstand bezeichnete, so bezeichnen Begriffe wie *hátíðir* (Altnordisch für Festtag), *heáhtíd* (Altenglisch für Festtag) oder *diu hôha gezît* (Althochdeutsch für Festzeit), also die *Hoch-Zeit* oder die *hohen Gezeiten*, Termine mit einem Vollmond. Man vergleiche hier bitte mit den Begriffen *Hochzeit* im Sinne von Heiratsfest oder Brautlauf und die durch den Mond verursachten *Gezeiten*: Ebbe und Flut.

Gemäß der Quartalseinteilung des Jahres haben zumindest die Nordgermanen ihre Opfer *(blót)*, Trinkgelage *(drekka) und* Gastmähler *(veizla)* an den entsprechenden Quartalsübergängen abgehalten. Da man in Skandinavien das Jahr nur in zwei Jahreszeiten unterteilte, bedeutet dies, dass einerseits die Jahreszeitenanfänge und andererseits die Jahreszeitenmitten festlich begangen wurden. Es gibt einige Quellen, die diese Opfer zu den Quartalen aufzählen, allen voran der Abschnitt „Odins Gesetzgebung“ aus der *Ynglinga Saga*. Erstaunlicherweise werden hier immer nur drei Feste genannt. Das Mittsommerfest fehlt.

Ynglinga saga Kap. 8. Lagasetning Óðins.

Óðinn setti lög í landi sínu, þau er gengit höfðu fyrr með Ásum. Svá setti hann, at alla dauða menn skyldi brenna ok bera á bál með þeim eign þeirra; sagði hann svá, at með þvílíkum auðæfum skyldi hverr koma til Valhallar, sem hann hafði á bál; þess skyldi hann ok njóta, er hann sjálfr hafði í jörð grafit: en öskuna skyldi bera út á sjá eða grafa niðr í jörð. En eptir göfga menn skyldi haug gera til minningar; en eptir alla þá menn, er nökkut mannsmót var at, skyldi reisa bautasteina; ok hélzt sjú siðr lengi síðan. Þá skyldi blóta ***í móti vetri*** *til árs, en* ***at miðjum vetri*** *blóta til gróðrar, hit* ***þriðja at sumri, þat var sigrblót****. Um alla Svíþjóð guldu menn Óðni skatt, penning fyrir nef hvert, en hann skyldi verja land þeirra fyrir úfriði ok blóta þeim til árs...*

Kap. 8 Odins Gesetzgebung

Odin führte nun die Gesetze ein in seinem Lande, die seit alters her bei den Asen gegolten hatten. So bestimmte er, daß alle Toten verbrannt würden und daß all ihre bewegliche Habe mit auf den Scheiterhaufen gelegt werden sollte. Denn er sagte, jeder solle mit so reichem Besitz nach Valhall kommen, als auf seinem Scheiterhaufen bei ihm gewesen sei. Dort sollte er auch die Schätze besitzen, die er in der Erde vergraben hätte. Die Asche aber sollte man in die See streuen oder in der Erde vergraben. Über vornehmen Männern aber sollte ein Grabhügel errichtet werden zu ihrem Gedächtnis. Aber zur Erinnerung an besonders mannhafte Männer sollte man Bautasteine errichten. Und dieser Brauch hielt sich noch lange nachher.

Geopfert werden sollte **gegen die Winterszeit** für ein gutes Jahr und **im Mittwinter** für das Frühlingswachstum. Das **dritte Jahresopfer aber im Sommer, das war das Siegesopfer**. In ganz Schweden zahlte man dem Odin Abgaben, jedermann einen Pfennig. Er aber mußte das Land gegen Krieg schützen und für das Volk um ein glückliches Jahr opfern ...
(Übersetzung: Felix Niedner, 1965)

In der Geschichte von *Asbjørn Selsbane* (in der Ólafs saga helga) findet sich eine Stelle über die Blótfeste von Sigurd Toresson aus Trondenes, die auch diese drei Feste nennt:

> *Heimskringla – Ólafs saga helga – Kap. 117. Upphaf sögu Selsbana*
> *Hann var því vanur meðan heiðni var að hafa þrjú blót* ***hvern vetur****, eitt* ***að veturnóttum****, annað* ***að miðjum vetri****, þriðja* ***að sumri****.*
>
> Er [Sigurd] hielt üblicherweise, so lange das Heidentum bestand hatte, jeden Winter drei Blótfeste ab: **eines zur Winternacht, ein zweites zur Mitte des Winters und ein drittes zum Sommer** ... (Übersetzung: Felix Niedner, 1965)

Hier sollte man beachten, dass hier der Ausdruck „jeden Winter" – *hvern vetur* – gebraucht wurde, der zwar als Synonym für Jahr steht bzw. stehen kann, aber in einem engeren Sinne auch einfach nur das Winterhalbjahr bezeichnet. In dem Sinne mag es nicht verwunderlich erscheinen, dass hier kein Mittsommerfest mit aufgezählt wurde. Gleichfalls könnte man aus dem *Ynglinga Saga*-Abschnitt „Odins Gesetzgebung" auch einfach nur schlussfolgern, dass ein Mittsommerfest einerseits nicht von Odin festgelegt wurde bzw. im Sinne einer mythologischen Interpretation der *Ynglinga Saga* sowie im Gegensatz zu den anderen drei Festen keinen Aspekt der Odinsverehrung besaß.

Ein drittes Mal finden wir die Aufzählung der drei Hauptopferfeste in der Saga von Olaf Haraldsson aus der Heimskringla.

> *109. Heimskringla -Ólafs saga Helga*
> *... „Það er yður satt að segja konungur ef eg skal segja sem er að inn um Þrándheim er nálega allt fólk alheiðið í átrúnaði þótt sumir menn séu þar skírðir. En það er siður þeirra að hafa* ***blót á haust og fagna þá vetri****, annað* ***að miðjum vetri*** *en hið þriðja* ***að sumri, þá fagna þeir sumri****. Eru að þessu ráði Eynir og Sparbyggjar, Verdælir, Skeynir. Tólf eru þeir er fyrir beitast um blótveislurnar og á nú Ölvir í vor að halda upp veislunni. Er hann nú í starfi miklu á Mærini og þangað eru til flutt öll föng þau er til þarf að hafa veislunnar."* ...

<u>109. Die Erschlagung Ölvirs von Egge</u>

Thoraldi versetzte: „Dies muß ich wahrheitsgemäß berichten, König, wenn ich erzählen soll, wie die Dinge liegen. In ganz Inner-Drontheim ist fast das ganze Volk heidnisch in seinem Glauben, wenn auch einige Männer dort getauft sind. Nun ist es ihr alter Brauch, **im Herbst ein Opferfest** zu begehen, **um den Winter zu begrüßen**, **ein zweites zu Mittwinter und ein drittes zum Sommer, um den Sommer zu begrüßen**. So ist es Brauch bei den Bewohnern der Inseln wie bei denen von Sparbuen, von Verdalen und von Skogn. Dort sind zwölf Männer, die es auf sich nehmen, die Opferfeste zu leiten, und jetzt im nächsten Frühjahr ist Ölvir daran, das Fest zu geben. Eben weilt er in großer Geschäftigkeit in Mære, und dorthin hat man alles Gut gebracht, was man zur Veranstaltung des Festes braucht.“ (Übersetzung: Felix Niedner, 1965)

Neben der Nennung der drei Hauptopferfeste ist hier vor allem die zusätzliche Information, dass diese Feste von zwölf Organisatoren veranstaltet wurden, interessant.

10.2.1. Das Winternächteopfer – *vetrnóttablót, dísablót, álfablót, haustbóð, Winterfilleth,* Tamfana-Opfer

Wie bereits erwähnt, fing bei den Germanen das Jahr mit dem Winterbeginn, d.h. mit den Winternächten an, so dass wir auch hier mit den entsprechenden Festlichkeiten zu den Winternächten beginnen. So erfahren wir in der Saga von Olaf Haraldsson aus der Heimskringla von einem herbstlichen Opferfest in Inner-Trondheim zu den Winternächten:

107. Það ***haust*** *voru sögð Ólafi konungi þau tíðindi innan úr Þrándheimi að bændur hefðu þar haft* ***veislur*** *fjölmennar* ***að veturnóttum****. Voru þar drykkjur miklar. Var konungi svo sagt að þar væru minni öll signuð ásum* ***að fornum sið****. Það fylgdi og þeirri sögn að þar væri drepið naut og hross og roðnir stallar af blóði og framið blót og veittur sá formáli að það skyldi vera til árbótar. Það fylgdi því að öllum mönnum þótti það auðsýnt að goðin höfðu reiðst því er Háleygir höfðu horfið til kristni...*

107. In diesem **Herbst** erhielt der König Nachrichten aus Inner-Drontheim, daß die Bauern dort vielbesuchte **Opferfeste** zu den **Winternächten** abhielten und daß es dort große Trinkgelage gebe. Dem König wurde erzählt, daß dort Minnebecher (Erinnerungsbecher) zu Ehren der Änse (Æsir) **nach firner Sitte** (der alten heidnische Religion) gesegnet wurden. Dem wurde hinzugefügt, daß Rinder und Pferde geschlachtet und die Harge (Altäre) mit ihrem Blut besprengt wurden. Die Opfer wurden von einem Gebet für ertragreiche Ernten begleitet. Es wurde auch berichtet, daß alle Menschen deutlich erkannten, daß die Götter erzürnt waren, weil die Menschen aus dem Halogaland zum Christentum übertraten ... (eigene Übersetzung)

Der erste Wintertag, an dessen Abend, der Saga zufolge, gefeiert wurde, ist auf dem *Primstav*, dem Wormianischen Kalender (siehe oben) und auf dem Gudbrandsdaler Runenkalender für den 13. Oktober[J] verzeichnet, also in der Mitte des zehnten (julianischen) Monats, was eindeutig, einen Mondkalender zugrunde gelegt, auf einen Vollmondtermin weist. Dieser Tag war der kalenderfixierte Beginn der Winternächte (an. *vetrnætr*). Hiervon abgeleitet wurde das Fest an diesen Tagen oder besser in den dazugehörigen Nächten als ***vetrnóttablót*** (Winternächteopfer) bezeichnet. Im Kapitel 10 der ***Gísla Saga Súrssonar*** finden wir, dass laut der folgenden Passage ausgiebige Gastmähler zu diesem Fest veranstaltet wurden.

Gísla Saga Súrssonar 10. kafli

... *Og líður nú svo sumarið og kemur* ***að veturnóttum****. Það var þá margra manna siður* ***að fagna vetri*** *í þann tíma og hafa þá* ***veislur og veturnáttablót*** *en Gísli lét af blótum síðan hann var í Vébjörgum í Danmörku en hann hélt þó sem áður veislum og allri stórmennsku. Og nú aflar hann til veislu mikillar þá er svo líður stundum sem áður var getið. Hann býður til veisluþeim báðum nöfnum, Þorkatli Eiríkssyni og Þorkatli auðga og mágum sínum, Bjartmarssonum og mörgum öðrum vinum og félögum* ... (http://www.snerpa.is/net/isl/gisl.htm)

10. Thorkel trennt sich von Gisli. Festvorbereitungen

... Nun verging der Sommer und **die Winternächte** kamen heran. Es war damals allgemein Sitte, daß man **den Winter** um diese Zeit **mit Gastmählern und dem Winteranfangsopfer** feierte. Gisli unterließ

> die Opfer, seitdem er in Viborg in Dänemark gewesen war; aber er veranstaltete wie früher ganz großartige Gastmähler. Als es nun so weit war, rüstete er ein großes Gastmahl. Er lud die beiden Namensvettern, dazu: Thorkel Eirekssohn und den reichen Thorkel und seine Schwäger, die Bjartmarssöhne, und viele andere Freunde und Fahrtgenossen ... (Übersetzung: Heusler & Ranke, 1922)

Des Weiteren schildert Kapitel 15 der *Gísla Saga Súrssonar* Opfer **für den Gott** *Frey* und große Trinkgelage während der Winternächte.

> *Gísla Saga Súrssonar 15. kafli*
>
> *Tókust nú upp* ***leikar*** *sem ekki hefði í orðið. Eigu þeir mágar oftast leik saman, Gísli og Þorgrímur, og verða menn eigi á sáttir hvor sterkari er en þó ætla flestir Gísla aflameiri. Þeir leika* ***knattleika*** *á tjörn þeirri er Seftjörn heitir; þar var jafnan fjölmennt.*
>
> *Það var einn dag þá er flesta lagi var komið að Gísli bað jafnlega skipta til leiksins. „Það viljum vér víst," segir Þorkell, „enda viljum vér að þú sparir þá ekki af við Þorgrím því að það orð flýst af að þú sparist við; en eg ynni þér allvel að þú fengir sem mesta virðing af ef þú ert sterkari."*
>
> *„Ekki höfum við það reynt hér til," segir Gísli, „en þó má það vera að þar komi að við reynum."*
>
> *Nú leika þeir og hefur Þorgrímur ekki við, felldi Gísli hann og bar út knöttinn. Þá vill Gísli taka knöttinn en Þorgrímur heldur honum og lætur hann eigi því ná. Þá fellir Gísli svo hart Þorgrím svo að hann hafði ekki við og af gekk skinnið af hnúunum en blóð stökk úr nösunum; af gekk og kjötið af knjánum. Þorgrímur stóð seint upp; hann leit til haugsins Vésteins og mælti:*
>
> *7. Geirr í gumna sárum*
> *gnast; kannkat þat lasta.*
>
> *Gísli tók knöttinn á skeiði og rekur á milli herða Þorgrími svo að hann steypist áfram og mælti:*
>
> *8. Böllr á byrðar stalli*
> *brast; kannkat þat lasta.*

Þorkell sprettur upp og mælti: «Nú má það sjá hver sterkastur er eða mestur atgervismaður er og hættum nú.» Og svo gerðu þeir. Tókust nú af leikarnir og líður á sumarið og fækkaðist nú heldur með þeim Þorgrími og Gísla. Þorgrímur ætlaði ***að hafa haustboð að veturnóttum*** *og* ***fagna vetri*** *og* ***blóta Frey*** *og býður þangað Berki bróður sínum og Eyjólfi Þórðarsyni og mörgu öðru stórmenni. Gísli býr og til veislu og býður til sín mágum sínum úr Arnarfirði og Þorkötlum tveimur og skorti eigi hálft hundrað manna að Gísla. Drykkja skyldi vera að hvorratveggja og var stráð gólf á Sæbóli af sefinu af Seftjörn...* (http://www.snerpa.is/net/isl/gisl.htm)

15. Das Schlagballspiel. Festvorbereitungen

Sie nahmen nun ihre **Wettspiele** wieder auf, als ob nichts geschehen wäre. Besonders oft spielten Gisli und Thorgrim zusammen, die beiden Schwäger, und die Umstehenden wurden sich nicht einig, wer der Stärkere war; doch hielten die meisten Gisli dafür.

Sie spielten **Schlagball (knattleikr)** am Binsenteich; da waren immer viele Leute. Eines Tages, als gerade besonders viele gekommen waren, meinte Gisli, man solle zwei gleich starke Parteien bilden. „Das wollen wir gern," sagte Thorkel; „aber wir wünschen dann auch, daß du Thorgrim gegenüber nicht zurückhälst; denn die Leute reden schon darüber. Ich würde es dir von Herzen gönnen, daß du alle Ehre davon hast, wenn du der Stärkere bist." – „Noch haben wir das nicht erprobt," sagte Gisli: „Aber es kann wohl noch einmal dazu kommen, daß wir's erproben."

Nun spielten sie, und Thorgrim kam gegen Gisli nicht auf, sondern Gisli brachte ihn zu Fall und der Ball flog über die Grenze. Da wollte Gisli den Ball holen, aber Thorgrim hielt ihn auf und ließ ihn nicht heran. Da warf Gisli ihn so hart zu Boden, daß ihm die Haut von den Fingergelenken ging und das Blut aus der Nase sprang. Thorgrim stand langsam auf. Er sah nach Vesteins Hügel hinüber und sagte:

7. Schüttert' in Wund' des Streiters
Speer. Kann da nichts tadeln.

Gisli faßte den Ball im Lauf und traf Thorgrim mitten zwischen die Schultern, so daß er kopfüber hinstürzte; und sagte dabei:

> 8. Böllert' auf Bürdens Stelle
> Ball. Kann da nichts tadeln.
>
> Da sprang Thorkel auf und sagte: „Nun ist es entschieden, wer der Stärkere ist und der Geschickteste, nun wollen wir aufhören." Das taten sie auch. Die Spiele wurden abgebrochen und der Sommer ging hin. Zwischen Gisli und Thorgrim wurde es merklich kühler.
> Thorgrim wollte **zu den Winternächten ein Herbstgastmahl** geben, **den Winter begrüßen** und **dem Frey ein Opfer bringen**. Er lud seinen Bruder Börk dazu ein und Eyjolf, Thords Sohn, aus Otterntal und viele andere namhafte Männer. Auch Gisli rüstete ein Gelage und lud seine Schwäger aus dem Adlerfjord und die beiden Thorkels dazu ein. Nicht weniger als sechzig Leute kamen zu Gisli. Auf beiden Höfen sollte ein großes Trinken stattfinden. Auf Seehof war der Estrich mit Binsen vom Teich bestreut ... (Übersetzung: Heusler & Ranke, 1922)

Darüber hinaus finden wir hier den Begriff ***haustboð að veturnóttum***, was soviel wie „Herbst-Gastmahl zu den Winternächten" bedeutet.

Auch der Gode Snorri der *Eyrbyggja Saga* (Kapitel 37) hat seinerzeit zu einem Herbst-Gastmahl und Trinkgelage zu den Winternächten eingeladen:

> *Annað haust eftir að veturnóttum hafði Snorri goði haustboð mikið og bauð til vinum sínum. Þar var öldrykkja og fast drukkið.* (http://sagadb.org/eyrbyggja_saga#31)
>
> Im folgenden Herbst lud Snorri der Gode zu den Winternächten all seine Freunde zu einem Herbstgastmahl ein. Dort gab es ein Trinkgelage, bei dem viel Bier getrunken wurde. (Eigene Übersetzung)

Auch das Szenarium des Schlagballspiels in der *Gísla Saga Súrssonar* ist nicht zufällig, denn wie es auch die *Eyrbyggja Saga* (Kapitel 43) berichtet, wurden zur Zeit der Winternächte Ballspiele wie das dem Hurley und Hockey ähnliche ***knattleikr*** sowie andere Spiele gespielt.

Eyrbyggja saga 43. kafli

..Það var siður Breiðvíkinga ***um haustum*** að þeir höfðu ***knattleika um veturnáttaskeið*** *undir Öxlinni suður frá Knerri. Þar heita síðan Leikskálavellir, og sóttu menn þangað um alla sveitina. Voru þar gervir leikskálar miklir. Vistuðust menn þangað og sátu þar hálfan mánuð eða lengur..* (http://sagadb.org/eyrbyggja_saga)

43. Der Knecht Egil

Bei den Leuten im Breitfjord war es **im Herbst** Brauch, **zur Zeit der Winternächte** unterhalb der Achsel südlich von Knerr – die Ebene hieß später Spielbudenfelden – **Ballspiele (*knattleikr*)** abzuhalten, und dahin kamen die Männer aus der ganzen Gegend. Dort errichtete man manche große Spielbude. In diesen Buden hielt man sich auf und verweilte dort zur Spielzeit einen halben Monat oder länger ... (Übersetzung: Felix Niedner, 1964)

Eine Parallele hierzu finden wir bereits bei den Römern. Denn auch in der römischen Republik wurden Wettkämpfe und Spiele, die sogenannten *Ludi Romani* oder *Ludi Magni* im Herbst, genauer gesagt vom 5. bis –19. September (hier ist der eigentliche Lunarmonat gemeint) abgehalten. Ggf. bestand für diese Wettkampfspiele auch eine Verbindung mit dem Herbstding (an. haustþing) und dem damit assoziierten Heerbann (an. *leiðmót*).

Der *Viga-Glums Saga* zufolge wurde zur Zeit der Winternächte das sog. ***dísablót*** abgehalten.

Viga-Glums Saga 6. kafli

... Þar var veisla búin að ***veturnóttum*** *og gert* ***dísablót*** *og allir skulu þessa minning gera. Glúmur situr í rúmi sínu og gengur eigi til ...*

... Es wurde eine Opfergemeinschaft zusammengerufen, um ein **Disenopfer** zu den **Winternächten** zu veranstalten. Es wurde von allen erwartet, dass sie sich daran beteiligen, aber Glum saß in seinem Raum und ging nicht dorthin ... (Übersetzung: Ranisch & Vogt, 1964)

Die wohl genauste Beschreibung eines *dísablót* finden wir in der *Egils Saga*:

Egils **S***aga – 44. kafli*

Eiríkur konungur og Gunnhildur komu það sama kveld í Atley, og hafði Bárður þar búið veislu móti honum, og skyldi þar vera ***dísablót****, og var þar* ***veisla*** *hin besta og drykkja mikil inni í stofunni.*

Konungur spurði, hvar Bárður væri, -- „er eg sé hann hvergi."

Maður segir: „Bárður er úti og greiðir fyrir gestum sínum."

„Hverjir eru gestir þeir," segir konungur, „er hann lætur sér það skyldara en vera inni hér hjá oss?"

Maðurinn sagði honum, að þar voru komnir húskarlar Þóris hersis.

Konungur mælti: „Gangið eftir þeim sem tíðast og kallið þá inn hingað." Og var svo gert, sagt að konungur vill hitta þá.

Síðan ganga þeir. Fagnar konungur vel Ölvi og bað hann sitja gagnvert sér í öndvegi og þar förunauta hans utar frá. Þeir gerðu svo; sat Egill næstur Ölvi.

Síðan var þeim borið öl að drekka. Fóru minni mörg, og skyldi horn drekka í minni hvert. En er á leið um kveldið, þá kom svo, að förunautar Ölvis gerðust margir ofærir, sumir spjóu þar inni í stofunni, en sumir komust út fyrir dyr; Bárður gekk þá að fast að bera þeim drykk.

Þá tók Egill við horni því, er Bárður hafði fengið Ölvi, og drakk af; Bárður sagði, að hann þyrsti mjög, og færði honum þegar hornið fullt og bað hann af drekka. Egill tók við horninu og kvað vísu:

Sögðuð sverri flagða
sumbleklu ér, kumbla,
því telk, brjótr, þars blétuð,
bragðvísan þik, ***dísir****;*
leynduð alls til illa
ókunna þér runna,
illt hafið bragð of brugðit,
Báröðr, hugar fári.

Bárður bað hann drekka og hætta flimtun þeirri. Egill drakk full hvert, er að honum kom, og svo fyrir Ölvi.

Þá gekk Bárður til drottningar og sagði henni, að þar var maður sá, er skömm færði að þeim og aldregi drakk svo, að eigi segði hann sig þyrsta. Drottning og Bárður blönduðu þá drykkinn ólyfjani og báru þá inn; signdi Bárður fullið, fékk síðan ölseljunni; færði hún Agli og bað hann drekka. Egill brá þá knífi sínum og stakk í lófa sér; hann tók við horninu og reist á rúnar og reið á blóðinu. Hann kvað:

Rístum rún á horni,
rjóðum spjöll í dreyra,
þau velk orð til eyrna
óðs dýrs viðar róta;
drekkum veig sem viljum
vel glýjaðra þýja,
vitum, hvé oss of eiri
öl, þats Báröðr signdi.

Hornið sprakk í sundur, en drykkurinn fór niður í hálm. Þá tók að líða að Ölvi; stóð þá Egill upp og leiddi Ölvi utar til dyranna og hélt á sverði sínu. En er þeir koma að dyrunum, þá kom Bárður eftir þeim og bað Ölvi drekka brautfararminni sitt. Egill tók við og drakk og kvað vísu:

Ölvar mik, þvít Ölvi
öl gervir nú fölvan,
atgeira lætk ýrar
ýring of grön skýra;
öllungis kannt illa,
oddskýs, fyr þér nýsa,
rigna getr at regni,
regnbjóðr, Hávars þegna.

Egill kastar horninu, en greip sverðið og brá; myrkt var í forstofunni; hann lagði sverðinu á Bárði miðjum, svo að blóðrefillinn hljóp út um bakið; féll hann dauður niður, en blóð hljóp úr undinni. Þá féll Ölvir, og gaus spýja úr honum. Egill hljóp þá út úr stofunni; þá var **niðamyrkur** *úti; tók Egill þegar rás af bænum.*
En inni í forstofunni sáu menn, að þeir voru báðir fallnir, Bárður og Ölvir; kom þá konungur til og lét bera að ljós; sáu menn þá, hvað títt var, að Ölvir lá þar vitlaus, en Bárður var veginn, og flaut í blóði hans gólfið allt.
Þá spurði konungur, hvar sá væri hinn mikli maður, er þar hafði drukkið mest um kveldið, menn sögðu, að hann gekk út.

„Leitið að honum," segir konungur, „og látið hann koma til mín."
Var hans nú leita farið um bæinn, og fannst hann hvergi; en er þeir koma í eldahúsið, þá lágu þar margir menn Ölvis; konungsmenn spurðu, ef þar hefði nokkuð Egill komið.
Þeir segja, að hann hefði hlaupið þar inn og tekið vopn sín, -- «og gekk út eftir það.»
Þá var það sagt konungi; konungur bað menn sína fara sem hvatast og taka skip öll, þau er voru í eyjunni; «en á morgun, er ljóst er, skulum vér rannsaka alla eyna og drepa þá manninn.»

44. Kapitel – Egil ermordet Bard und flieht

König Erich und Gunnhild kamen an demselben Abend nach Atleå, und Bard hatte für sie ein Gelage veranstaltet. Es sollte ein ***Disenopfer*** stattfinden. Das **Gastmahl** war sehr gut und reichlicher Trunk in der Stube. Der König frug, wo Bard wäre – „ich sehe ihn nirgends". Ein Mann sagte: „Bard ist draußen und sorgt für seine Gäste." „Was sind denn das für Gäste", frug der König, „daß ihn dies wichtiger dünkt, als hier bei uns zu sein?" Der Mann sagte ihm, daß die Hausleute des Hersen Thorir gekommen wären. Der König sprach: „Gehe schnell zu ihnen und rufe sie herein!" So geschah's. Der Mann meldete, daß der König sie treffen wolle. Da gingen sie.

Der König empfing Ölvir freundlich und bat ihn, sich ihm gegenüber auf dem Hochsitz niederzulassen, seine Gefolgschaft aber weiter unten. Das taten sie: Egil aber saß Ölvir zunächst. Jetzt wurde ihnen Bier zum Trinken gebracht. Viele Erinnerungsbecher für Verstorbene kreisten, und bei jedem Gedächtnistrunk sollte ein Horn geleert werden. Und während so der Abend hinging, wurden viele Mannen Ölvirs schwer auf den Füßen. Einige spien in den Saal, andere gingen vor die Tür. Bard aber ging wacker hinzu und brachte ihnen Getränk. Da nahm Egil das Horn, das Bard dem Ölvir hingereicht hatte und trank es aus. Bard aber sagte, daß er großen Durst hätte, füllte ihm das Horn nochmals und bat ihn, es auszutrinken. Egil nahm das Horn und sprach folgende Weise:

Ale, sprachst erst du, fehlte.
Äxtebrecher neckst wohl!
Gönnst doch den Disen, Gauner,

Gleich die Opferreichung.
Hehltest all zu albern
Deine Arglist, Karger!
Lacht, Strolch, ob so schlechten
Scherzes doch ein Beherzter.

Bard bat ihn, zu trinken und diesen Spott zu lassen. Egil aber trank jedes Horn leer, das zu ihm kam, und ebenso für Ölvir.

Da ging Bard zur Königin und sagte, daß ein Mann da wäre, der ihnen Schmach bereite und nie soviel trinke, daß er nicht doch behaupten könne, er sei durstig. Die Königin und Bard mischten da einen Trank mit Gift und brachten ihn herein. Bard weihte den Becher mit dem Zeichen von Thors Hammer und händigte ihn dann der Schenkin ein. Sie brachte ihn Egil und forderte ihn auf, zu trinken. Egil aber zog sein Messer und stach sich in die Hand. Er nahm das Horn, ritzte Runen hinein, besticht sie mit Blut und sprach:

Runen ritzt ins Horn ich:
rot wie Blut sie lohten.
Wählte kernigen Wahlspruch
Wisents Hauptschmuck, ihr Disen:
Gern gutlauniger Dirnen
Goldigen Trank ich schwinge!
Was du, Bard, hier weihtest:
Wie's bekommt, jetzt siehe!

Da sprang das Horn entzwei und der Trank floß nieder auf die Streu. Nun hatte Ölvir genug getrunken. Egil stand auf, führte ihn zur Tür hinaus und nahm sein Schwert fest in die Hand. Da sie nun vor die Tür kamen, kam Bard hinter ihnen her und bat Egil seinen Abschiedstrunk zu tun. Egil nahm das Horn, trank und sprach folgende Weise:

Ale gib mir, denn Ölvir
Elend ward vom Aletrunk.
Auerhorns sprühende Schauer

Schwippt durch meine Lippen!
Speerregens Durchsteiger,
Schwer wirst du dich wehren:
Wilderen Regen wälzt dir,
Wicht, zu Egils Dichtung.

Dann warf er das Horn zu Boden, griff nach seinem Schwert und zückte es. In der Vorstube war es dunkel. Er stieß das Schwert mitten durch Bard, so daß die Spitze aus dem Rücken hervorragte. Tot stürzte er zu Boden, und das Blut floß aus der Wunde. Auch Ölvir fiel hin und spie gewaltig. Egil aber lief aus der Stube. Es war **dunkle mondlose Nacht** draußen, da Egil vom Gehöfte fortstürmte. In der Vorstube aber sahen die Mannen, daß beide gefallen waren, Bard und Ölvir. Jetzt kam auch der König und ließ Licht herbeischaffen. Die Männer sahen nun, was geschehen war, daß Ölvir besinnungslos dalag, Bard aber getötet war und der ganze Fußboden in seinem Blute schwamm. Da frug der König, wer der starke Mann wäre, der den Abend am meisten getrunken hätte. Die Männer sagten, er wäre hinausgegangen. „Man suche nach ihm“, sagte der König, „und bringe ihn zu mir!“.
Man machte sich nun daran, ihn im Gehöft zu suchen, fand ihn aber nirgends. Als sie aber in das heizbare Gemach kamen, lagen dort viele Mannen Ölvirs. Die Königsleute frugen, ob Egil etwa dahingekommen wäre. Sie erzählten, er wäre hereingelaufen gekommen und habe seine Waffen ergriffen – „dann aber ging er fort“. Dies ward dem Könige berichtet. Er gebot seinen Mannen, so schnell als möglich alle Schiffe zu rüsten, die auf der Insel wären – „morgen, sobald es tagt, werden wir die ganze Insel durchsuchen und dann den Mann erschlagen“.
(Übersetzung: Niedner, 1923)

Das etwas Verwunderliche hier ist, dass das *dísablót*, was, der *Viga-Glúms Saga* zufolge eindeutig auf die Winternächte datiert wurde, an einem Zeitpunkt stattfindet, an dem es *niðamyrkur* ist – also so dunkel, wie zu einer Zeit, wenn der Mond im Nid ist, so dass man hier sogar auf einen Neumondtermin spekulieren kann. Das ist durchaus möglich, wenn das Opferfest für die Disen hier schon nach dem nicht mehr lunaren Wochenkalender- bzw.

nach dem julianischen Kalendertermin gefeiert wurde. Andererseits kann es sich hier auch einfach um eine Beschreibung handeln und nicht um einen tatsächlichen Bezug zu einer Mondphase.

Ein weiteres Zeugnis für das Auftreten der Disen während eines Herbst-gastmahls (an. *haustboð*) zu den Winternächten liefert die Erzählung von Thidrandi und Thorhall.

Þiðranda Þáttur og Þórhalls

[...]

2. kafli

En er á leið sumarið tók Þórhallur mjög að ógleðjast. Hallur spurði hví það sætti.

Þórhallur svaraði: «Illt hygg eg ***til haustboðs*** *þessa er hér skal vera því að mér býður það fyrir að* ***spámaður*** *mun vera drepinn að þessi* ***veislu****."*

"Þar kann eg að gera grein á," segir bóndi. "Eg á uxa einn ***tíu vetra*** *gamlan þann er eg kalla* ***Spámann*** *því að hann er spakari en flest naut önnur. En hann skal* ***drepa að haustboðinu*** *og þarf þig þetta eigi að ógleðja því að eg ætla að þessi mín* ***veisla*** *sem aðrar skuli þér og öðrum vinum mínum verða til sæmdar."*

[...]

Veislan *var búin að* ***veturnóttum****. Kom þar fátt boðsmanna því að veður var hvasst og viðgerðarmikið.*

En er menn settust til borða um kveldið þá mælti Þórhallur: "Biðja vildi eg að menn hefðu ráð mín um það að engi maður komi hér út á þessi nótt *því að mikil mein munu hér á liggja ef af þessu er brugðið og hverigir hlutir sem verða í bendingum gefi menn eigi gaum að því, að illu mun furða ef nokkur ansar til."*

Hallur bað menn halda orð Þórhalls "því að þau rjúfast ekki," segir hann, "og er um heilt best að búa."

Þiðrandi gekk um beina. Var hann í því sem öðru mjúkur og lítillátur. En er menn gengu að sofa þá skipaði Þiðrandi gestum í sæng sína en hann sló sér niður í seti ystur við þili. En er flestir menn voru sofnaðir þá var kvatt dura og lét engi maður sem vissi. Fór svo þrisvar.

Þá spratt Þiðrandi upp og mælti: «Þetta er skömm mikil er menn láta hér allir sem sofi og munu boðsmenn komnir.»

Hann tók sverð í hönd sér og gekk út. Hann sá engan mann. Honum kom þá það í hug að nokkurir boðsmenn mundu hafa riðið fyrir heim til bæjarins og riðið síðan aftur í móti þeim er seinna riðu. Hann gekk þá undir viðköstinn og heyrði ***að riðið var norðan*** *á völlinn. Hann sá að það voru* ***konur níu*** *og voru* ***allar í svörtum klæðum og höfðu brugðin sverð í höndum****. Hann heyrði og* ***að riðið var sunnan*** *á völlinn. Þar voru og* ***níu konur, allar í ljósum klæðum og á hvítum hestum****. Þá vildi Þiðrandi snúa inn og segja mönnum sýnina en þá bar að konurnar fyrr, hinar svartklæddu, og sóttu að honum en hann varðist drengilega.*

3. kafli

En langri stundu síðar vaknaði Þórhallur og spurði hvort Þiðrandi vekti og var honum eigi svarað. Þórhallur kvað þá mundu ofseinað.
Var þá út gengið. Var á ***tunglskin*** *og frostviðri. Þeir fundu Þiðranda liggja særðan og var hann borinn inn. Og er menn höfðu orð við hann sagði hann þetta allt sem fyrir hann hafði borið. Hann andaðist þann sama morgun í lýsing og var lagður í haug að heiðnum sið. Síðan var haldið fréttum til um mannaferðir og vissu menn ekki vonir óvina Þiðranda*
Hallur spurði Þórhall hverju gegna mundi um þenna undarlega atburð.
Þórhallur svarar: «Það veit eg eigi en geta má eg til að þetta hafi engar konur verið aðrar en ***fylgjur yðrar frænda****. Get eg að hér eftir komi* ***siðaskipti*** *og mun því næst koma siður betri hingað til lands. Ætla eg þær* ***dísir*** *yðrar er fylgt hafa þessum átrúnaði munu hafa vitað fyrir siðaskiptið og fyrir það að þér munuð verða þeim afhendir frændur. Nú munu þær eigi hafa því unað að hafa engan skatt af yður áður og munu þær þetta hafa í sinn hlut. En hinar betri dísir mundu vilja hjálpa honum og komust eigi við að svo búnu. Nú munuð þér frændur þeirra njóta er þann munuð hafa er þær boða fyrir og fylgja."*
[...] (http://www.snerpa.is/net/isl/thidrand.htm)

Die Erzählung von Thidrandi und Thorhall

[...]

1. Kapitel

Doch als der Sommer voranschritt, wurde Thorhall sehr betrübt. Hall fragte, was das zu bedeuten habe.
Thorhall antwortete: „Mir schwant Übles, was dieses **Gastmahl** angeht, das **im Herbst** hier abgehalten werden soll. Ich sehe nämlich voraus, dass bei diesem Fest ein **Seher** den Tod finden wird."
„Dafür habe ich eine Erklärung", sagte der Bauer. „Ich habe einen Ochsen, **zehn Winter alt**, den ich den Seher nenne, weil er klüger ist als

die meisten anderen Rinder. Er soll zum **Herbstfestmahl** geschlachtet werden. Das braucht dich also nicht zu bekümmern, denn ich habe die Absicht, dass mein Fest dir und meinen anderen Freunden wie üblich zu Ehren gereichen soll."

[...]

Zu den Winternächten wurde das **Festmahl** vorbereitet. Es kamen nur wenige der geladenen Gäste, da das Wetter stürmisch und ungemütlich war. Und als sich die Leute abends zu Tisch begaben, sprach Thorhall: „Ich möchte die Leute um eines bitten, nämlich dass niemand in **dieser Nacht** nach draußen geht, denn es wird großes Leid verursachen, sollte sich jemand darüber hinwegsetzen. Und welche Dinge auch immer geschehen mögen, niemand soll sie beachten, denn es wird nichts Gutes daraus entstehen, sollte sich jemand einmischen."

Hall bat die Leute, sich an Thorhalls Worte zu halten, „denn sie trügen nie", sagt er, „und es ist am besten, sich keiner Gefahr auszusetzen".

Thidrandi war mit der Bewirtung beschäftigt. Wie sonst war er auch hierbei freundlich und zuvorkommend. Und als die Leute sich schlafen legten, überließ Thidrandi sein Bett den Gästen. Er selbst suchte sich seinen Platz auf der Erhöhung am äußersten Ende der Halle. Und als die meisten Leute eingeschlafen waren, da klopfte es an der Tür, und alle taten so, als hätten sie nichts bemerkt. Dreimal ging es so, dann sprang Thidrandi auf und sprach: „Das ist eine große Schande, dass hier alle so tun, als schliefen sie, wenn vielleicht Gäste gekommen sind."

Er griff nach seinem Schwert und ging hinaus. Er konnte niemanden sehen. Da fiel ihm ein, dass einige der Gäste zum Hof vorausgeritten sein könnten und dann umgekehrt waren, um denjenigen, die später kamen, entgegenzureiten. Er ging dann zum Holzstoß und hörte, dass jemand **von Norden über die Wiese geritten** kam. Er sah, dass es **neun Frauen** waren, und sie **alle trugen schwarze Kleider und hatten Schwerter gezogen**. Er hörte, dass jemand **von Süden** über die Wiese geritten kam. Auch dort waren **neun Frauen**, alle **in hellen Kleidern und auf weißen Pferden**. Da wollte Thidrandi ins Haus laufen und den Leuten erzählen, was er gesehen hatte, doch die schwarzgekleideten Frauen waren schneller, sie fingen ihn ab und griffen ihn an. Er aber wehrte sich tapfer.

3. Kapitel

Lange Zeit später erwachte Thorhall und fragte, ob Thidrandi wach sei, doch er bekam keine Antwort. Thorhall meinte, nun sei es zu spät. Man ging dann hinaus. **Der Mond schien**, und es war frostig kalt. Sie fanden Thidrandi verwundet dort liegen und trugen ihn ins Haus. Und als die Leute ihn ansprachen, erzählte er alles, was ihm widerfahren war. Er starb noch am selben Morgen bei Sonnenaufgang und wurde nach heidnischem Brauch in einem Hügel bestattet.

[Danach versuchte man in Erfahrung zu bringen, was für Leute da unterwegs gewesen sein könnten, doch wusste niemand, wo Thidrandi Feinde gehabt haben sollte.] Hall fragte Thorhall, wer hinter diesem rätselhaften Vorfall stecken könnte.

Thorhall antwortete: „Das weiß ich nicht, doch würde ich vermuten, **dass diese Frauen niemand anderes waren als die Fylgjen eurer Familie**. Ich habe die Vermutung, dass es einen **Glaubenswechsel** geben wird, und bald wird ein besserer Glaube hier ins Land kommen. Ich glaube, dass eure **Disen**, die dem jetzigen Glauben angehörten, den Wechsel vorausgesehen haben und auch, dass eure Familie sich von ihnen lossagen wird. Nun wird es ihnen nicht gefallen haben, zuvor nicht noch einen Tribut von euch zu erhalten, und sie werden sich jetzt ihren Anteil geholt haben. Die **besseren Disen** aber werden die Ansicht gehabt haben, Thidrandi zu helfen, nur konnten sie nichts ausrichten, so wie die Dinge stehen. Sie aber werden euch auch von Nutzen sein, wenn ihr euch an das haltet, was sie euch weisen, und ihnen folgt."

(Übersetzung: Mathias Kruse, 2011, in Isländersagas 1)

In dieser Passage der Erzählung von Thidrandi und Thorhall werden die typischen Charakteristika der Feierlichkeiten während der Winternächte beschrieben. So findet ein Gastmahl statt, zu dem Freunde und Verwandte eingeladen werden. Ein Ochse wird geschlachtet, der nach germanischer Jahreszählweise 10 Winter alt ist und sogar noch ein Seher (an. *spámaður*) sein soll. Und es treten die Disen bzw. Fylgjen in Erscheinung. Bei diesen Disen oder Fylgjen werden zwei Gruppen zu jeweils neun Individuen unterschieden: die von Norden kommenden, wenig freundlich gesonnenen schwarzen mit Schwertern bewaffneten auf Rappen reitenden Disen, und die wohlgesonnenen Disen, in hellen Kleidern und auf weißen Pferden reitend, die wohl unbewaffnet erscheinen. Die schwarzen Disen sind erzürnt über das ausbleibende Disenopfer bzw. über die anstehende vollkommende Abwendung von der alten heidnischen Religion und fordern letztendlich ihr Opfer durch die Tötung Thidrandis ein. Die weißen Disen sind bzgl. der Abkehr vom der alten heidnischen Religion nachsichtig, vermögen aber nicht den Angriff der schwarzen Disen zu vereiteln.

Ein weiteres Zeugnis eines Disenopfers, jedoch diesmal aus Schweden finden wir in Snorris Ynglinga-Saga im Kapitel über den Tod König Adils.

> *Ynglinga-Saga / 33. Dauði Aðils konungs*
>
> *[...] Aðils konungr var at* ***dísablóti****, ok reið hesti um* ***dísarsalinn****; hestrinn drap fótum undir honum ok féll, ok konungr af fram, ok kom höfuð hans á stein, svá at haussinn brotnaði, en heilinn lá á steininum. Þat var hans bani. Hann dó at* ***Uppsölum****, ok er þar heygðr; kölluðu Svíar hann ríkan konung. [...]* (N. Linder og H. A. Haggson, Heimskringla Snorra Sturlusonar 1869-1872, http://www.heimskringla.no/wiki/Ynglinga_saga)

> Ynglinga-Saga / 29. König Adils Tod
>
> [...] Nun war König Adils einmal bei einem **Disen-Opfer** und er ritt sein Roß durch die **Disenhalle**. Das Roß strauchelte unter ihm und fiel zu Boden, und der König sank nach vorn herunter. Sein Haupt stieß dabei an einem Stein, daß ihm der Schädel brach und das Hirn auf den Steinen lag. Dies war sein Tod. Er starb in **Uppsala** und wurde dort im Hügel beigesetzt. Die Schweden nannten ihn einen mächtigen König. [...] (Übersetzung: Felix Niedner, 1965)

Auch hier haben wir wieder die Verbindung zwischen den Disen, dem Tod und dem *disablót* zu den Winternächten. Es wird auch ein *disasalr* d.h. wörtlich ein Saal bzw. ein Tempel oder, wie von Niedner übersetzt, eine Halle für die Disen genannt, der bzw. die sicherlich für die Festlichkeiten zum *disablót* ein zentraler Anlaufpunkt war. Auch in der Saga von König Heidrek dem Weisen (*Saga Heiðreks konungs ins vitra*) wird ein *disa salr* erwähnt, in dem die Frau König Haralds, nachdem der König, seine Familie und sein gesammtes Gefolge von Heidrek getötet wurde, Selbstmord begeht (C.C.

Rafn, 1829). Die in Latein verfasste *Historica Norvegica* (12. Jh.) glossiert *dísasalur* mit *Ædes Dianæ*, d.h. als dianischer Tempel (T. Gunnel, 2000).

Kalendarisch von Bedeutung ist auch die Erwähnung, dass König Adil (auch *Eadgils, Aðils, Adillus, Aðísl at Uppsölum, Athisl, Athislus* oder *Adhel*) neben den Königen Aun und Egil in einem der drei Königshügel in Alt-Uppsala bestattet wurde. Vor allem die Saga um König Aun wird uns noch weiter beschäftigen.

Zeitlich in den Herbst einordnen lässt sich auch das im *Völsa þáttr* – „Die Geschichte vom Völsi" beschriebene Fruchtbarkeitsritual mit dem entsprechend als Völsi bezeichneten Pferdephallus.

Völsa þáttr (Ólafs Sögu Helgu)

... Svo bar til á einu áliðnu ***hausti****, að eykhestur karls dó. Var hann mjög feitur, og með því að heiðnir menn höfðu hrossakjöt sér til fæðu, var hesturinn til gerður og nýttur. Og í fyrstu, er fleginn var, rak þræll af honum í einu þann lim, sem eftir skapan náttúrunnar hafa þess kyns kvikindi til getnaðar sem önnur dýr, þau sem aukast sín á milli, og eftir því, sem fornskáldin vísa til, heitir vingull á hestum. Og svo sem þrællinn hefur hann af skorið og ætlar niður að kasta á völlinn hjá sér, hleypur bóndason til hlæjandi og grípur við og gengur inn í stofu. Þar var fyrir móðir hans, dóttir hennar og ambátt. Hann hristir að þeim vingulinn með mörgum kallsyrðum og kvað vísu:*

Hér megið sjá
heldur rösklegan
vingul skorinn
af viggs föður.
Þér er, ambátt,
þessi Völsi
allódauflegur
innan læra.

Ambáttin skellir upp og hlær, en bóndadóttirin bað hann út bera andstyggð þessa. Kerlingin stendur upp og gengur að öðrum megin og grípur af honum og segir, at hvorki þetta né annað skulu þau ónýta, það sem til gagns má verða, gengur fram síðan og þurrkar hann sem vandlegast og vefur innan í einum líndúki og ber hjá lauka og önnur grös, svo að þar fyrir mætti hann eigi rotna, og leggur niður í kistu sína.

Líður nú svo á ***haustið****, að kerling tekur hann upp hvert kvöld með einhverjum formála honum til dýrkunar, og þar kemur, að hún vendir þangað til öllum sínum átrúnaði og heldur hann fyrir guð sinn, leiðandi í sömu villu með sér bónda sinn og börn og allt sitt hyski. Og með fjandans krafti vex hann svo og styrknar, að hann má standa hjá húsfreyju, ef hún vill. Og að svo gerðu tekur kerling þann sið, að hún ber hann í stofu hvert kvöld og kveður yfir honum vísu fyrst manna, fær síðan bónda og svo hver frá öðrum, þar til sem kemur að lokum til ambáttar, og skyldi hver maður kveða yfir honum vísu. Fannst það á hvers þeirra ummælum, hversu hverju þeirra var gefið.* (https://notendur.hi.is//~eybjorn/ugm/volsi.html)

Die Geschichte vom Völsi

Gegen Ende eines **Herbstes** geschah es, daß das Zugpferd des Mannes starb. Das war sehr fett, und da heidnische Menschen Pferdefleisch als Nahrung verwendeten, wurde das Pferd zubereitet und verzehrt. Zu Beginn, als das Fell abgezogen wurde, schnitt der Knecht dem Pferd nur den Körperteil ab, den diese Art von Tieren gemäß ihrer Beschaffenheit zur Fortpflanzung benutzt, so wie andere Tiere, die sich untereinander vermehren. Wie die alten Dichter zeigen, heißt dieses Teil bei Pferden *Vingul* (gedrehtes, gewundenes Tau). Als der Knecht diesen abgeschnitten hatte und ihn neben sich auf den Boden werfen wollte, lief der Sohn des Bauern lachend hinzu, ergriff das Teil und ging damit in die Stube hinein. Dort waren seine Mutter, deren Tochter und die Magd. Er schüttelte den *Vingul* unter vielen Spöttereien in ihre Richtung und sprach eine Strophe:

Hier könnt ihr den ziemlich tapferen *Vingul*
vom Vater des Pferdes abgeschnitten sehen.
Für dich, Magd, ist dieser Völsi
ganz lebendig zwischen den Schenkeln.

Die Magd brach in schallendes Gelächter aus, aber die Tochter des Bauern forderte ihn auf, dieses widerliche Ding hinauszutragen. Die Alte stand auf, ging auf die andere Seite, nahm es ihm ab, und sagte, daß sie weder dieses noch anderes ungenutzt lassen würden, das noch zu etwas gut sein könne. Sie ging nach vorne und trocknete den Vingul so sorgfältig wie möglich, wickelte ihn in ein Leintuch und legte Lauch und andere Kräuter dazu, so

> daß er nicht verrotten konnte, und legte ihn in ihre Truhe. Der **Herbst** verging nun auf die Art, daß die Alte ihn jeden Abend unter irgendeinem Spruch zu seiner Verehrung hochhob. Es kam so weit, daß sie ihm ihren gesamten Glauben zuwendete, ihn für ihren Gott hielt und ihren Mann, die Kinder und das ganze Hausvolk mit in diesen Irrglauben hineinzog. Durch die Kraft des Teufels wuchs er und wurde gestärkt, so daß er bei der Frau steif werden konnte, wenn sie es wollte. Nachdem dies geschehen war, begann die Alte den Brauch, daß sie ihn jeden Abend in die Stube trug und über ihm eine Strophe sprach. Als erstes gab sie ihn dann dem Bauern und danach jedem der anderen, bis er am Schluß zur Magd kam, und jeder sollte über ihn eine Strophe sprechen. Es ergab sich aus den Äußerungen eines jeden, wie er darüber dachte. (Übersetzung: Reinhard Hennig, 2007)

Britt-Mari Näsström (2001) zieht eine Verbindung zwischen dem *Völsa þáttr* und der „Geschichte von den Pferdeopfern in Lade (*Hlaðir*)" und schließt aus beiden Überlieferungen auf ein rituelles Pferdeopfer, das zu einem bestimmten Zeitpunkt im Herbst geschah. Hierbei könnte es sich um ein Opfer für den Gott Freyr (vgl. *Gísla Saga Súrssonar*) und/oder für die Elben (siehe *alfablót)* und somit um einen Fruchtbarkeitsritus handeln. „Der Gott Freyr wird hier durch das *Völsi*-Opfer versinnbildlicht und es wird eine sexuelle Beziehung zwischen ihm und den Ritualteilnehmerinnen angedeutet" (Hennig, 2007).

Ein weiterer Name für ein weiteres Fest, das in zeitlicher Nähe zu den Winternächten begangen wurde, ist mit gewisser Wahrscheinlichkeit ***alfablót*** – das Elbenopfer. Dieses Fest wird in insgesamt zwei Quellen unter ähnlichen Namen erwähnt. Die hier zuerst aufzuführende Quelle sind die sogenannten *Austrfaravísur* („Die Ostfahrtweisen") des norwegischen Skalden *Sigvatr Þórðarson*, die uns im Kapitel 91 der *Ólafs Saga Helga* überliefert sind. Er berichtet von einer Reise nach Schweden, die er im Herbst des Jahres 1018 unternommen hat. Diese Quelle ist die einzige, die dieses Fest zeitlich einordnet. *Sigvatr Þórðarson* berichtet, dass er an mehreren Bauernhöfen, an denen er um Unterschlupf gebeten hatte, abgewiesen wurde, weil dort gerade das *alfablót* begangen wurde. Anscheinend war ihm dieses Fest, zumindest unter diesem Namen, aus Norwegen nicht bekannt.

Altnordisch	Deutsche Übersetzung
(HkrII.075 [BA])	(Teichert, 2009)
1. Hugstóra biðk heyra,	1. Ich bitte das Gefolge
hressfærr jöfurr, þessar,	des munteren Fürsten zu hören,
þolðak vás, hvé vísur,	wie ich Strapazen erduldete;
verðung, of för gerðak.	diese Strophen machte ich über die Reise;
Sendr vask upp af öndrum	ich wurde gesandt **im Herbst**
austr, svafk fátt í ***hausti,***	auf die Schneeschuhe des
til Svíþjóðar, síðan,	Schwanenackers (=Schiff)
svanvangs í för langa.	auf eine lange Fahrt
	östlich nach Schweden;
	ich habe seither wenig geschlafen.
5. „Gakkattu inn," kvað ekkja,	5. Geh nicht mehr hinein,
„armi drengr, en lengra.	elender Bursche, sagte das Weib;
Hræðumk ek við Óðins,	ich fürchte den Zorn Odins;
erum heiðnir vér, reiði."	wir sind Heiden, die hässliche Riesin,
Rýgr kvazk inni eiga	die mich energisch vertrieb
óþekk, sús mér hnekkði,	wie einen Wolf, sprach,
alfablót, *sem ulfi*	dass sie ein ***alfablot***
ótvín, í bæ sínum.	in ihrem Haus durchführten.

Die Kormaks Saga berichtet von einem álfum veislu – Gastmahl für die Elben. Hier wird dem verwundeten Þórvarðr der Rat erteilt, auf einem von Elben bewohnten Hügel (Grabhügel?) das Blut eines Stieres und eine Fleischmahlzeit zu opfern.

Kormáks **Saga 22. kafli**

Hún segir: „Hóll einn er héðan skammt í brott er álfar búa í. Graðung þann er Kormákur drap skaltu fá og rjóða blóð graðungsins á hólinn utan en gera álfum veislu *af slátrinu og mun þér batna."*

Sie [Thordis] sagte: Dort ist ein Hügel nicht weit von hier, wo die Elben drin wohnen. Nun nimm den Bullen, den Kormak getötet hat und röte mit seinem Blut die äußere Seite des Hügels, und veranstalte ein **Opferfest für die Elben** mit seinem Fleisch. Dann wirst Du geheilt werden. (Übersetzung: Felix Niedner, 1965)

Hierbei handelt es sich eher weniger um ein Jahreskreisfest. Da Alb (an. *álf*) auch einfach soviel wie Verstorbener bzw. Geist eines Verstorbenen bedeuten kann, ist hier auch ein jahreszeit-unabhängiges Ahnenopfer denkbar. Andererseits ist es durchaus wahrscheinlich, dass das Winternachtsfest auch einen Aspekt der Ahnenverehrung umfasste.

Ein weiteres Fest zur Zeit der Winternächte ist das ***haustblót*** (Herbstopfer, Erntedank, Erntefest), welches wir im Kapitel 18 der *Ynglinga Saga* finden, die über den schwedischen König Domaldi folgendes berichtet.

Ynglinga saga 18. Dauði Dómalda

Dómaldi tók arf eptir föður sinn Vísbur, ok réð löndum. Á hans dögum gerðist í Svíþjóð sultr mikill ok seyra. Þá efldu Svíar blót stór at Uppsölum; hit ***fyrsta haust blótuðu*** *þeir yxnum, ok batnaði ekki árferð at heldr. En* ***annat haust*** *hófu þeir mannblót, en árferð var söm eða verri. En hit* ***þriðja haust*** *kómu Svíar fjölment til Uppsala, þá er blót skyldu vera. Þá áttu höfðingjar ráðagerð sína; ok kom þat ásamt með þeim, at hallærit mundi standa af Dómalda konungi þeirra, ok þat með, at þeir skyldu honum blóta til árs sér, ok veita honum atgöngu ok drepa hann, ok rjóða stalla með blóði hans. Ok svá gerðu þeir...*

Ynglinga saga 18. Domaldis Tod

Domaldi übernahm die Erbschaft seines Vaters Visbur und herrschte über das Reich. Zu seiner Zeit war in Schweden eine große Hungersnot. Da brachten die Schweden ein reiches Blutopfer (*blót*) in Uppsala. Im **ersten Herbst opferten** sie Ochsen, aber der Ertrag des Jahres besserte sich nicht. Im **zweiten Herbst** brachten sie Menschenopfer, doch der Ertrag des Jahres war wieder der gleiche oder noch schlechter. Aber im **dritten Herbst** kamen die Schweden in großer Menge nach Uppsala, wo die Blutopfer stattfinden sollten. Da hatten die Häuptlinge eine Beratung untereinander, und sie waren darin einig, daß an diesem bösen Jahr ihr König Domaldi die Schuld trüge. Sie meinten alle, man müsse ihn opfern, um ein gutes Jahr zu erlangen, man solle ihn ergreifen und töten und den Opferaltar mit seinem Blute besprengen. Und dies taten sie auch ... (Übersetzung: Felix Niedner, 1965)

Eine Stelle in der Valla-Ljóts-Saga läßt annehmen, dass in den Winternächten üblicherweise auch Hochzeiten abgehalten wurden.

Valla-Ljóts saga – 1. kafli
...En Hrólfur kvaðst ráða eiga. Halli kvað það mundu fram ganga sem hún vildi. Var brullaup ákveðið ***að veturnóttum****...* (Peter A. Jorgensen, 1991)

Die Saga von *Ljót* aus Vellir – 1. Kapitel
...Rolf war der Ansicht, dass es ihm zustünde eine Entscheidung zu treffen. Halli entgegnete, dass es so stattfinden sollte, wie sie wollte. Die Hochzeit wurde **auf die Winternächte** festgelegt. (Eigene Übersetzung)

Eine Assoziation der Winternächte mit Hochzeiten scheint naheliegend. Wie wir gesehen haben sind die winternächtlichen Festlichkeiten sowohl mit dem Gott Freyr als auch mit den weiblichen fruchtbarkeitsspendenen Disen verbunden.

Die Winternächte bzw. das *vetrnóttablót* finden wir bei Beda bzw. bei den Angelsachsen in der Form ***Winterfilleth*** **– Wintervollmond** als Bezeichnung für den Monat Oktober, in dem dieses Fest stattfindet, und wohl auch als Name für das Fest selbst. Beda schreibt:

Aber ursprünglich teilten sie jedoch das Jahr als Ganzes in zwei Jahreszeiten, Sommer und Winter. /331/ Die sechs Monate, in denen die Tage länger sind als die Nächte ordneten sie dem Sommer zu, und die anderen sechs [in denen die Nächte länger sind als die Tage] dem Winter. Daher nannten sie den Monat, in dem die Winterzeit begann Winterfilleth, ein Name der sich aus „Winter-“ und „Vollmond“ zusammensetzt, da der Winter mit dem Vollmond dieses Monats begann.

und weiter unten im Text schreibt er ...

> *Winterfilleth* kann mit dem erfundenen, zusammengesetzten Nennwort „Winter-voll" [Wintervollmond; s.o.] bezeichnet werden.

Darüber hinaus kann man hier unmittelbar an der Bezeichnung *Wintervollmond* erkennen, dass die Festlichkeiten zu einem Vollmondtermin stattgefunden haben – was in gleicher Weise auch für die anderen Feste gilt. Im Gotischen bedeutet *fillith* übrigens gleichfalls Vollmond.

In den sog. **Realglossaren** ist für den deutschen Sprachraum „Wintermonat" auch als Bezeichnung für den 10. Monat nachzuweisen, so dass man auch für diese geografische Region von einem Winterbeginn in diesem Monat ausgehen kann.

Einen weiteren Hinweis auf Gelage zu dieser Zeit finden wir bei Widukind von Corvey in seiner Sachsengeschichte – *Rerum gestarum Saxonicarum libri tres*:

> *Per* ***triduum*** *igitur* ***dies*** *victoriae agentes et spolia hostium dividentes exequiasque caesorum celebrantes laudibus ducem in caelum attollunt, divinum ei animum inesse caelestemque virtutem acclamantes, qui sua constantia tantam eos egerit perficere victoriam. Acta sunt autem haec omnia, ut maiorum memoria prodit, die* ***Kal. Octobris****, qui dies erroris religiosorum sanctione virorum mutati sunt in ieiunia et orationes, oblationes quoque omnium nos precedentium Christianorum.*

> **Drei Tage lang** hielten sie nun ihre Siegesfeiern, verteilten die Feindesbeute und hielten **Totenfeiern** ab. Sie lobten ihren Führer über alles, riefen, ihm müsse ein göttlicher Geist und eine himmlische Tapferkeit innewohnen, da er es durch seine Beständigkeit vollbracht habe, daß sie diesen Sieg errungen hätten. Dies aber alles geschah, wie uns die Überlieferung unserer Vorfahren berichtet, an einem 1. **Oktober**; und dieser Tag des Irrtums wurde auf Anordnung frommer Männer **in Fasten, Gebete und Opfergaben** für alle vor uns verstorbenen Christen verwandelt. (Übersetzung: Rotter & Schneidmüller, 1981)

Widukind von Corvey berichtet hier von einem jährlich wiederkehrenden, drei Tage andauernden Fest der Sachsen, das er jedoch als Siegesfest über die Thüringer umdeutet (Golther, 1895). Dabei ist es sehr unwahrscheinlich, dass die Sachsen 531 überhaupt an dem Krieg der Franken gegen die Thüringer beteiligt waren (Springer, 2004). Vieles weist darauf hin, dass hier der Winterbeginn gefeiert wurde: der Zeitpunkt im Oktober, die jährliche Wiederkehr, das Totengedenken, die dreitägige Dauer und letztendlich die Überführung in christliche Festlichkeiten (ggf. Allerheiligen ?).

Als viertes sei im Zusammenhang mit einem Fest im Herbst bzw. mit dem Beginn des Winterhalbjahres das Opferfest der Marser zu Ehren der Göttin Tamfana erwähnt. Tacitus erwähnt in seinen Annalen diese Göttin. Die Textstelle in der Tacitus (Annales I, 50) das nächtliche Fest beschreibt, wurde schon in dem Abschnitt „Von Nächten, Tagen und Wochen" aufgeführt. Tacitus fährt folgendermaßen fort:

> *Caesar avidas legiones quo latior populatio foret quattuor in cuneos dispertit; quinquaginta milium spatium ferro flammisque pervastat. non sexus, non aetas miserationem attulit: profana simul et sacra et celeberrimum illis gentibus templum quod Tanfanae vocabant solo aequantur. sine vulnere milites, qui semisomnos, inermos aut palantis ceciderant. (Tacitus, Annales I, 51)*

> Caesar [Germanicus] teilte seine Legionen in vier Gruppen auf und ließ ein Gebiet von fünfzig Meilen mit Feuer und Schwert verheeren. Kein Geschlecht und keine Altersgruppe wurde verschont, weder profane noch heilige Stätten, auch der bei jenem Stamme [den Marsern] hochheilige Tempel, der der [Göttin] Tamfana geweiht war, wurde eingeebnet. Die [römischen] Soldaten blieben unverwundet, da sie nur auf unbewaffnete, halbschlafene oder zerstreute [Gegner] gestoßen sind.
> (eigene Übersetzung)

Mit Hilfe verschiedener historisch gesicherter Angaben des Jahres 14, wie den Marschzeiten des Germanicus, dem Tod Kaiser Augustus und den Meutereien der römischen Legionen in Illyrien und in der *Germania inferior* sowie der in dem Text enthaltenen astronomischen Hinweise, lässt sich die Datierung des Opferfestes auf zwei Daten einschränken: den 28. September[G] und den 27. Oktober[G]. Gemäß des rekonstruierten Mondkalenders ist das Oktoberdatum wahrscheinlicher, da der Vollmond-Festtermin

+/-15 Tage um den 21./22. Oktober[G] springen kann. Darüber hinaus muss man auch sehen, dass der 28. September[G] nicht dem Termin der Herbst-Tag-und-Nachtgleiche entspricht. Demnach handelt es sich bei dem Tamfana-Opferfest um ein Herbst-/Winternachtsfest (Simek, 1995; Reichert, 2005).

Nach Reichert bedeutet der Name Tamfana soviel wie „Herrin über das Abgemessene" oder „Herrin des Zeitmaßes" (Reichert, 2005), was im Kontext mit dem Jahresanfang/Neujahresfest zu den Winternächten (Wintervollmond) stimmig erscheint.

In der Liederedda, dem Codex Regius, finden wir als 7. und 8. Eddalied die *Hymiskviða* (Das Lied von Hymir) gefolgt von der *Oegisdrecka* (Oegirs Trinkgelage).

Die letzte Strophe der *Hymiskviða* bildet eine Überleitung zur *Oegisdrecka* und ist aus kalendarischer Sicht sehr interessant, da sie in skaldischer Weise eine zeitliche Einordung von Oegirs Trinkgelage liefert.

Altnordisch (*Hymiskviða*)	**Deutsche Übersetzung** (nach von See et al. 1997)
39. Þróttöflugr kom	39. Der Kraftstarke kam
á þing goða	Zum Ding der Götter
ok hafði hver	Und brachte den Kessel,
þannz Hymir átti,	denjenigen, den Hymer hatte besessen.
en véar hverjan	Die Götter
vel skulu drekka	werden nun trinken
ölðr at Ægis	Äl bei Oegir
eitrhörmeitið.	zu jeden Winter.

Eit(r)hörmeitið bedeutet soviel wie Giftseilabschneider, was wiederum im Sinne von Schlangentöter (*eitrhörr*, an. Schlange) zu sehen ist, was als skaldisches Kenning für die Zeit des Winters gilt. Da in der Vorgeschichte der *Hymiskviða* von einer Schifffahrt bzw. von einem Fischfang berichtet wurde, und die Fischsaison der Sommer ist, ist davon auszugehen, dass das Gelage bei dem Meerriesen Oegir zu den Winternächten, d.h. zum Winter hin, und nicht zu Mittwinter, stattfindet.

10.2.2. Mittwinter – *miðvetrblót, hökunótt, jólablót* und *sonarblót*

Die Geschichte von Asbjørn Selsbane (ein Teil der Saga von Olaf Haraldsson) überliefert uns auch das Datum für das zweite große Fest des Jahres – das ***miðvetrblót*** (Mittwinteropfer). Dieses wurde jedoch nicht zur Wintersonnenwende abgehalten, was ein verbreiteter Irrtum ist. Dem *Primstav* zufolge wurde Mittwinter in der sog. ***hökunótt*** am 12. Januar[J], also wieder kalenderfixiert in der Mitte eines julianischen Monats abgehalten. Einen Mondkalender zugrunde gelegt, haben wir, auch im Einklang mit den bereits dargestellten Jólmond- und Distingregeln, wieder einen Vollmondtermin, diesmal im ersten Lunarmonat. Die Saga berichtet:

> *108.* ***Síðar um veturinn*** *var konungi sagt að Innþrændir höfðu fjölmennt á Mærini og voru þar* ***blót stór að miðjum vetri****. Blótuðu þeir þá til friðar og vetrarfars góðs.*
> *En er konungur þóttist sannfróður um þetta þá sendir konungur menn og orðsending inn í Þrándheim og stefndi bóndum út til bæjar, nefndi enn til menn þá er honum þóttu vitrastir. Bændur áttu þá tal sitt og ræddu sín í milli um orðsending þessa. Voru þeir allir ófúsastir til ferðarinnar er áður höfðu farið um veturinn en við bæn allra bónda þá réð Ölvir til ferðarinnar.*
> *En er hann kom út til bæjar fór hann brátt á konungsfund og tóku þeir tal. Bar konungur það á hendur bóndum að þeir hefðu haft* ***miðsvetrarblót****.*
> *Ölvir svarar og segir að bændur voru ósannir að þeirri sök. „Höfðum vér," segir hann, „****jólaboð*** *og víða í héruðum samdrykkjur. Ætla bændur eigi svo hneppt til* ***jólaveislu*** *sér að eigi verði stór afhlaup og drukku menn það herra lengi síðan. Er á Mærini mikill höfuðstaður og hús stór en byggð mikil umhverfis. Þykir mönnum þar til gleði gott að drekka mörgum saman."*
> *Konungur svarar fá og var heldur styggur, þóttist vita annað sannara en það er þá var frá borið. Bað konungur bændur aftur fara. „En eg mun," segir hann, „þó verða vís hins sanna að þér dyljið og gangið eigi í mót. En hversu sem hér til hefir verið þá gerið slíkt eigi oftar."*
> *Fóru þá bændur heim og sögðu sína ferð og það að konungur var heldur reiður.*

108. Den Winter darauf wurde dem König gemeldet, daß die Innen-Drontheimer sich in Massen in Mære zusammengeschart hätten, und daß man dort große **Opferfeste zum Mittwinter** veranstaltet habe. Sie hätten diese **Opfer gebracht um Frieden und für ein gutes Winterjahr**. Als der König die Wahrheit dieser Berichte glaubte festgestellt zu haben, sandte er Leute mit Botschaft nach Drontheim hinauf und hieß die Bauern hinab nach Nidaros kommen, indem er besonders solche namhaft machte, die er für die klügsten unter ihnen hielt. Die Bauern hatten nun eine Unterredung und besprachen sich über diese Botschaft. Die aber vorigen Winter die Fahrt gemacht hatten, waren alle wenig geneigt zu dieser Reise. Auf die Bitte aller Bauern aber unternahm Ölvir diese Fahrt. Als er nun nach Nidaros kam, suchte er sofort den König auf, und dann kam es zum Gespräch. Der König klagte die Bauern an, daß **sie im Mittwinter ein Opferfest** veranstaltet hätten. Ölvir antwortete und hob hervor, die Bauern wären frei von dieser Schuld. „Wir hatten", sagte er, „Einladungen **zum Jólfest** und Trinkgelage weit und breit in der Gegend. Die Bauern sind nicht gesonnen, sich in ihrer **Jólfestfreude** so einschränken zu lassen, daß nicht ein Gutteil davon noch übriggeblieben wäre. Das war der Grund, Herr, warum die Männer so lange beim Gelage weilten. In Mære ist ein Hauptplatz des Landes. Dort stehen große Häuser, und stattliche Siedelungen liegen rings umher. Das Volk hält es daselbst für eine gute Kurzweil, einmal zahlreich zu trinken." Der König antwortete wenig darauf, und er war ziemlich aufgebracht, denn er glaubte zu wissen, daß alles andere wahr wäre, als was ihm hier erzählt wurde. Er hieß die Bauern heimgehen. „Jetzt aber," sagte er, „werde ich schon hinter die Wahrheit kommen, daß ihr nämlich mir die Sache verheimlicht und sie mir nicht offen darlegt. Wie aber die Dinge auch bisher gegangen sind, tut derartiges nicht wieder." So zogen die Bauern wieder heim, und sie berichteten über ihre Reise, auch daß der König ziemlich zornig gewesen wäre. (Übersetzung: Felix Niedner, 1965)

Im Sagatext werden die Begriffe Mittwinteropfer und Jólgelage synonym benutzt, so dass davon ausgegangen werden muss, dass auch der Begriff Jólfest nicht die Wintersonnenwende beschreibt, sondern das Vollmondfest, das über die jeweiligen Jólmondregeln mit der Wintersonnenwende assoziiert ist. Auch in der *Ynglinga Saga* erfahren wir von einem Mittwinteropfer in Uppsala:

> *Ynglinga Saga 38. Frá Ingjaldi illráða.*
> *Brautönundr átti son er Ingjaldr hét. Þá var konungr á Fjaðrundalandi Yngvarr. Hann átti sonu tvá við konu sinni, hét annarr Álfr en annarr Agnarr. Þeir váru mjök jafnaldrar Ingjalds. Víða um Svíþjóð váru í þann tíma heraðskonungar, Braut-Önundr, ok réð fyrir Tíundalandi Svipdagr blindi. Þar eru Uppsalir, þar er allra Svía þing. Váru þar þá* ***blót*** *mikil, sóttu þannug margir konungar; var þat* ***at miðjum vetri****.*
>
> Ynglinga Saga 38. Ingjald der Arglistige
> Weg-Önund hatte einen Sohn namens Ingjald. Damals war König in Fjardryndaland Yngvar. Er hatte von seiner Frau zwei Söhne, der eine hieß Alf, der andere Agnar. Sie waren Ingjald ziemlich gleichaltrig. Weit in Schweden herum herrschten in dieser Zeit die Gaukönige Weg-Önund, im Zehntland aber gebot Svipdag der Blinde. Dort liegt Uppsala, und da findet das schwedische Allthing statt. Da wurden damals auch große **Blutopfer** gebracht, und manche Könige stellten sich dazu ein. **Das war im Mittwinter**. (Übersetzung: Felix Niedner, 1965)

In der Saga über Hákon I., den Guten (c. 15), berichtet Snorri über die Verlegung des heidnischen Jólfestes ***jólablót*** auf den christlichen Termin des Julfestes (Jesu' Geburt, 25. Dezember), und dass man früher das Jólfest ab der ersten Mittwinternacht, der Hacknacht, über ganze 3 Tage lang gefeiert habe. Hier wird zunächst abermals deutlich, dass auch das Jólfest mit dem *miðvetrblót* und der *hökunótt* identisch ist. Darüber hinaus wird hier abermals klar, dass das ursprüngliche Jólfest Mitte Januar bzw. zur Zeit des Vollmondes nach der Wintersonnenwende stattgefunden hat. Die Textstelle lautet wie folgt:

> *hann setti þat í lögum at hefja jólahald þann tíma sem kristnir menn, ok skyldi þá hverr maðr eiga mælis öl, en gjalda fé ella, en halda heilagt meðan jólin ynnist; en aðr var* ***jólahald*** *hafit* ***hökunótt****, þat var miðs vetrar nótt ok haldin þriggja nátta jól.*

> Er (Hákon) setzte in Gesetzen fest, das Julfest zu der Zeit abzuhalten wie die Christen, und ein jeder Mann war dazu, unter Androhung einer Geldstrafe, angehalten Bier zu brauen um Jul zu heiligen; aber zuvor wurde das **Jólfest** in der **Hacknacht** begonnen, das war die Mittwinternacht und es wurde drei Tage lang Jól gehalten. (eigene Übersetzung)

Hökunótt bedeutet übrigens **Haunacht** oder **Hacknacht**. Diese Hacknacht ist die erste Nacht des dreitägigen Mittwinterfestes, in der die Tiere für das Festmahl geschlachtet, d.h. gehackt oder gehauen wurden. Zum begrifflichen Vergleich können hier die Hacker- oder Häckerwirtschaften (Schlachter mit entsprechender Gaststätte) im süddeutschen Raum herangezogen werden.

In den altnordischen Schriften sind sogar überwiegend die Begriffe *Júl* und *Jól* zu finden, wobei ersteres wohl schon eine Anpassung an eine niederdeutsche Schreibweise ist. Bereits im Altenglischen existiert der Begriff *geóhol* als Bezeichnung für Weihnachten (Bosworth-Toller, 2010). Im Finnischen existieren die skandinavisch-germanischen Lehnwörter *juhla* und *joulu*, wobei *juhla* ganz allgemein einfach *Fest* bedeutet und das später übernommene *joulu* von Beginn seiner Verwendung im Finnischen das christliche Weihnachtsfest bezeichnet hat. In seiner weiteren Bedeutung umfasst der Begriff *jól* ganz allgemein ein Festmahl, beispielsweise in der Kenning *Hugins jól*, was soviel wie *Trinkgelage des Raben Hugin* umschreiben soll. Dieses in vorchristlicher Zeit zu Mittwinter, d.h. zum ersten Vollmond nach dem ersten Neumond nach der Wintersonnenwende, stattfindende und durch Opfer gefeierte *Jól* hat wohl auch den anglischen Monatsnamen *Ærra* und *Æftera Jéola* ihren Namen verliehen.

Abgeleitet von dem Wort *jól* findet sich auch *jóln* (Neutrum Plural) mit der Bedeutung *Götter* und *Jólnir* als ein Name des Gottes Wodan/*Oðinn*, was soviel wie „Herr des Jól-Festes“ oder im erweiterten Sinne „Herr der Götter, denen das Jólfest gewidmet war“, bedeutet. Das *Flateyjarbók* berichtet, dass damals das Jólfest zu Ehren Odins gefeiert wurde. Demnach hat wohl auch Odin im Jólfest eine besondere Rolle gespielt.

Das *Haraldskvædi*, welches um 900 entstanden ist, ist die einzige Skaldendichtung vor 1100, in der das Jólfest Erwähnung findet, und damit überhaupt die erste Erwähnung eines wohl noch heidnischen Jólfestes.

Dort stellt der Skalde die Jólfeier auf dem Lande dem Jóltrinken der Seekrieger gegenüber. In der 6. Strophe heißt es:

Altnordisch (nach Finnur Jónsson)	**Deutsche Übersetzung** (eigene Übersetzung)
6. Úti vill ***jól drekka****,*	6. Draußen wird **Jól trinken**,
ef skal einn ráða,	wenn er regieren soll,
fylkir enn framlyndi,	der hochstrebende Fürst
ok Freys leik heyja;	und [dort] das Spiel Freys veranstalten (Kampf)
ungr leiddisk eldvelli	Als Junge missfiel es ihm schon
ok inni at sitja,	am Feuer zu sitzen
varma dyngju	drinnen im Frauengemach
eða vǫttu dúns fulla.	vielleicht sogar in daunengefüllten Handschuhen

Die Formulierung *Jóltrinken* wie auch die Erwähnung des Bierbrauens in Hákons Gesetzen deutet darauf hin, dass das Trinken ein wesentlicher Bestandteil der Jólfeier war. Wie wichtig dieses rituelle Biertrinken war, verdeutlicht das Gulathingsrecht jedoch für das bereits christliche Weihnachten. Hier werden regelrechte Strafen für das Ausbleiben der Vorbereitungen für den weihnachtlichen Biertrunk, d.h. für das Brauen des Bieres formuliert.

> ***7. Olgerð*** *hafum ver enn heitit at gera boande oc huspreyia iamvæge sitt. oc signa þat nott hina helgu til krist þacca. oc sancta Mariu.* ***til árs. oc til friðar****. En ef eigi er sva gort. þa scal böða firi þat. morcom .iij. biscope. (Keyser & Munch, 1846)*
>
> 7. Einen **Biertrunk** haben wir noch gelobt einzurichten, ein gleiches Maß der Bonde und die Hausfrau, und das zu weihen in der heiligen Nacht Christus zum Dank und der heiligen Maria **für ein gutes Jahr und Frieden**. Und wenn das nicht so geschieht, soll man dafür büßen mit drei Mark dem Bischofe. (Meißner, 1935)

Die rituellen Trinkgelage finden wir bis heute im Brauchtum, wo zu **Hochneujahr** das sogenannte **Stärktrinken**, d.h. das Stärke antrinken für das neue Jahr, Tradition ist (Jakob & Seifert, 1999).

Darüber hinaus erwähnt der skaldische Dichter in diesem Zusammenhang *Freys leikr*, also das Spiel des Gottes Freyr/Fro Ing, ohne diese weiter zu beschreiben. Man kann hier ggf. von Freyr-Riten (Kämpfen?) zur Jólzeit ausgehen, von denen auch weitere bzw. spätere Quellen berichten.

Die Hervarar Saga berichtet auch von Schwüren, die man mit der Hand auf einen Eber ablegte, der dann dem Gott Freyr in einem Herdeneberopfer (an. ***sonarblót***) geopfert wurde.

> *[Heiðrekr konúngr blótaði Frey; þann gölt, er mestan fékk, skyldi hann gefa Frey; kölluðu þeir hann svá [helgan, at yfir hans burst skyldi sverja um öll stór mál, ok skyldi þeim gelti blóta at sónarblóti. Jólaaptan [skyldi leiða sónargöltinn í höll fyrir konúng; lögðu menn þá hendr yfir burst hans ok strengja heit. (http://www.heimskringla.no/wiki/Saga_Heiðreks_konungs_ins_vitra)*

> König Heidrek verehrte den Gott Freyr und opferte ihm zumeist Wildschwein-Eber. Der Eber war ihm so heilig, so dass er bei jeder wichtigen Angelegenheit auf seine Borsten schwören ließ und ihn dann beim *sonarblót* opferte. Am Jólabend ließ er den Herdeneber in die Halle vor den König bringen, die Menschen legten ihre Hände auf seine Borsten und leisteten ihre Schwüre. (eigene Übersetzung)

Ähnliches erfahren wir in der *Helgakviða Hiǫrvarðssonar*, wo auch in der Jólnacht auf den *sonargǫltr* (Herdeeber) ein Schwur abgelegt wird (Hoops, 1999).

> *Helgi konungr var allmikill hermaðr. Hann kom til Eylima konungs ok bað Sváfu dóttur hans. Þau Helgi ok Sváfa veittust várar ok unnust furðu mikit. Sváfa var heima með feðr sínum, en Helgi í hernaði. Var Sváfa valkyrja enn sem fyrr. Heðinn var heima með föður sínum, Hjörvarði konungi, í Nóregi.*
> *Heðinn fór einn saman heim ór skógi* ***jólaaftan*** *ok fann trollkonu. Sú reið vargi ok hafði orma at taumum ok bauð fylgð sína Heðni. „Nei," sagði hann. Hon sagði: „Þess skaltu gjalda at bragarfulli."*

Um kveldit óru heitstrengingar. Var fram leiddr ***sónargöltr****. Lögðu menn þar á hendr sínar ok strengðu menn þá heit at bragarfulli. Heðinn strengði heit til Sváfu Eylimadóttur, unnustu Helga, bróður síns, ok iðraðisk svá mjök, at hann gekk á braut villistígu suðr á lönd ok fann Helga bróður sinn. (http://www.heimskringla.no/wiki/Helgakviða_Hjörvarðssonar)*

König Helgi war ein allgewaltiger Kriegsmann. Er kam zu König Eilimi und bat um Swawa, dessen Tochter. Helgi und Swawa verlobten sich und liebten sich wundersehr. Swawa war daheim bei ihrem Vater, aber Helgi im Heerzug. Swawa war Walküre nach wie vor. Hedin war daheim bei seinem Vater Hiörward, König in Norwegen. Da fuhr Hedin auf **Jólabend** einsam heim aus dem Walde und fand ein Zauberweib. Sie ritt einen Wolf und hatte Schlangen zu Zäumen und bot dem Hedin ihre Folge. Nein, sprach er. Da sprach sie: Das sollst du mir entgelten bei Bragis Becher. Abends wurden Gelübde verheißen und der **Sühneber** (besser Herdeeber) vorgeführt, auf den die Männer die Hände legten und bei Bragis Becher Gelübde thaten. Hedin vermaß sich eines Gelübdes auf Swawa, Eilimis Tochter, seines Bruders Geliebte. Darnach gereute es ihn so sehr, daß er fortging auf wilden Stegen südlich ins Land, wo er seinen Bruder Helgi traf. (Übersetzung: K. Simrock, 1855)

In der Saga vom Skalden Egil werden auch die heute noch üblichen Geschenke zu Weihnachten bzw. zu Jól erwähnt.

67. Utanferð Egils in síðasta.

Arinbjörn hafði ***jólaboð*** *mikit, bauð til sín vinum sínum ok heraðsbóndum. Var þar fjölmenni mikit ok veizla góð. Hann gaf Agli at* ***jólagjöf*** *slæður, gervar af silki ok gullsaumaðar mjök, settar fyrir allt gullknöppum í gegnum niðr. Arinbjörn hafði látit gera klæði þat við vöxt Egils. Arinbjörn gaf Agli alklæðnað nýskorinn* ***at jólum****. Váru þar skorin í ensk klæði með mörgum litum. Arinbjörn gaf margs konar vingjafar* ***um jólin*** *þeim mönnum, er hann höfðu heimsótt, því at Arinbjörn var allra manna örvastr ok mestr skörungr.*(Guðni Jónsson, http://www.heimskringla.no/wiki/Egils_saga_Skalla-Gr%C3%ADmssonar)

67. Egils vierte Ausfahrt. Weihnachten bei Arinbjörn

...Arinbjörn gab ein großes **Jólfest**. Er lud dazu seine Freunde und die Bauern in der Umgegend. Da waren viele Menschen und eine gute Bewirtung. Arinbjörn schenkte Egil als **Jólgabe** ein seidenes Schleppgewand mit goldener Borte, unten bis zum Saum besetzt mit goldenen Knöpfen, Arinbjörn hatte dies Egils Wuchs anpassen lassen. Er schenkte Egil ferner einen vollständigen Anzug, neu angefertigt **zu Weihnachten**. Die Gewänder waren buntfarbig nach englischem Schnitt. Arinbjörn gab auch mancherlei Freundesgaben den Männern, die er **zum Jólfest** gebeten hatte: Kaum einer war so trefflich und freigibig wie er... (Übersetzung: Niedner, 1923)

Die *Harðar saga ok Hólmverja* berichtet noch von Schwüren (*heitstrenging*), die während der Jólfestlichkeiten gegeleistet worden sind.

14. kafli

... Leið nú framan til ***jóla****.*

Og er menn voru komnir í sæti ***jólakveld*** *hið fyrsta stóð Hróar upp og mælti: „Hér stíg eg á stokk og* ***strengi*** *eg þess* ***heit*** *að eg skal hafa brotið haug Sóta víkings fyrir önnur jól.» Jarlinn mælti: «Mikil* ***heitstrenging*** *og muntu eigi verða þér einhlítur að enda því að Sóti var mikið tröll í lífinu en hálfu meira síðan hann var dauður.“* ... (http://sagadb.org/hardar_saga_og_holmverja)

14. Hörd und Geir bei Jarl Harald

Es ging nun weiter bis zum Jólfest, und als die Leute am ersten Jólabend auf ihren Plätzen saßen, stand Hroar auf und sagte: „Hier betret ich den Tritt und tue den Schwur, daß ich vor dem nächsten Jólfest den Hügel des Wikings Soti erbrochen haben will.“ Der Jarl sagte: „Ein großer Schwur, und allein wirst Du es nicht zuwege bringen; denn Soti war schon im Leben ein schlimmer Zauberer, und seitdem er starb, ist er noch einmal so schlimm.“ ... (Übersetzung: Heusler & Ranke, 1922)

Beim heidnischen Jólfest wurde also keineswegs die Wintersonnenwende festlich begangen, sondern der erste Vollmond des neuen Jahres bzw. der erste Vollmond nach der Wintersonnenwende begrüßt. Diesen Vollmond bezeichnete man auch als *Nytungl* (neuer Mond, neuer Wandelstern, Neuzungel) oder als *Nykung* (neuer König).

Als kalenderfixiertes Relikt des heidnischen Jól- bzw. Mittwinterfestes gilt der in Norwegen, Schweden und Finnland gefeierte St.-Knut-Tag. Dieser wird am 13. Januar begangen und wird auch als *tjugondedag jul* oder *tjugondag Knut*, d.h. als zwanzigster Tag des Weihnachtsfestes bezeichnet. An diesem Tag wird der Weihnachtsbaumschmuck entfernt, die restlichen Weihnachtssüßigkeiten werden „geplündert“ (*julgransplundring*) und die Weihnachtsbäume werden aus der Wohnung entfernt bzw. aus dem Fenster geworfen. Seinen Namen verdank der St.-Knut-Tag dem dänischen Grafen Knut Lavard, der auch als der Heilige Knut bekannt war. Er soll am 7. Januar 1131 gestorben sein. Später wurde sein Fest- bzw. Todestag auf den 13. Januar verschoben, womit das Mittwinterfest bis heute erhalten geblieben ist. Dem ist noch hinzuzufügen, dass es in Finnland bis in die 2. Hälfte des 20. Jahrhunderts hinein die Tradition von Maskenumzügen am St. Knut-Tag, der dort nuutinpäivä heißt, gab. Diese Umzüge wurden von einem maskierten Knutsbock (*nuuttipukki*) angeführt. Es ist durchaus anzunehmen, dass dieser Knutsbock die ursprüngliche Form des Jólbockes (fin. *Joulupukki*) war.

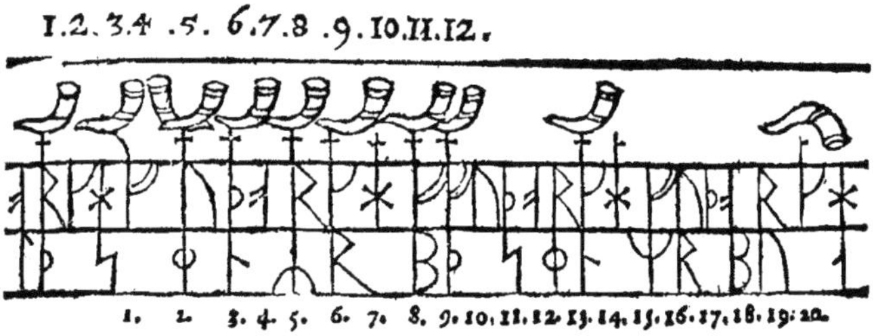

Abb. 26: Detail eines Rîmstocks/Primstabs für die „Julzeit“ (aus Olaus Rudbecks *Atlantica*):

Oben: Mit Trinkhörnern markiert sind der Thomastag, d.h. die astronomische Wintersonnenwende am 22. Dezember[G], das Weihnachtsfest am 25. Dezember[G] (beobachtbare Wintersonnenwende), die 12 Nächte (1.-12.) beginnend mit der Wintersonnenwende und endend am 2. Januar[G] bzw. das Weihnachtsoktav beginnend am 25. Dezember[G] und endend am 2. Januar[G]
Unten: Auch mit einem Horn markiert ist auch der 13. Tag Jul am 6. Januar[G] (Dreikönigstag) gezählt vom 25. Dezember[G] (1.) sowie mit einem umgedrehten Horn der 20. Tag Jul am 13. Januar[G] (St. Knut-Tag).

10.2.2.1. Die Zwölf Nächte und der Dreizehnte Tag im Wochenkalender

Es bleibt immer noch zuklären, ob oder inwiefern es auch heidnische Zwölf Nächte unabhängig von dem christlichen Epiphaniasis-Fest gab. So stellt sich also die Frage, ob bereits vor der Etablierung des *Dodekahemerons* die Zwölf Nächte im Rahmen der vorchristlich-heidnischen Religionen bzw. Kalendertraditionen existierten. Diese Frage möchte ich, vielleicht auch im Gegensatz zu anderen Autoren, nicht leichtfertig bejahen oder verneinen.

10.2.2.1.1. Die Zwölf Nächte im altenglischen Schrifttum

Zum einen haben wir bereits im Altenglischen (Beispiele aus Bosworth-Toller, 2010) eine Reihe von Formulierungen, die die Zwölf Tage / Nächte mit dem *Epiphanie*-Fest bzw. dem Ende des *Dodekahemeron* miteinander in Verbindung setzen:

> *Hér hine bestæl se here on midne winter ofer* ***twelftan niht*** *to Cippanhamme [A. D. 878]* – Das Heer hat sich zu Mittwinter des Jahres 878 nach der zwölften Nacht aus Chippenham davongestolen.
>
> *Ðý* ***twelftan*** dæge *ofer Geohol Epiphaniae* – Den zwölften Tag nach Jul [nennt man] Epiphanie)
>
> *Dis sceal on Frige dæg ofer* ***twelftan dæg*** – Dieses [Evangelium] muß am Freitag nach dem zwölften Tag [gelesen] werden.
>
> *Ðys [godspel gebyraþ] sceal on* ***twelftan dæg*** – Dieses Evangelium ist das richtige am zwölften Tage ...
>
> *On* ***twelftan ǽfen*** – Am zwölften Abend
>
> *Ðis sceal on Sunnandæg betweox myddewintres mæssedæge and* ***twelftan dæge*** – Dies soll an einem Sonntag zwischen dem Mittwinter-Messtag (Heilig Abend) und dem zwölften Tag sein.

On Wódnes dæg ofer ***twelftan dæg*** – Am Mittwoch (Wodans Tag) nach dem zwölften Tag

Epiphany: Đæs [1. Januar] *embe fíf niht fulwihtiid éces Drihtnes* tó ús cymeþ, *ðæne* ***twelfta dæg*** *tíreádige hæleþ hátaþ on Brytene* – Epiphanie, die fünfte Nacht nach dem [1. Januar], als der zu uns gekommene ewige König (Jesus Christus) getauft wurde, nannte man den zwölften Tag des ruhmreichen Helden auf Britannien.

Eádweard kingc com tó Westmynstre tó ðam middan wintre . . . And hé forðférde on ***twelftan ǽfen****, and hyne man bebyrigde on* ***twelftan dæig*** *on ðam ylcan mynstre* Chr. 1065 – König Edward kam an Mittwinter nach Westminster ... Und er fuhr von hinnen am zwölften Tag, und ihn begrub man am zwölften Tag an dem gleichen Münster.

So kann man davon ausgehen, dass der Begriff der Zwölf Nächte erst mit der angelsächsischen Mission in den deutschen Sprachraum gelangt ist.

Auf der anderen Seite gibt es hier etliche Aspekte, die die Gleichsetzung der Zwölf Nächte mit dem *Dodekahemeron* in Frage stellen. Zunächst sei hier darauf hingewiesen, dass zwischen 25. Dezember und 6. Januar dreizehn und nicht zwölf Tage liegen, was im Skandinavischen Sprachgebrauch (Dreizehnttag) auch berücksichtigt wird. Im Altenglischen sprach man jedoch von *Đý twelftan dæge ofer Geohol*, also von zwölf Tagen nach Weihnachten, was der inklusiven Tradition widersprechend, den Weihnachtstag nicht miteinschließen würde.

Desweiteren spricht man von zwölf Nächten und nicht von zwölf Tagen, was mit der typischen germanischen Festtagsnamentradition (Winternächte, Mütternacht usw.) im Einklang steht. Andererseits findet man diese Zwölf Nächte auch bereits in ihrer lateinischen Übersetzung als *duodecim noctes* und auch die christlichen Zwölf Nächte sind als Festtag aufzufassen.

Im heutigen Brauchtum gibt es verschiedene Datierungen der Zwölf Nächte (Rauhnächte), die zum Teil mit der Wintersonnenwende (Thomastag) bzw. der Alten Wintersonnenwende (St. Luziatag) beginnen und nach genau 12 Tagen (Hullefraansnacht oder Weihnachten) enden. Dies führt zu der Überlegung, dass die 11¼ Differenztage zwischen Mond- und

Sonnenjahr im Anschluss an die Wintersonnenwende von diesen Zwölf Nächten eingerahmt werden, was plausibel erscheint, sich literaturwissenschaftlich jedoch nicht belegen lässt. Hinweise hierfür finden wir in den Merksprüchen für die Monatsschaltregel. Die mathematische Plausibilität, dass eine Neumondzündung in den 11¼ Differenztagen/Zwölf Nächten mit einer Monatsschaltung assoziiert war, haben wir bereits behandelt. Ob hier jedoch die zwölf Nächte der Mondbeobachtung von den Zwölf Nächten überlagert worden sind, lässt sich nicht auflösen.

10.2.2.1.2. Die Zwölf Nächte im Brauchtum

Im heutigen Brauchtum haben wir aufgrund der gregorianischen Kalenderreform eigentlich sogar fünf verschiedene Möglichkeiten für die Datierung der Zwölf Nächte, teilweise nebeneinander, teilweise in Kombination miteinander.

Die erste ist die am weitesten verbreitete Datierung, die quasi dadurch entstand, dass alle Kalenderreformen mitsamt all ihrer Aspekte mitvollzogen wurden. Die Zwölf Nächte beginnen hier nach dem Weihnachtsfest am 25. Dezember und enden am Dreikönigstag.

Eine zweite Möglichkeit entstand durch das Ignorieren der gregorianischen Kalenderreform, wie wir es oftmals in protestantischen Regionen finden, die sich lange geweigert hatten, den gregorianischen Kalender einzuführen. Unmittelbar vor der Einführung des gregorianischen Kalenders 1582 fiel wegen des julianischen Kalenderfehlers die astronomische Wintersonnenwende auf den 13. Dezember, der gleichzeitig der Namenstag der Heiligen *Luzia* ist. Darum ist bis heute der Luziatag auch als „Alte Sonnenwende“ bekannt (Jakob, 1999). So wird insbesondere in Schweden aber auch in bestimmten Gebieten Deutschlands am 13. Dezember das „Sankta Lucia“- oder „Sankt Luzia“- Fest beziehungsweise die Luziennacht gefeiert. Unter anderem aus Schlesien (vor 1945) ist überliefert, dass mit dem 13./14. Dezember die Zwölf Nächte begannen und demnach zum Weihnachtsfest am 24./25. Dezember endeten (Timm & Beckmann, 2010).

In einigen Gegenden, wo protestantische und katholische Gebiete aneinandergrenzen, wurde als dritte Möglichkeit die eigentliche Kalenderdifferenz zwischen julianischem und gregorianischem Kalender auch als die Zwölfe (obwohl es eigentlich 13 Tage waren, siehe oben) oder als „Zeit zwischen den Jahren" bezeichnet, da insbesondere hier große Verwirrung bezüglich des Jahresbeginns herrschte. Während in dem einen Dorf das neue Jahr bereits begonnen hatte, musste man im Nachbardorf noch warten.

Als viertes gibt es noch Gegenden, in denen die Rauhnächte am Thomastag beginnen und das Ende der Rauhnächte auf den Abend des 2. Januar fällt. So zum Beispiel in dem thüringischen Ort Schnett, in dem am 2. Januar die sogenannte *Hullafraansnacht* begangen wird sowie in dem unweit gleichfalls in Thüringen gelegenen Ort Dillstädt, wo bis in die 1980er Jahre das „Böze-Neujahr" am 2. Januar gefeiert wurde (Jakob, 1999).

Fünftens und letztens gibt es auch noch Gegenden, die den ursprünglichen Beginn der Rauhnächte, die Wintersonnenwende – als Beginn des neuen (Sonnen-) Jahres – mit dem Neujahrstag identifiziert haben. Hier beginnen die Rauhnächte also zu Neujahr und enden am 12./13. Januar. So ziehen im Kanton Appenzell am 13. Januar die Sylvesterkläuse um die Häuser (Walthard, 2005).

10.2.2.1.3. Der Dreizehnttag auf dem Primstav

Wenn man berücksichtigt, dass das Ende der Zwölf Nächte bzw. der 13. Tag (is. *þrettanda dag*) auch den Charakter eines wohl bemerkt nicht solaren Neujahrestages hat, kann man vermuten, dass hier eine Kalenderfixierung des lunaren Neujahres stattgefunden hat. Einen Hinweis hierauf liefern jüngere Primstäbe (siehe Anhang). Hier ist nämlich der alte Neujahrestag am 13. Januar als 20. Jultag (St. Knut) unabhängig vom Dreikönigstag aufgeführt. Im alten Wochenkalender, der mit der beobachtbaren Wintersonnenwende bzw. mit Christi Geburt begonnen hat, sind der Dreikönigstag und der Dreizehnte Tag quasi zufällig aufeinander gefallen.

Im Prinzip ist der Wochenkalender eine Projektion des Mondkalenders auf ein Wochenjahr. Die hierdurch kalenderfixierten Feiertagsdaten werden zu Ankerdaten für den Mondkalender. Die (beobachtbare) Wintersonnenwende war hier der 1. Tag (Neujahr) des Wochenkalenders. Im Mondkalender begannen die Monate mit der Neumondzündung und die Festtage lagen analog zu den römischen Iden in der Monatsmitte, d.h. um den 13. eines jeden Monats. Dies galt natürlich, wie wir bereits gesehen haben, auch für das Mittwinterfest. Oder, um es mit römischer Zunge zu sagen: „Das Mittwinterfest fand zu den Iden des *Ianuarius* statt". Auch hier haben wir eine Tagesdifferenz von 12 Tagen zwischen der Neumondzündung und dem Mittwinterfest, das mit der Hacknacht (kalenderfixiert am 12. Januar[W]) begann.

Bringt man also die Neumondzündung mit der (beobachtbaren) Wintersonnenwende in Übereinstimmung, dann haben wir einen im Wochenkalender fixierten Termin für das Mittwinterfest um den 13. Januar[W]. Dieses Datum ist dann infolge der Schwankungen der Mondphasen im Mondkalender das Ankerdatum für die erste Neumondzündung nach der Wintersonnenwende.

Im Wochenkalender stimmen also die 13 Tage des *Dodekahemerons* exakt mit der Zeit zwischen Neumondzündung und dem kalenderfixierten Mittwintertermin überein. Somit sind die Zwölf Nächte bzw. der Dreizehnttag eine im Wochenkalender fixierte Zeitperiode zwischen der Wintersonnenwende und dem lunaren Mittwinterfest. In einem Kalender, in dem der solare Neujahrestermin (1. Januar) nicht mehr mit der (beobachtbaren) Wintersonnenwende übereinstimmt, trennen sich diese Zeiträume wieder auf (siehe Anhang). Die Brauchtumstraditionen, die das Ende der Rauhnächte mit einem Neujahresaspekt verbinden, haben also das lunare Neujahr zum Vollmond des ersten Lunarmonats nach der Wintersonnenwende bewahrt.

Die Zwölf Nächte bzw. der Dreizehnte Tag haben also eigentlich vollkommen andere Ursprünge als das *Epiphanias*-Fest. Sie überlappen sich jedoch zeitlich, wenn der Beginn der Zwölf Nächte auf den 25. Dezember festgelegt wird. Dabei gilt es zu beachten, dass der *Epiphanias*-Termin in den Merkregeln das solare Fixdatum der Wintersonnenwende ersetzt und damit eigentlich keinen funktionellen Bezug zu dem lunaren Festtermin besitzt, denn dieser verschiebt sich im Wochenkalender auf ein Ankerdatum etwa 30 Tage nach *Epiphaniasis* (6. Januar), was mit Snorris Bericht über eine Distingsterminverschiebung auf Mariä Lichtmeß (2. Februar) im Einklang steht. Die Loslösung des Neujahrestermins vom Termin der Christi Geburt (25. Dezember → 1. Januar) dürfte den 20. Tag Jul, den 13. Januar als altes Neujahr, erklären. Analog erklärt sich damit auch eine Datierung der Zwölf Nächte von St. Lucia bis zum 25. Dezember infolge der Wanderung der Wintersonnenwende durch den Kalenderfehler des julianischen Kalenders.

10.2.2.1.4. Die Zwölf Nächte als Zeit der Ruhe

Auf die *Mütternacht* folgen die Zwölf Nächte bis zum Dreizehnttag, in denen nach Faustregel die Neumondbeobachtung über das Einschieben eines Schaltmonats entscheidet. Am Dreizehnttag fand zu christlichen Zeiten das *Epiphanias*-Fest statt (Taufe des Herren). Dieser Tag stellt auch das im Wochenkalender fixierte lunare Mittwinterfest dar, und ist damit Ankerdatum für die Neumondzündung des Späten Jólmonats. Im heutigen Brauchtum werden diese Zwölf Nächte, auch wenn sie zum Teil eine etwas andere zeitliche Einordnung haben, unter anderem als Glöckel-, Inner-, Unter- oder Rauhnächte bezeichnet. Der für unsere heutige Grammatik etwas seltsame Plural *Weihnachten* steht hiermit im Einklang. In den Zwölf Nächten war das Arbeiten streng reglementiert. Sogar im heutigen Brauchtum gibt es hier noch Verbote, die zum Beispiel das Wäschewaschen in dieser Zeit untersagen. In heidnischen Zeiten war dies noch viel strenger, so dass diesbezüglich richtige Gesetze erlassen worden sind, die das Arbeiten während der Zwölf Nächte auf ein Mindestmaß reduzierten. Relikte hiervon finden wir unter anderem in den nordischen Gesetzbüchern wie der isländischen *Graugans* und dem Frostothingsrecht, wobei diese schon in christlicher Zeit verfasst worden sind, das heißt, nach der Verlegung des ehemals lunaren und dann im julianischen Kalender auf den 12.-14. Januar[J] kalenderfixierten Jólfestes auf den 25. Dezember[J/G] durch Hakon den Guten im 10. Jahrhundert, so dass man hier Jul bzw. Weihnachten als Begriffe für den ursprünglichen Wintersonnenwendtermin bei Gaius Julius Caesar bzw. für die Mütternacht lesen sollte.

> Vom Halten des Julfestes aus Die Graugans (Isländisches Gesetzbuch aus dem 13. Jh.)
>
> Das Julfest haben wir zu halten hierzulande. Das sind dreizehn Tage. Davon soll man halten den ersten Jultag und den achten und den dreizehnten wie den ersten Ostertag, und den zweiten Jultag und den dritten und den vierten, die soll man in allem halten wie einen Sonntag, ausgenommen, daß es dann recht ist, seinem Vieh zu misten am dritten Jultag oder am vierten, an welchem man will. Aber alle Zwischentage der Julzeit ist es recht, dem Vieh zu misten und den Dung auf die Wiese zu führen – den Teil der

Wiese, der nah dem Kuhstall ist, sofern man Lasttiere dazu gebraucht, um ihn dort abzuwälzen. Schleppt jemand den Dung hinaus und gebraucht kein Lasttier dazu, dann soll er ihn auf den Haufen führen. Dies dürfen die Leute auch arbeiten an den Zwischentagen der Julzeit: schlachten und das Vieh abtun, das man für die Julzeit braucht, und Bier brauen und den Heuvorrat herschaffen, der nötig ist, wenn es ihnen nützlicher scheint, damit zu füttern als mit dem, der schon daheim ist, und sie bekamen keine Lasttiere dazu vor Jul, Größeren Heuvorrat darf er nicht herschaffen, als daß er gut reiche über Jul. (Übersetzung: A. Heusler, 1937)

Über die Heiligkeit des Weihnachtsfestes aus Das Rechtsbuch des Frostothings

Die Heiligkeit des Weihnachtsfestes soll man auch in Obacht nehmen die ersten vier Tage und Nächte hindurch. Aber am fünften und sechsten und siebten Tage darf man das Futter heimbringen und unter dem Vieh den Mist wegschaffen bis zum Mittag. Aber der Achte ist heilig wie der erste. Am neunten, zehnten, elften und zwölften ist es wie zwischen dem vierten und achten Tage, doch der dreizehnte ist wie der erste. Es sind also sechs Tage, an denen die Strafe sechs Öre (bis heute ein Währungsmaß im Norden) beträgt, und drei Öre bei allen anderen. (Übersetzung von Rudolf Meißner, 1939)

In diesem Zusammenhang gilt es noch eine besondere Quelle aus dem Byzanz des 10. Jahrhunderts zu nennen (Gunnell,1995). Konstantin Porphyrogennetos (Konstantin VII.; 905 – 959) beschreibt in seinem Werk *De cerimoniis aulae Byzantinae* (c. 953) eine Zeremonie, die bereits stark an heute noch verbreitetes Rauhnachtsbrauchtum erinnert. Die Zeremonie bezeichnet er als *Gothikon* (τὸ Γοθικόν), wobei es im 10. Jahrhundert wohl vielmehr Waräger, d.h. Rus bzw. Schweden waren, und keine Goten, die dieses *Gothikon* aufgeführt haben dürften. Im Rahmen des Zeremoniells traten zwei Gruppen von Männern auf, die jeweils von zwei Paaren in Fell gekleideten Kriegern begleitet wurden. Diese führten zwei verschiedene Arten von Kreistänzen, jeweils um den Anführer der einzelnen Gruppe, auf. Dabei wurden rhythmisch Stäbe und Schilde aneinandergeschlagen. Ein Sprechchor intonierte verschiedenen Gesänge und den Ruf *„tul tul"* (τούλ τούλ). Die Bedeutung der Rufe bleibt fraglich. Man muss davon ausgehen, dass der Berichterstatter, der Sprache der Darsteller (Waräger?) nicht mächtig war. Insgesamt scheint es, als wurde eine Art Kampf dargestellt.

Porphyrogennetos datiert dieses Fest auf den 9. Tag nach Weihnachten bzw. auf den 9. Weihnachtsfeiertag. Wenn wir davon ausgehen, dass in Konstantinopel der 6. Januar^{J} (*Epiphanias*) als Termin des Weihnachtsfestes galt, so erhalten wir den 15. Januar^{J} im julianischen Kalender des 10. Jahrhunderts, der nach Umrechnung einen 20. Januar^{G} des gregorianischen Kalenders entsprechen würde. Da wir leider nicht das genaue Jahr dieses Zeremoniells kennen, kann man nur sagen, dass in diesem Zeitrahmen ein Mittwinterfest zu einem Vollmondtermin durchaus plausibel wäre. In dem Fall wäre das Jahr 946 wahrscheinlich.

Verschiedentlich wurden auch Zusammenhänge mit dem russischen *Svyatki* (*Sviatki*) Festlichkeiten vermutet.

10.2.3. Sommerbeginn im zweigeteilten Jahreskreis – *sumarmál, sigrblót, várblót,* Ostern, *éastre*, Nerthusumzug/ Erda-Fest

Für das *Blót* zu Beginn des Frühlingquartals bzw. zu Beginn des Sommers, gemäß der Sommerseite des *Primstavs* zum ***sumarmál,*** finden wir in den altnordischen Sagas oftmals die Formulierung ***at sumri*** – zum Sommer. So war laut Odins Gesetzgebung (*Ynglinga Saga* Kapitel 8) das dritte Jahresblót, das ***sigrblót*** (Siegesopfer) *at sumri*, so wie auch Sigurd Toressons drittes *Blót* und das *Blót* der *Inner-Drontheimer* gemäß den altnordischen Quellen auch *at sumri*, also zum Sommer hin, abgehalten wurden (siehe oben). Ebenfalls im 42. Kapitel der *Ynglinga Saga* wird ein solches Frühlingsopfer „zum Sommer hin" in Uppsala erwähnt:

> <u>*42. Orrosta í Svíþjóð Ingjalds ok þeirra mága Granmars ok Hjörðvarðs.*</u>
> *... skyldi friðr sá standa millum þeirra, meðan þeir lifðu 3 konungar; var þat bundit eiðum ok trygðum. Eptir um várit fór Granmarr konungr til Uppsala* ***at blóta****, sem siðvenja var* ***til móti sumri****, at friðr væri. Féll honum þá svá spánn, sem hann mundi eigi lengi lifa; fór hann þá heim í ríki sitt. (N. Linder & H. A. Haggson, 1869-1872)*

<u>38. Der Kampf Ingjalds und Granmars</u>

... Dieser Friede sollte zwischen den drei Königen dauern, so lange sie lebten. Sie besiegelten das unter einander durch Eid- und Treueschwüre. Im nächsten Frühjahr zog dann König Granmar nach Uppsala zum Blutopfer, wie dies **gegen den Sommer** gewöhnlich um Frieden veranstaltet wurde. Da wurde ihm geweissagt, daß er nicht mehr lange leben würde. So fuhr er denn wieder in sein Reich zurück. (Übersetzung: Niedner, 1965)

Ein weiteres Opferfest *at sumri* – zum Sommer erwähnt die Geschichte des Skalden Egil.

<u>49. Dráp Þorvalds ofsa ok hefnd Egils.</u>

Þat var ***um várit*, *at blót*** *mikit skyldi vera* ***at sumri*** *á Gaulum. Þat var ágæzt höfuðhof. Sótti þangat fjölmenni mikit ór Fjörðum ok Fjölum ok ór Sogni ok flest allt stórmenni. Eiríkr konungr fór þangat. (http://www.heimskringla.no/wiki/Egils_saga_Skalla-Gr%C3%ADmssonar)*

<u>49. Egil und Eyvind Prahlhans</u>

Im Frühling wurde festgesetzt, daß **im Sommer zu Gaular ein großes Opferfest stattfinden sollte**. Dort lag der berühmte Haupttempel. Dahin strömte eine große Menschenmenge zusammen aus Firdir, Fjalir und Sogn, und die meisten waren vornehme Leute. Auch König Erich kam dorthin. (Übersetzung: Niedner, 1923)

Ein Siegesopfer (an. *blótit til sigrs*), das sich jedoch anhand der Sagastelle jahreszeitlich nicht einordnen läßt und demnach wohl nicht als Jahreskreisfest zu verstehen ist, finden wir auch in der Saga von Ólaf Tryggvasson.

<u>47. Dráp Gizurar af Valdresi.</u>

... Síðan skilja þeir her þenna; ferr Hákon jarl til Þrándheims, ok líkaði stórilla, er Eiríkr hafði grið gefit Vagni Ákasyni. Þat er sögn manna, at Hákon jarl hafi í þessari orrostu ***blótit til sigrs*** *sér Erlingi, syni sínum, ok síðan gerði él, ok þá sneri mannfallinu á hendr Jómsvíkingum ...* (http://www.heimskringla.no/wiki/Saga_Ólafs_Tryggvasonar)

42. Der Tod des Gizur von Valders

... Da ging ihr Heer auseinander. Jarl Hakon fuhr nach Drontheim. Er hatte es aber sehr übel vermerkt, daß Erich dem Vagn Akissohn das Leben geschenkt hatte. Die Leute erzählen, Jarl Hakon habe in dieser Schlacht **für den Sieg seinen Sohn Erling den Göttern geopfert**, daraufhin sei Hagelwetter gekommen und die Niederlage habe sich auf Seiten der Seekrieger von Jomsburg gewandt ... (Übersetzung: Niedner, 1965)

Neben der Bezeichnung ***sigrblót*** (Siegesfest) war ***várblót*** (Frühlingsfest) eine weitere gängige Bezeichnung für das Fest zum Sommerbeginn im zweigeteilten Jahreskreis.

Gegebenenfalls kann man das *sigrblót* als Form des *várblót* im Zusammenhang mit dem Beginn der vár-víking-Fahrten verstehen (siehe unten), dementgegen scheinen auch andere Jahreszeit-unabhängige Formen eines *sigrblót* existiert zu haben.

Das *vár-* oder *sigrblót* fand wie wir oben gesehen haben am ersten Vollmond nach dem ersten Neumond nach der Frühlings-Tag-und-Nachtgleiche statt. Gemäß den Schaltregeln kann dies somit auch nach dem christlichen Osterfest sein, das am Sonntag nach dem ersten Vollmond nach der Frühlings-Tag-und-Nachtgleiche bis heute stattfindet. D.h. es muß nicht unbedingt eine Neumondzündung vor dem christlichen Osterfest zu beobachten sein. Eine Saga die Vorbereitungen auf ein *várblót* nach einem christlichen Osterfest (an. *páska*) bezeugt, ist die Saga von Olaf dem Heiligen.

109. Heimskringla -Ólafs saga Helga

Ólafur konungur hafði veislu mikla um páska og hafði marga bæjarmenn í boði sínu og svo bændur. En eftir páska lét konungur setja fram skip sín og bera til reiða og árar, lét þilja skipin og tjalda og lét fljóta skipin svo búin við bryggjur. Ólafur konungur sendi menn eftir páska í Veradal.

Maður er nefndur Þóraldi, ármaður konungs. Hann varðveitti konungsbú að Haugi. En konungur sendi honum orð að hann skyldi koma til hans sem skyndilegast. Þóraldi lagðist þá för eigi undir höfuð og för þegar út til bæjar með sendimönnum.

Konungur kallar hann á einmæli og spurði eftir hvað sannindi væri á því „er mér er sagt frá siðum Innþrænda, hvort svo er að þeir snúast til blóta. Vil eg," segir konungur, „að þú segir mér sem er og þú veist sannast. Ert þú til þess skyldur því að þú ert minn maður."

...

Konungur kom um nóttina inn á Mærina. Var þar þegar sleginn mannhringur um hús. Þar var Ölvir höndum tekinn og lét konungur drepa hann og mjög marga menn aðra. En konungur tók upp **veislu** *þá alla og lét flytja til skipa sinna og svo fé það allt, bæði húsbúnað og klæðnað og gripi, er menn höfðu þangað flutt og skipta sem herfangi með mönnum sínum. Konungur lét og veita heimferð að bóndum þeim er honum þóttu mestan hluta hafa að átt þeim ráðum. Voru sumir höndum teknir og járnsettir en sumir komust á hlaupi undan en fyrir mörgum var féið upp tekið ...*

109. Die Erschlagung Ölvirs von Egge

König Olaf hielt ein großes Osterfest (Paschafest) ab, und er hatte dazu viele Leute aus Nidaros geladen und auch manche Bauern. Nach Ostern aber ließ der König seine Schiffe ins Wasser ziehen und rüstete Takel- und Ruderwerk aus. Er ließ die Schiffe decken und Zelte auf ihnen aufschlagen. Dann ließ er sie so ausgerüstet vor der Landungsbrücke schwimmen.
König Olaf sandte sofort nach dem Osterfest Boten nach Verdalen. Ein Mann hieß Thoraldi, ein Königsvogt. Der verwaltete des Königs Gut in Haug, und der König sandte Botschaft zu ihm, er sollte so schnell als möglich zu ihm kommen.
Thoraldi säumte nicht mit seiner Reise, sondern ging sofort mit den Königsboten nach Nidaros. Der König zog ihn zu einem geheimen Gespräch und frug ihn: „Was ist Wahres an dem, was mir erzählt wurde von dem Tun und Treiben der Innen-Drontheimer? Ist es richtig, daß sie sich wieder heidnischen Opfern zuwandten? Ich will," fuhr der König fort, „daß du mir sagst, wie es sich wirklich verhält, ganz wahrheitsgemäß, so genaue Kunde du davon hast. Dies ist deine volle Pflicht, denn Du bist mein Vasall."

...

Der König langte in der Nacht in Mären an, und dort wurden sofort die Häuser von einem Kreise von Mannen umstellt. Dort ergriff man Olvir und der König hieß ihn töten zusammen mit manchem anderen Mann. Der König ließ alle Vorräte für das **Fest** wegnehmen und an Bord seiner Schiffe bringen, sowie sämtlichen Hausrat, Teppiche, Gewänder und

> Kostbarkeiten, die das Volk dort hingebracht hatte. Er ließ sie als Kriegsbeute unter seine Leute verteilen. Der König ließ auch die Männer in ihren Häusern ergreifen, die nach seiner Meinung den meisten Anteil an diesen Veranstaltungen hatten. Einige von ihnen nahm man gefangen und legte sie in Eisen, anderen gelang es, durch Flucht zu entrinnen, aber vielen wurde ihre Habe weggenommen ...
> (Übersetzung: Felix Niedner, 1965)

Auch Beda Venerabilis berichtet uns von einem Fest, das dem Winterbeginn gegenübersteht und seinen Angaben zufolge zu Ehren der Göttin ***Eostre*** begangen wird. Wie wahrscheinlich bekannt ist, ist Bedas Bericht auch die einzige Quelle, die diese Göttin ***Eostre***, die Jakob Grimm, ggf. etwas ungünstig, als *Ostara* ins Neuhochdeutsche übertrug, nennt. Die entsprechende Passage bei Beda hierzu lautet:

> Der ***Eosturmonath*** hat einen Namen, der heute als Passahmonat (Passah ist eine hebräische Bezeichnung für das jüdische Frühlingsfest) übersetzt würde, er leitet sich ursprünglich von einer ihrer Göttinnen ab, welche ***Eostre*** genannt wurde und zu derer Ehren Feste in diesem Monat gefeiert wurden. Jetzt benennen sie die Passahzeit mit ihrem Namen, womit nun die Freuden der neuen Feierlichkeit mit dem Namen der altehrwürdigen Göttinnenverehrung gewürdigt werden. (eigene Übersetzung)

zu Beginn des Textes erfolgte bereits die Zuordnung:

> *April (heißt)* ***Eosturmonath***

Das heidnische Osterfest findet also im vierten Lunarmonat nach der Wintersonnenwende (etwa April) statt und stellt im zweigeteilten Jahreskreis, der das Jahr nur in Sommer und Winter unterteilt, den Sommerbeginn dar. In Analogie zum Wintervollmond findet das Osterfest zum Sommer- oder Ostervollmond statt. Das Osterfest entspricht damit dem oben genannten *sumarmál* oder *vár-/sigrblót*.

In seiner Germania berichtet uns Tacitus von einem Fest zu Ehren der *Terra Mater*, d.h. der guten alten Mutter Erde. Abhängig vom Kopisten der Tacitus-Germania finden wir für die *Terra Mater* verschiedene Formen ihres Germanischen Namens. Die unterschiedlichen Fassungen verwenden die Formen ***hertha, nertha, nectha, neitha, nehertha*** und ***vertha***. Dabei handelt es sich wahrscheinlich um eine Schreibweise von Ertha (d.h. Erde) mit einem wahrscheinllich stummen „H“ im Anlaut. Zum Vergleich seien hier noch andere Sprachvarianten des Wortes Erde aufgeführt: ***erda*** (**ahd.**), ***jörð*** (**an.**), ***airþa*** (**got.**), ***eorðe*** (**ae.**), ***irthe*** (**afr.**) und ***erða*** (**as.**).

In den heute gängigen Übersetzungen der Germania ist jedoch die Form *Nerthus* am häufigsten zu finden. Diese Schreibweise geht auf Jakob Grimm zurück. Hier sei darauf hingewiesen, dass Grimm mehr oder minder einen etymologischen Zusammenhang zum nordischen Gott *Njörð* über das Knie brechen wollte, dass *Hertha* nunmehr doch die wahrscheinlich richtigere Namenschreibweise darstellt (Gardenstone, 2011). Tacitus schreibt:

> *40. Contra Langobardos paucitas nobilitat: plurimis ac valentissimis nationibus cincti non per obsequium sed proeliis et periclitando tuti sunt. Reudigni deinde et Aviones et Anglii et Varini et Eudoses et Suardones et Nuitones fluminibus aut silvis muniuntur.*
> *nec quicquam notabile in singulis, nisi quod in commune* ***Nerthum, id est Terram matrem****, colunt eamque intervenire rebus hominum, invehi populis arbitrantur. est in insula Oceani castum nemus, dicatumque in eo vehiculum, veste contectum; attingere uni sacerdoti concessum.*
> *is adesse penetrali deam intellegit vectamque bubus feminis multa cum veneratione prosequitur. laeti tunc dies, festa loca, quaecumque adventu hospitioque dignatur.*
> *non bella ineunt, non arma sumunt; clausum omne ferrum; pax et quies tunc tantum nota, tunc tantum amata, donec idem sacerdos satiatam conversatione mortalium deam templo reddat.*
> *mox vehiculum et vestis et, si credere velis, numen ipsum secreto lacu abluitur. servi ministrant, quos statim idem lacus haurit. arcanus hinc terror sanctaque ignorantia, quid sit illud, quod tantum perituri vident.* (Fuhrmann, 2000)

> 40. Die Langobarden dagegen adelt ihre kleine Zahl: von recht vielen und gar starken Nationen umschlossen, sind sie nicht durch Unterwürfigkeit geschützt, sondern durch Schlachten und durch das Bestehen der Gefahren. Die Reudigner hierauf, und die Avionen, die Anglier und Variner, die Eudosen, Suardonen und Nuitonen sind durch Flüsse und Wälder

> verwahrt. Nichts ist bemerkenswerth an all den Einzelnen, als daß sie vereint die Nerthus/Hertha verehren, d. i. die Mutter Erde, des Glaubens, daß diese eingreife in der Menschen Leben und in der Völker Mitte fahre. Es ist auf einer Insel im Ozean ein heilig-reiner Hain und in demselben ein geweihter, mit einem Gewand bedeckter Wagen, zu berühren nur dem Priester gestattet. Dieser weiß genau, wenn die Göttin im Heiligthum gegenwärtig ist, und begleitet sie, von weiblichen Rindern gezogen, mit tiefer Verehrung. Freudenvoll sind dann die Tage, festlich all die Orte, welche die Göttin ihres Besuches und Eintretens würdigt; keine Kriege beginnen sie, keine Waffen ergreifen sie; verschlossen ist jedes Eisen; Friede und Ruhe sind dann allein bekannt, sind dann allein geliebt, bis die des Umgangs mit den Sterblichen satte Göttin der nämliche Priester dem Heiligthume zurückgibt.
>
> Hierauf wird der Wagen nebst den Gewändern, und, wenn man glauben will, das Gotteswesen selbst in geheimem Teiche gebadet. Sklaven sind da die Diener, welche sogleich der nämliche See verschlingt. Daher geheimnißvoller Schauer und heiligfromme Unwissenheit, was jenes Wesen sei, das nur dem Untergang Geweihte sehen. (Übersetzung: Fuhrmann, 2000)

In dem Tacitus-Text selbst findet sich keine zeitliche Einordnung des Festes. Im römischen Kalender (siehe Anhang A) war jedoch der Monat April, genauer der 15. April, der Festtag an dem die sog. *Fordicidia* zu Ehren der Terra Mater (Tellus) stattgefunden haben. So dass sich über die Assoziation mit der Terra Mater indirekt ein Termin im 4. Lunarmonat (April/ Ostermond) für das Erda-Fest ableiten läßt.

10.2.4. Altes Mittsommer – Fahrtage und Brautläufe

Mit dem Winternachtsabend, dem Mittwinterfest und dem Sommerbeginn sind die drei großen nordischen Opferfeste / Blót des zwei- bzw-viergeteilten Jahreskreises benannt. Auf den *Primst*äben, den alten , ist noch ein vierter Tag als *Mittsommer* markiert, der für die Nordleute wiederum nicht auf die Sommersonnenwende fällt, sondern, wie wir in dem Abschnitt über die Quartalseinteilung des Jahres gelesen haben, sogar auf einen Zeitpunkt einen Monat nach der Sonnenwende (14. Juli^{J} / 21./22. Juli^{G}) Diesen Zeitpunkt bezeichnete man auf dem *Primstav* und in etlichen

Textquellen als *alter Mittsommer*. Wieder haben wir die Mitte eines julianischen Monats, was bei Zugrundelegung eines Mondkalenders dem Vollmond des siebten Lunarmonats nach der Wintersonnenwende entspricht. Für diesen Zeitpunkt gibt es jedoch nur wenig, was auf ein großes *Blót* zu dieser Zeit hinweist. Den Begriff *miðsumarsblót* (Mittsommeropferfest) finden wir im altnordischen Schrifttum nur einmal: in Snorris Heimskringla, genauer im Kapitel 72/65 der *Olafssaga Tryggvarssonar*.

Olafssaga Tryggvarssonar Kap 72. Þing í Þrándheimi.

Ólafr konungr dró þá saman lið mikit austan or landi um sumarit ok hélt liði því norðr til Þrándheims, ok lagði fyrst inn til Niðaróss. Síðan lét hann fara þingboð um allan fjörðinn ok stefndi 8 fylkna þing á Frostu. En bændr sneru þingboði í herör ok stefndu saman þegn ok þræl um allan Þrándheim. En er konungr kom til þings, þá var kominn bóndamúgrinn með alvæpni. En er þing var sett, þá talaði konungr fyrir lýðnum ok bauð þeim at taka við kristni. En er hann hafði litla hríð talat, þá kölluðu bændr ok báðu hann þegju, segju at ella mundu þeir veita honum atgöngu ok reka hann í brott. Gerðu vér svá, sögðu þeir, við Hákon Aðalsteinsfóstra, þá er hann bauð oss þvílík boð, ok virðu vér þik eigi meira en hann. En er Ólafr konungr sá æði bóndanna, ok þat með at þeir höfðu her svá mikinn, at ekki mátti við standa, þá veik hann ræðunni ok sneri til samþykkis við bændr; sagði svá: Ek vil, at vér gerim sætt vára, svá sem vér höfum áðr lagt með oss; vil ek fara þar til, er þér hafit hit mesta blót yðart ok sjá þar siðu yðra, tökum þá ráð várt um siðu, hverja vér viljum hafa, ok samþykkjum þá þat allir. En er konungr talaði linliga til bónda, þá mýktust hugir þeirra, ok fór síðan alt talit líkliga ok sáttgjarnliga, ok var þat ráðit at lyktum, at vera skyldi **miðsumars blót** *inn á Mærinni, ok skyldu þar til koma allir höfðingjar ok ríkir bændr, svá sem siðr var til; þar skyldi ok koma Ólafr konungr.*

65. Das Thing in Drontheim

König Olaf zog im Sommer ein großes Heer aus dem Osten des Landes zusammen und steuerte mit diesem nordwärts nach Drontheim. Er landete zuerst an der Mündung des Nid. Dann ließ er ein Thing über den ganzen Drontheim-Fjord hin ausrufen und berief die Versammlung der acht Gaue (Fylke) nach Frosta, aber die Bauern machten aus der Einladung zum Thing ein Kriegsaufgebot, und sie riefen zu den Waffen zusammen Freie wie Unfreie aus ganz Drontheim.

So waren, als der König zum Thing kam, alle Bauern in voller Waffenrüstung dort erschienen. Nach der Thingeröffnung sprach der König zum Volke und forderte die Annahme des Christentums. Als er aber kurze Zeit geredet hatte, da schrien die Bauern dazwischen und hießen ihn schweigen; sie drohten, sonst würden sie ihn angreifen und ihn aus dem Lande jagen – „so machten wir es mit Hakon Äthelstans Ziehson", riefen sie, „als jener ein solches Ansinnen an uns stellte, und dich werten wir nicht höher als ihn."

Da nun König Olaf die Wut der Bauern sah, außerdem, daß sie ein so großes Heer hatten, daß er ihnen nicht entgegnen konnte, da lenkte er mit seiner Rede ein und tat so, als ob er sich den Bauern fügen wolle. Er sagte: „Ich möchte, daß wir das gute Einvernehmen herstellen, daß früher zwischen uns war. Ich will dorthin gehen, wo ihr eure größte Opferstätte habt und mir euere Sitte (Brauch) ansehen. Dann können wir unseren Beschluß fassen, welche Sitte (Religion, Glauben) wir beibehalten wollen, und dann wollen wir uns alle darüber verständigen." Als der König nun so sanft zu den Bauern sprach, da wurden sie milderen Sinnes, und ihre Aussprache ging dann ganz friedlich und versöhnlich von statten. Schließlich wurde beschlossen, daß ein **Mittsommer-Opferfest** in Mären stattfinden solle. Dort sollten alle Häuptlinge und mächtigen Bauern erscheinen, wie es Sitte (das der Brauch) war, und dorthin sollte auch König Olaf kommen (Übersetzung nach Felix Niedner, 1965)

Der *Olafssaga Tryggvarssonar* zufolge gab es also ein *miðsumars blot*, das deutlich nach dem Allding stattfand und nicht, wie mancherorts behauptet, mit diesem identisch war.

Einen indirekten Hinweis auf die Existenz eines Mittsommeropferfestes finden wir noch im Ágrip *af nóregskonunga* sögum (Kapitel 19) ...

Ágrip af nóregskonunga sögum, XIX. Kapítuli

... Hann hafði sjau vetr ok tvítján, er hann kom í Nóreg, ok á þeim fimm vetrum, er hann bar konungs nafn í Nóregi, kristnaði hann fimm lönd: Nóreg ok Ísland ok Hjaltland, Orkneyjar ok i fimmta Færeyjar, ok reisti fyrst kirkjur á sjálf(s) síns höfuðbólum ok felldi blót ok blótdrykkjur ok lét í stað koma í vil við lyðinn hátíðadrykkur jól ok páskar, ***Jóansmessu mungát*** *ok haustöl at Míkjálsmessu.* (Einarsson, 1985)

Auszug aus der Saga der Norwegerkönige 19. Kapitel

... Er war siebenundzwanzig Winter (Jahre) alt als er nach Norwegen kam, und in den fünf Jahren, als er den Titel (Namen) König von Norwegen trug, christianisierte er fünf Länder: Norwegen, Island, die Shetlands, die Orkney Inseln und im fünften die Färöer, und er errichtete die ersten Kirchen selber auf seinen Hauptwohnsitzen, er schaffte die Opferfeste und Opfer(trink)gelage ab und ließ an ihrer Stelle die Festgelage Jul (Weihnachten; 25. Dezember[G]), Passah (Ostern, weiterhin zum Vollmond gen Ostersonntag), das Johannismeß-Bier (24. Juni[G]) und das Herbstbier zur Michaelismesse (29. September[G]) feiern. (eigene Übersetzung)

Hier erfahren wir also, dass vier verschiedene, ursprünglich heidnische, jedoch nicht genauer benannte Feste terminlich verlegt wurden und so ein wahrscheinliches *miðsumarsblót* (Mittsommeropferfest) im Rahmen der Christianisierung auf das Datum der Johannisnacht (24. Juni[G]), also dem formalen Termin der Sommersonnenwende, vorverschoben wurde, was wir in gleicher Weise für das heidnische Jólfest durch Hakon den Guten bereits vernommen haben. Der Begriff *Jóansmessu mungát* legt nahe, dass es üblich war, selbst gebrautes Bier (an. *mungát*) zu Mittsommer zu verköstigen.

An dieser Stelle soll auch noch unterstrichen werden, dass sich mit der Christianisierung neben der terminlichen Verschiebung auch die Namen der Feste, zumindest in der Häufigkeit ihrer Verwendung, änderten. So wurde anstelle der Winternächte oder eines Winternächteopfers vermehrt von einem Herbstfest oder Herbstopfer, wenn nicht gar direkt von der Michaelismesse gesprochen. Statt eines Mittwinterfestes findet man vermehrt das Julfest. Anstelle eines *sigr-* oder *várblóts* lesen wir von einem Passahafest (Ostern), und wie gesagt anstelle eines Mittsommers taucht der Begriff Johannismesse (-nacht) auf, wobei entsprechend der terminlichen Verlegung auch die Sommersonnenwende begrifflich herangezogen wird.

Durchsucht man die Sagatexte nach dem Begriff *Mittsommer*, stellt man fest, dass dieser überwiegend im Zusammenhang mit Hochzeiten (im Sinne von Heiraten) und Seefahrten verwendet wird. So heißt es in der *Brennu Njáls Saga* (Kapitel 2):

Síðan stóðu þeir upp og tókust í hendur og fastnaði Mörður Hrúti dóttur sína Unni og skyldi boð vera hálfum mánuði eftir mitt sumar að Marðar.

Mörd verlobte seine Tochter Unne mit Rut; die Hochzeit sollte bei ihm einen halben Monat nach Mittsommer gefeiert werden. Darauf ritten sie fort vom Ting und begaben sich auf den Heimweg. (Übersetzung: http://www.zeno.org/nid/20004439082)

Darüber hinaus ist, wie bereits angedeutet, der Mittsommertermin mit dem Beginn von Seefahrten assoziiert. In seiner Edda (*Skáldskarparmál* Kapitel 78) benutzt Snorri an der Stelle, wo wir eigentlich den Begriff Mittsommer erwarten, den Begriff Fahrtage (an. *fardaga*): „*Und ab da ist Frühling bis zu den Fahrtagen.*" Ähnliche Zusammenhänge finden wir auch in verschiedenen Sagas. So in der Saga von Gunnlaug Wurmzunge:

Gunnlaugs saga ormstungu 10. Útkváma Gunnlaugs ok brúðkaup Hrafns.
Nú leið þat sumar ok vetrinn eftir, ok kómu Danir eigi. Ok eftir ***mitt sumar*** *fekk Gunnlaugr orlof til brottferðar af konungi, ok fór Gunnlaugr þaðan austr til Nóregs ok fann Eirík jarl í Þrándheimi á Hlöðum, ok tók jarl honum þá vel ok bauð honum þá með sér at vera.*

So ließen sie einen Sommer und einen Winter vorübergehen, doch die Dänen kamen nicht. Nach **Mittsommer** bekam Gunlaug vom König die Erlaubnis, hinfort zu fahren. Und Gunlaug fuhr darauf gen Osten nach Norwegen, um Erik den Jarl vom Lade in Trondheim zu treffen. (Übersetzung: Felix Niedner, 1964)

Nach Mittsommer, der den Beginn der Fahrtage darstellt, wird die königliche Erlaubnis zur Seefahrt erteilt.

In der Saga von Grettir dem Starken erfahren wir zwar nichts von einem Opferfest oder ähnlichem, aber der Mittsommerzeitpunkt scheint ein von bösen Geistern befreiter oder unter einem guten Omen stehender Zeitpunkt zu sein, zumindest im Vergleich zu der Zeit davor oder danach.

Grettis saga 33. kafli

Um vorið fékk Þórhalli sér hjón og gerði bú á jörðu sinni. Tók þá að minnka afturgangur meðan sólargangur var mestur. Leið svo fram á ***miðsumar.*** *Þetta sumar* ***kom út skip*** *í Húnavatni. Þar var á sá maður er Þorgautur hét.*

Im Frühling nahm sich Thorhall neues Gesinde, stellte die zerstörten Gebäude wieder her und wohnte wie von Neuem auf seinem Hofe. Da begann der Spuk abzunehmen, so lange die Sonne hoch stand. So ging es **bis zum Mittsommer. Da kam ein Schiff** in das Hunavatn. An Bord des Schiffes war ein Mann namens Thorgaut ... (Übersetzung, Paul Herrmann, 1922)

Darüber hinaus erscheint in der Sagahandlung in der Zeit nach Mittsommer, d.h. in den Fahrtagen, ein Schiff. Um generell noch einen Eindruck von der jahreszeitlichen Planung und Durchführung der Viking Fahrten zu vermitteln, möchte ich hier noch eine Textstelle aus der *Orkneyinga Saga* zitieren.

114. Orkneyinga Saga. Þattr Rögnvalds Jarls.

Eptir fall Rögnvalds jarls tók Haraldr jarl undir sik allar Eyjar, ok gjörð ist einn höfð ingi yfir. Haraldr jarl var mikill höfð ingi, manna mestr ok sterkastr, ódæll ok skap-harðr. Hann átti Afreko; þeirra börn vóru þau: Heinrekr, ok Hákon, Helena, ok Margret. Þá er Hákon var fárra vetra gamall, bauð Sveinn Ásleifarson honum til fóstrs; ok fæddist hann þar upp. Ok þegar hann var sva færr, at hann mátti fara með öðrum mönnum, þá hafði Sveinn hann í hernað með sér hvert sumar, ok leitaði honum í öllu virðingar. Þat var háttr Sveins í þann tíma, at hann sat um vetrum í Gareksey heima, ok helt þar jafnan átta tigi karla á sinn kost. Hann átti svá mikinn drykkju-skála, at engi var annarr jafn-mikill í Orkneyjum. Sveinn hafði á várum starfa mikinn, ok let færa niðr ofa-mikit sáð, ok gekk þar mjök sjálfr at. En er lokit var þeim starfa, fór hann ***hvert vár*** *í víking, ok herjaði um Suðreyjar ok Írland ; ok kom heim eptir* ***mitt sumar****. Þat kallaði hann* ***vár-víking****. Þá var hann heima til þess er akrar vóru uppskornir, ok set var fyrir kornum. Þá fór hann í víking, ok kom þá ekki fyrr heim* ***en mánuðr var af vetri****, ok kallaði hann þat* ***haust-víking****.* (Vigfusson, 1887)

<u>56. Die Geschichten von den Orkadenjarlen – Von Jarl Harald und Svend</u>
Nach dem Fall Jarl Rögnvalds nahm Jarl Harald von allen Inseln Besitz und machte sich zum Alleinherrscher darüber. Jarl Harald war ein großer Häuptling, ein sehr großer und starker Mann. Er hatte Afreka zur Frau; ihre Kinder waren Heinrich und Hakon, Helena und Margret.
Als Hakon wenige Jahre alt war, erbot sich Svend Asleifssohn zur Kindespflege für ihn, und so wurde er dort aufgezogen. Und sobald er soweit war, daß er mit anderen Männern mitziehen konnte, nahm Svend ihn jeden Sommer mit sich auf Kriegsfahrt und hatte bei allen seine Ehrung im Auge.
Es war Svends Gewohnheit in jener Zeit, daß er den Winter über daheim saß in Gairsay und dort immer achtzig Leute auf seine Kosten hielt. Er hatte eine so große Trinkhalle, das keine andere so groß war auf den Orkaden.
Svend hatte im Frühjahr immer viel Arbeit und ließ überaus viel Getreide aussäen und legte selbst tüchtig Hand an. Wenn aber diese Arbeit beendet war, fuhr er **jeden Frühling** auf den Wiking und heerte um die Hebriden und Irland und kam nach dem **Mittsommer** nach Hause, das nannte er den **Frühjahreswiking**. Dann blieb er zuhause, bis die Felder abgeerntet und das Getreide geborgen war. Dann fuhr er auf den Wiking und kam dann nicht eher nach Hause, als bis **ein Monat vom Winter** vorüber war; und das nannte er den **Herbstwiking**. (Übersetzung: Walter Baetke, 1966)

In diesem Zusammenhang scheint Mittsommer vielmehr der Beginn der Erntesaison zu sein, was auch mit den drei darauffolgenden Monatsnamen Heuerntemonat (an. *heyannir*), Kornschnittmonat (an. *kornskurðarmánaðr*) und Herbstmonat (an. *haustmánaðr*) sehr stimmig erscheint.

Eine etwas andere Formulierung für Mittsommer finden wir in der *Yngvars saga víðförla*:

<u>*Yngvars saga víðförla XIV. Kapítuli*</u>
En er tveir vetr váru úti, siglir Sveinn ór Svíþjóðu, en Ketill dvaldist þar eptir, ok lézt hann svá heyra sagt, at Sveinn væri í Görðum um vetrinn ok bjóst um várit þaðan ok sigldi at ***sumarmagni*** *ór Garðaríki, ok vissu menn þat síðast til hans, at hann sigldi í ána.*

Und nach zwei Wintern segelte Svein aus Schweden davon, aber Ketil blieb zurück und er behauptete, dass ihm Svein erzählt habe, den Winter über in Russland zu sein, und er sich darauf vorbereitete im Frühling von dort wegzusegeln. Zu **Mittsommer** segelte er dann aus Russland hinfort und die letzten Leute waren gewiß, dass er auf dem Fluss davon segelte.

Hier wird statt des Begriffes *miðsumar* (Mittsommer) der Begriff *sumarmagni* benutzt, der natürlich auch als Hoch- bzw. Mittsommer übersetzt werden kann, wie dies hier auch geschehen ist. Der zweite Wortbestandteil *magn* bedeutet so viel wie „Kraft", „Stärke", „Macht" oder „Hauptteil", so dass man diesen Begriff wörtlich auch als den Zeitpunkt der größten Kraft/ Macht des Sommers oder der Sonne übersetzten kann.

In der Saga von Hrafnkel dem Freysgoden, wird noch von einem Viehdiebstahl zu Mittsommer berichtet.

Hrafnkels saga Freysgoða Kap. 5. Einarr reið Freyfaxa.
Einarr ferr nú heim eftir klæðum sínum ok flytr heim á Aðalból. Síðan var fært í sel fram í Hrafnkelsdal, þar sem heitir á Grjótteigsseli. Einari ferr allvel at um sumarit, svá at aldri verðr sauðvant fram allt ***til miðsumars****, en þá var vant nær þrimr tigum á sauðar eina nátt. Leitar Einarr um alla haga ok finnr eigi.*

Einar begab sich nun nach Hause und brachte seine Sachen heim nach Aðalból. Später zog er mit seinem Vieh ins Hrafnkel-Tal auf eine Alm die den Namen Grjótteigsseli trug. Im Sommer ging es ihm dort gut, so dass er nichts vermisste – **bis Mittsommer** – da kamen in einer Nacht 30 Schafe weg. Er suchte nach ihnen auf allen Weiden. Doch er fand sie nirgends. (Übersetzung: Gustav Neckel, 1913)

Hier kann man bestenfalls von einem Fall von „Selbstexekutive" nach dem Allding ausgehen. Genauere Informationen über ein Mittsommerfest finden wir hier jedoch nicht.

Das neue, heute vor allem in Schweden gefeierte, Mittsommerfest (Johannisnacht, schw. *Sankt Hans afton*), welches im Gegensatz zum lunaren Mittsommer auch als neues Mittsommer bezeichnet wird, ist vom Brauchtumsaspekt eigentlich ein Import des deutschen Maibaumsetzens, der erst im 16. Jahrhundert nach Schweden gelangt ist (Schön, 2004).

10.2.5. Archäologische Belege für die Opferfeste an den Quartalstagen

Einen archäologischen und recht eindrucksvollen Beleg für die Opferfeste zu den Quartalstagen liefern Ola Magnell und Elisabeth Iregren von der Universität Lund (Magnell & Iregren, 2010). Sie analysierten die knöchernen Überreste auf dem Areal der *Frösö*-Kirche im schwedischen Jämtland.

Die analysierten Knochenreste befanden sich ursprünglich im Umkreis einer Birke, die sich auf der „Insel des Freyr", wie der Name *Frösö* wörtlich übersetzt lautet, befand und als Opferstätte, d.h. als *Blót*-Baum, diente. Die Insel *Frösö* bildet eine Art Zentralheiligtum im Storsjön (großer See). In der Zirkumferenz des Storsjön finden wir mehrere andere Heiligtümer: *Odensala* (Odinssaal), *Ullvi* (dem *Ullr* geweihtes Areal), *Norderön* (Insel des *Njörd*), *Vi* (geweihtes Areal) und fünfmal *Hov* (Tempel, Hof). Inmitten dieser mythologischen Landschaft repräsentierte die Birke höchst wahrscheinlich den Weltenbaum im Sinne eines sakralen Zentrums. Im Rahmen einer Renovierung der dortigen Holzkirche im Jahre 1984 wurden unter dem Boden der Kirche die Reste des o.g. Birkenstumpfes und des Wurzelwerkes sowie oberhalb des Wurzelwerkes u.a. Knochenreste gefunden.

Die Knochen ließen sich als Überreste von Braunbär, Schaf (Lämmer), Ziege, Elch, Rotwild, Auerhuhn, Rind (Kälber), Schwein (Ferkel), Pferd und Hund identifizieren. Mit Hilfe der Radiokarbondatierung konnten die Überreste in die späte Wikingerzeit, genauer in die Zeit zw. 980 bis 1025 datiert werden.

Da unter den Opfertieren relativ viele juvenile Tiere, vor allem Ferkel, Lämmer und Braunbärenjunge, aber auch Zicklein, Pferdefohlen, Kälber und Elchfohlen waren, die, gemäß ihres Alters zum Opferzeitpunkt, eine umschriebene saisonale Verfügbarkeit aufwiesen, konnten diese als jahreszeitliche Indikatoren herangezogen werden.

Die der Datenlage entsprechend kürzest möglichen Opferzeiten belaufen sich für Ferkel (7-9 Monate alt), Lämmer (6-9 Monate alt) und Elchfohlen (4-8 Monate alt) auf ein Zeitfenster im November (Oktober bis Dezember), was das Winternächteopfer anzeigen würde. Tieropfer von Ferkeln (1-3 Monat alt), Kälbern (1 Monat alt), Zicklein (1 Monat alt) Jungschafen (11-13 Monate alt), Jungelchen (10-12 Monate alt) und Pferdefohlen (0-6 Monate alt) indizieren einen Opferzeitpunkt im April

(März-Mai), was mit dem *Várblót*/Osterfest in Assoziation zu bringen ist, das u.a. auch das Ende der Jagdsaison darstellt. Eine größere Anzahl von Ferkelopfern im Alter von 2-6 Monaten umschreibt eine Opferzeit im Juni und Juli, was dem alten Mittsommer entspricht. Opferung zu Mittwinter/Jólfest sind gemäß der Fundanalyse durch die Autoren nicht nachweisbar.

10.2.6. Die Termine für Vár-, All- und Herbstding

Das *sumarmál* (Sommerbeginn) ist nicht nur einer der bedeutendsten Festtage der Nordleute, sondern auch ein wichtiges Ankerdatum. Im relativen Bezug auf den Sommerbeginn wurden nämlich die Termine für die isländischen Dingversammlungen, vor allem für das isländische **Allding** (an. *alþingi*), festgelegt. Das isländische Gesetzbuch – die *Grágás* (Graugans) schreibt hierzu:

> Grágás II/23. Wie die Goden ans Ding kommen sollen
>
> Die Goden alle sollen ans Ding kommen an dem Donnerstag, da zehn Wochen vom Sommer um sind, bevor die Sonne vom Dingfeld geht. Kommen sie aber nicht so, dann sind sie bußfällig und aus ihrem Godentum, wenn nicht Notlage verschuldet, daß sie nicht kommen. die (drei) Goden eines Dingkreises haben auszumachen, wer von ihnen das Godentum führen und die Sachen aufnehmen soll der Drittelsleute des Goden, der daheim bleibt.
>
> (Übersetzung: Andreas Heusler, 1937)

Im Klartext bedeutet das, dass genau an dem Donnerstag nach dem Ende der zehnten Woche nach dem *sumarmál* bzw. *vár-/sigrblót* (im isländischen Wochenkalender) das Allding zusammentrifft. Dies geschieht für zwei Wochen, den sogenannten Dingwochen (is. *þingvikur*). Das hat zur Folge, dass die Sommersonnenwende immer in diese zwei Dingwochen fällt. Das Frostothingsrecht datiert das sogenannte *Eyrathing*, die norwegische Entsprechung zum isländischen Allding, auf die zwei Wochen vor der Johannesmesse (24. Juni[G]), was auch wiederum die Sommersonnenwende (21. Juni[G]) einschließt.

> Das Eyrathing sollen die Männer aus den acht Fylken (Anm. bis heute die Bezeichnung der norwegischen „Bundesländer"/„Kantone") abhalten in jedem Jahre, einen halben Monat vor der Johannesmesse (24. Juni). Und der Amtswalter soll den Gebotsstock für das Thing schneiden, und jeder Bonde (Anm. freier Bauer) soll (zum Thinge) fahren, der Arbeitsleute hat, oder er bezahle eine volle Mark, jeder, der nicht fährt. Aber dieses Thing ist für jeden Bonden von selbst geboten, wenn auch die Amtswalter es versäumen (zum Thinge zu laden). Aber der Amtswalter soll nicht Anklage erheben in dieser Sache, wenn er den Gebotsstock für das Thing nicht schneidet. (Übersetzung: R. Meißner, 1939)

Ein solarer Mittsommer zur Sommersonnenwende – was ein immer noch weit verbreiteter Irrtum ist – würde also in einem terminlichen Konflikt zum Allding geraten. Andererseits kann man vermuten, dass das Allding in irgendeiner Form ein Vorläufer der späteren Sonnenwend- / Johannisnachtfeiern im Brauchtum war. Der letzte Tag des Alldings, natürlich gleichfalls ein Donnerstag, wurde als Waffenaufnahme (is. *vápnatak*) bezeichnet (Janson, 2009).

Neben dem Allding gab es noch kleinere regionale Dingversammlungen. Im Frühjahr wurde das sogenannte ***vorþing*** (dt. Frühlingsding) abgehalten, das den *Rímspillir* (II p. 84 §4) zufolge 5 Wochen und zwei Tage nach dem *sumarmál* bzw. *vár-/sigrblót* stattfand. Die *Grágás* (altisländisches Gesetzbuch) ist hier etwas weniger genau und datiert das *vorþing* in die 4.-6. Woche nach dem Sommerbeginn (Janson, 2009).

Noch ungenauer lässt sich das sogenannte **Herbstding** (an. *haustþing*) datieren. Dies ist wahrscheinlich darin begründet, dass ggf. ein Schaltmonat nach dem 7. Lunarmonat eingefügt wurde. Es wurde „einige Wochen nach dem Allding" abgehalten (Heggstad et al., 1997). Beim Herbstding wurden die Beschlüsse und Urteile des Alldings bekannt gemacht (Heggstad et al., 1997). Zum Herbstding fand auf Island auch immer ein großer Heerbann statt, weshalb eine synonyme Bezeichnung für das Herbstding auch leiðmót (Treffen zum Leidang/Heeres- bzw- vielmehr Schiffsaufgebot; Heggstad et al., 1997) war.

Tab. 7: Zusammenfassung der Festzeiten und Dinge im zwei-/viergeteilten Jahreskreises

Bezeichnungen des Festes	**Zeit im Lunarkalender**	**Ankerda**tum	**Sinn des Festes**
Jólopfer / *jólablót* Mittwinteropfer / *miðvetrblót* Hacknacht / *hökunótt*	Der Vollmond, dessen Neumond als Erster nach dem Ende der WSW zündet 1. Lunarmonat = Später Jólmond	Mittwinter / *miðvetr* 20.-22. Jan.[G]	Beginn des lunaren Neujahrs, Begrüßung des Neuen Königs/ Neujahrs-Mondes (*Nykung/Nytungl*) Mitte des Winters
Ostern / *éastre* Frühlingsopfer / *várblót* Siegesopfer / *sigrblót*	Vollmond des 4. Lunarmonats = Ostermond/ *einmánaðr*	Sommerbeginn / *sumarmál* 20.-22. April[G]	Beginn des Sommers im zwei-/viergeteilten Jahreskreis
vorþing (dt. Frühlingsding)	5 Wochen und zwei Tage nach dem *sumarmál*	29. Mai[G]	Vorbereitung des Alldings
alþing (dt. Allding)	Ab dem ersten Donnerstag zehn Wochen nach dem *sumarmál* für 2 Wochen einschl. der Sommersonnenwende	21./22. Juni[G] bzw. am Donnerstag davor	Größte legislative und judikative Versammlung einer Gegend
Mittsommeropfer / *miðsumarsblót*	Vollmond des 7. Lunarmonats = Später *líða*-Mond	Mittsommer / *miðsumar* 20.-22. Juli[G]	Mitte des Sommers Brautläufe (?) Abschied von Reisenden (?) Beginn der Erntesaison

Herbstding / *haustþing* Heerbann / *leiðmót*	„einige Wochen nach dem All-ding"	evtl. 5 Wochen nach Mittsommer? (25. September[G] ?)	Allding-Beschlüsse bekannt geben, Heeraufgebot
Winternachtsopfer / *vetrnóttablót* Wintervollmond / *winterfylleth* Disenopfer / *dísablót* Herbstopfer / *haustblót* Elbenopfer / *alfablót* (?) Tamfana-Opferfest	Vollmond des 10. Lunarmonats in Schaltjahren 11. Lunarmonats = Wintermond	Winternächte / *vetrnætr* 20.-22. Oktober[G]	Beginn des Winters im zwei-/viergeteilten Jahreskreis, Erntedankfest, Ahnenverehrung

10.3. Festtage außerhalb der Quartalseinteilung des Jahres

10.3.1. *Þorrablót* – *Góiblót* – *Frøblót* und das jährliche *Disting* in Uppsala

Aus dem *Flateyarbók* (Kapitel: *Hversu Noregr byggðist* – „Wie Norwegen gegründet wurde") und etwas abgewandelt in der *Orkneyinga Saga* (Kapitel: *Fundinn Nóregr* – „Norwegens Gründung") kennen wir eine Erzählung, die das sogenannte *þorrablót* sowie auch ein *góiblót* in einem gemeinsamen mythologischen Zusammenhang bringt:

Frá Fornjóti ok hans ættmönnum – Fundinn Noregr I. Kapítuli

*Fornjótr hefir konungr heitit. Hann réð fyrir Gotlandi (*Jótlandi hdr.), er kallat er Finnland ok Kvenland. Þat er fyrir austan hafsbotn þann, er gengr til móts við Gandvík; þat köllum vér Helsingjabotn. Fornjótr átti þrjá syni. Hét einn Hlér, er vér köllum Ægi, annarr Logi, þriði Kári. Hann var faðir Frosta, föður Snæs ins gamla. Hans sonr hét* ***Þorri****. Hann átti tvá syni, hét annarr Nórr, en annarr Górr, dóttir hans hét* ***Gói****. Þorri var blótmaðr mikill. Hann hafði blót á hverju ári* ***at miðjum vetri****; þat kölluðu þeir* ***Þorrablót****. Af því tók mánaðrinn heiti.*

Þat var tíðenda einn vetr at Þorrablóti, at ***Gói*** *hvarf í brott, ok var hennar leita farit, ok finnst hún eigi. Ok er sá mánaðr leið, lét Þorri fá at blóti ok blóta til þess, er þeir yrði vísir, hvar* ***Gói*** *væri niðr komin; þat kölluðu þeir* ***Góiblót****. Einskis urðu þeir vísir um hana at heldr.*
Þrim vetrum síðar strengdu þeir bræðr heit, at þeir skyldu hennar leita ok skipta svá leitinni, at Nórr skyldi leita um löndin, en Górr skyldi leita um útsker ok eyjar, ok fór hann á skipum. Hvárrtveggi þeira bræðra var fjölmennr. Helt Górr skipum sínum út eptir hafsbotnum og svá í Allanzhaf. Síðan kannar hann víða Svíasker ok allar eyjar, er liggja í Eystrasalti, eptir þat í Gautasker ok þaðan til Danmerkr ok kannar þar allar eyjar. Hann fann þar frændr sína, þá er komnir váru af Hlé inum gamla ór Hlésey, ok helt hann þá enn fram ferðinni ok spyrr ekki til systur sinnar .... (http://www.heimskringla.no/wiki/Om_Fornjot_og_hans_ættemenn._Oppdagelsen_av_Norge)

Von Fornjotr und seinen Kindern – Die Gründung Norwegens 1. Kapitel

Fornjotr hieß ein König. Er herrschte über Jotland, was heute als Finnland und Kvenland bekannt ist. Das ist östlich von dem Meerbusen, der nördlich Richtung Gandvik zieht, und den wir Helsingabotn nennen. Fornjotr hatte drei Söhne. Der erste hieß Hler, den wir Ägir nennen, der zweite hieß Logi und der dritte Kari. Der war der Vater von Frost und der Vater von Schnee dem Alten. Dessen Sohn hieß **Thorri**. **Thorri** hatte zwei Söhne. Der eine hieß Nor, der andere Gor. Seine Tochter hieß **Gói**. **Thorri** war ein großer Blozmann (Opferer). Jedes Jahr opferte er **zu Mittwinter**. Darum nennen sie das Mittwinteropfer auch Thorriopfer (Þorrablót). Hiervon erhielt auch der Monat **Thorri** seinen Namen.
In einem Winter, während der Zeit des **Thorri-Opfers**, verschwand **Gói**, und trotz gründlicher Suche nach ihr konnte sie nicht gefunden werden. Und als ein Monat vergangen war, begann **Thorri** dafür zu opfern, dass er Gewissheit erlangte, wo **Gói** verborgen war, das nannten sie ihr **Gói-Opfer (*Góiblót*)**. Doch trotz alledem konnten sie nichts über sie in Erfahrung bringen.
Drei Winter (Jahre) später schworen die Brüder einen Schwur, nach ihr zu suchen, und sie teilten die Suche unter sich derart auf, dass Nor auf dem Lande, aber Gor auf den Schären und Inseln mit dem Schiff nach ihr suchen sollte. Beide Brüder hatten eine zahlenmäßig große Gefolgschaft dabei. Gor steuerte seine Schiffe aus dem Meerbusen heraus und segelte

in die Åländer See. Danach suchte er auf den schwedischen Schären und allen Inseln der Ostsee. Danach suchte er auf den Gotländischen Schären und fuhr bis nach Dänemark, wo er alle Inseln absuchte. Er fand dort seine Verwandten, die von Hler, der auf Hlersey lebte, abstammten. Trotz allem setzte er seine Fahrt fort und hörte doch nichts von seiner Schwester … (eigene Übersetzung)

In der Erzählung werden einige isländische Monatsnamen personifiziert. So treffen wir auf *Þorri* und *Gói*, aber auch auch *Gor* (vgl. *górmánaðr*). Anhand der in der Erzählung aufgeführten Reihenfolge wird deutlich, dass das *góiblót* (*Disting*) im Monat *gói*, unmittelbar im Folgemonat nach dem *Þorrablót* im Monat *Þorri* stattgefunden hat und nicht mit dem *várblót* identisch ist, das erst im *einmánaðr*, also einen Monat später, stattfand. Hier ist jedoch, wie wir später aufklären werden, die Gleichsetzung des *Þorrablóts* mit Mittwinter etwas problematisch. Ergänzend hierzu finden wir in der *Saga Ólafs hins helga* aus der *Heimskringla (Snorra Sturlusonar)* Folgendes für die Zeit des dritten Lunarmonats nach der Wintersonnenwende:

77. Frá landsdeild í Svíþjóð og lögum

Í Svíþjóðu var það ***forn landsiður*** *meðan heiðni var þar að* ***höfuðblót*** *skyldi vera að Uppsölum* ***að gói****. Skyldi þá blóta til friðar og sigurs konungi sínum og skyldu menn þangað sækja um allt Svíaveldi. Skyldi þar þá og vera þing allra Svía. Þar var og þá* ***markaður og kaupstefna*** *og stóð viku. En er kristni var í Svíþjóð þá hélst þar þó lögþing og markaður. En nú síðan er kristni var alsiða í Svíþjóð en konungar afræktust að sitja að Uppsölum þá var færður markaðurinn og hafður* ***kyndilmessu****. Hefir það haldist alla stund síðan og er nú hafður eigi meiri en* ***stendur þrjá daga****. Er þar þing Svía og sækja þeir þar til um allt land.*

(http://lind.no/nor/index.asp?lang=&emne=&vis=s_i_olav_haraldsson2)

77. Landeseinteilung und Gesetze in Schweden

In Schweden war es **firne Land-Sitte**, als das Land (noch) heidnisch war, daß das Hauptblót (Opferfest) im Monat ***Gói*** (**März**) zu Uppsala stattfinden sollte. Da sollte man opfern für den Frieden und den Sieg des Königs. Dorthin sollte das Volk aus dem ganzen Schwedenreiche kommen, und dort sollte zu gleicher Zeit die **Dingversammlung** aller Schweden

> abgehalten werden. Auch war dort ein Markt und eine Messe, die eine Woche lang dauerte. Als aber Schweden christlich wurde, hielt man das Gerichsding und den Markt nichtsdestoweniger dort ab. Aber jetzt, wo ganz Schweden christlich geworden war und die Könige aufgehört hatten in Uppsala zu wohnen, wurde der Markt verlegt und zu **Lichtmeß** (2. Februar) abgehalten, und das ist seitdem ständig so geblieben, und jetzt dauert er nur noch drei Tage. Da wird das Schwedending abgehalten, und dorthin kommt man von allen Teilen des Landes... (Übersetzung modifiziert nach Felix Niedner, 1965)

Hier wird sogar von einem Hauptblót, dem *góiblót*, im dritten Lunarmonat *goí* nach der Wintersonnenwende mit einem anschließenden Ding, dem *Disting*, berichtet. Darüber hinaus war dort auch noch ein Markt – Distingsmarkt. Der Mythologie zufolge war *Gói*, von der sich der Monatsname ableitet, eine Fruchtbarkeitsgottheit. Sie wird als Tochter des mythischen Königs *Þórri* aufgeführt, und ihr Name steht wahrscheinlich mit der norddeutschen Sagengestalt *Frau Gaue* in Verbindung. Auch in Südschweden/Schonen kennt man eine Frau *Gyja* als Wetter- und Schneegöttin. Der isländischen Sage nach sind *Einmanuðr* und *Harpa* die Kinder von *Þórri* und *Gói*. Auch bei *Einmanuðr* und *Harpa* handelt es sich um Monatsnamen. Etymologisch soll sich der Name *Gói* von *giwên*, *gewôn* herleiten was soviel wie „die Auftauende“, „die Öffnende“ bedeutet. Das insbesondere in Schweden begangene *Disting* schloss dem Namen nach wohl auch ein Opferfest zu Ehren der Disen – weiblichen göttlichen Wesen – ein, die auch im ersten Merseburger Zauberspruch als Idisen (ahd. *idisi*) Erwähnung finden.

Snorri berichtet, dass das *Disting* dann auf den Zeitpunkt des Lichtmeß-Festes verlegt wurde, also quasi aus den dritten Lunarmonat *gói* in den zweiten Kalendermonat, Februar, des julianischen Kalenders. Dies kann anhand der Monatsnamen nachvollzogen werden. So gibt es aus der Dalarna Mitteilungen, dass der Monat nach dem Jólmond oft als *distingstungel* d.h. als Distingsmond/-monat bezeichnet wurde und der Name *distingstungel* dabei den Monatsnamen *torre* ersetzt habe (Aasen, 1871; Nordberg, 2006). Dies verwirrt etwas, da üblicherweise die Monatsfolge (Später) Jólmond – *Torre/ Þorri* – *Gói/Gjø* überliefert ist und das *Disting* bekanntermaßen im Monat *Gói/Gjø* (siehe oben: *Saga ólafs hins helga* aus der *Heimskringla*) und eben nicht im Monat *Torre* stattgefunden hat. Dies kann man mit der o.g. Verlegung des *Distings* auf den Lichtmeßtermin erklären. Der Grund für diese Verlegung war wahrscheinlich die 40-tägige Fastenzeit vor Ostern, in die das *Disting* gefallen wäre (Wessén, 1924). Und damit erklären sich auch die o.g. Schaltregeln, denn auf den späten Jólmond sollte der Monat *Torre/ Þorri* folgen. Es wird in den Merkregeln aber beständig vom Distingsmonat gesprochen: So heißt es nach der Distingsverlegung: Der Mond, der zum Dreizehnttag scheint, ist der Jól-Mond, der, welcher darauffolgt, ist der Distingsmond. Ein ursprünglicher Distingstermin im dritten Lunarmonat *gói* würde sich auch mit der Aussage Adams von Bremen decken, der schrieb, dass das Distingsopfer um die Zeit der Frühlings-Tag-und-Nachtgleiche stattgefunden hat (*Hoc sacrificium fit circa aequinoctium vernale*; siehe unten).

Vor der Verlegung des Distingtermines hätte eine entsprechende Merkregel vielmehr lauten müssen: Der Mond, der zum Dreizehnttag scheint, ist der Julmond, der, welcher darauffolgt, ist der **Torremond.** Da im späteren skandinavischen Sprachgebrauch *Torreblot* und *Midtvintersblot* sowie auch *Juleblot* synonym verwendet wurden (Winther, 1875), kann man davon ausgehen, dass auch das *Þorrablót* um einen Monat auf den Termin des ursprünglichen Mittwinteropfers (*jólablót*-Termin) vorverlegt wurde, während dieses wiederum durch Hakon I. auf Weihnachten verschoben worden war. Diese Vorverlegung ist jedoch nicht so offensichtlich, denn zum einen kam es (zumindest auf Island) zu einer Verschiebung um etwa einen Monat durch die Umstellung auf die Sieben-Tage-Woche und die verzögerte Einführung des *sumarauki*. Zum anderen zählte, im Gegensatz zum kontinentalen Kalender, der isländische Kalender von Voll- zu Vollmond und nicht von Neu- zu Neumond, so dass mit dem entsprechenden Jól-/Mittwintervollmond nun der Monat þorri begann bzw. der Mittwintertermin auf den 1. þorri fiel. So wurde das þorrablót weiterhin seinem Namen gerecht. Hieraus kann man also schlussfolgern, dass das *Þorrablót* nicht ursprünglich mit dem Mittwinter- oder *jólablót*, identisch war, wie es in der Saga erwähnt ist. Der ursprüngliche Termin im Mondkalender war ein Vollmondtermin, der +/- 15 Tage um den 22. Februar lag.

In seiner *Historia de gentibus septentrionalis* (1555) berichtet Olaus Magnus aus seinem römischen Exil (ergänzend zu der oben aufgeführten

Distingsmerkregel), dass das *Disting* zu einem Vollmond stattgefunden habe, da erst das Mondlicht eine Reise nach Uppsala während der kurzen lichtarmen Wintertage ermöglicht habe (Fote 1996; Magnus 4.6). Das Fest war demnach nicht auf den Lichtmeß-Termin, den 2. Februar, kalenderfixiert, sondern es war weiterhin lunar datiert, allerdings in den ursprünglichen Monat *Torre/Þorri* vorverschoben worden.

Als dritter alternativer Name für das *Disting* bzw. *góiblót* ist mit hoher Wahrscheinlichkeit der Begriff ***Frøblót*** anzusehen, den wir in der *Gesta Danorum* des Saxo Grammaticus aus dem 12. Jahrhundert finden und der soviel wie Frös (Freyrs) Opferfest bedeutet. Saxo schreibt:

> *Frø quoque deorum satrapa sedem haud procul Upsala cepit, ubi veterem litationis morem tot gentibus ac saeculis usurpatum tristi infandoque piaculo mutavit. Siquidem humani generis hostias mactare aggressus foeda superis libamenta persolvit. (Gesta Danorum 3)*

> *Siquidem propitiandorum numinum gratia Frø deo rem divinam furvis hostiis fecit. Quem litationis morem* ***annuo*** *feriarum circuitu repetitum posteris imitandum reliquit.* ***Frøblot*** *Sueones vocant.* (*Gesta Danorum* 1)

> Es gab auch einen Vizekönig unter den Göttern, Frø, der seinen Wohnsitz unweit von Uppsala hatte. Er ersetzte das alte System der Opferfeste, das seit Jahrhunderten bei vielen Völkern praktiziert wurde, durch eine morbide und unaussprechliche Form des Sühneopfers. Er führte abscheuliche Opfer für die göttlichen Mächte ein, bei denen Menschen geschlachtet wurden.

> Um die Gottheiten zu besänftigen, veranstaltete er tatsächlich heilige Opfer mit dunkel gefärbten Opfern für den Gott *Frö/Freyr*. Er wiederholte diese Sühneopfer in einem jährlichen Fest und überließ es seinen Nachkommen diese Tradition fortzuführen. Die Schweden nennen dies das *Frøblót*. (eigene Übersetzung)

Diese Beschreibung und der räumliche Bezug lassen Rückschlüsse auf das jährliche in Alt-Uppsala begangene *Disting* zu, das zumindest alle neun Jahre (siehe unten) mit Menschenopfern begangen wurde. Nur mit dem

Unterschied, dass laut *Gesta Danorum* dieses Opferfest jährlich begangen wurde, weshalb es bereits hier aufgeführt wird. Es ist aber nicht auszuschließen, dass sich Saxo im Bezug auf die jährlichen Menschenopfer geirrt hat.

Tab. 8: Verschiebung von Feiertagsterminen

Name des (heidnischen) Festes	Ursprünglicher Zeitpunkt (Bezug zur WSW)	julianisches/ gregorianisches Ankerdatum	Name des christlichen Festes	Datum des christlichen Festes
jólablót *miðvetrblót*	Vollmond des 1. Lunarnonats (Später Jólmonat)	12.-14. Januar[J] / 19.-21. Janu[a]rG	Jul / Weihnachten Christi Geburt	24. / 25. Dezember[G]
þorrablót	Vollmond des 2. Lunarmonats (þorri)	Mittwinter[1] zusammengelegt 12.-14. Januar[J] / 19.-21. Janu[a]rG	*Þorrablót* (isl. Studentenfest seit 1881)	21. Januar[G]
Alte Fasnacht	Vollmond des 2. Lunarmonats	Peterstag (Kathedra Petri) 22. Februar[G]	Thomastag	21. Dezember[G]
Disting *Frøblót* *Goiblót*	Vollmond des 3. Lunarmonats (*gói*)	Keine Kalenderfixierung	Lichtmeß	Vollmond des *Þorri* (2. Februar[G])
várblót *sígrblót* Ostern	Vollmond zu Gründonnerstag *(eosturmonath)*	13.-15. April[J] / 20.-22. Apr[i]lG	Passah / Ostern	Vollmond zu Ostersonntag

miðsumarsblót	Vollmond des 7. Lunarmonats (*miðsumar*)	13.-15. Juli[J] 20.-22. Juli[G]	Johaniss-nacht	24. Juni[G]
vetrnóttablót Herbstbier	Vollmond des 10. Lunnar-monats (Wintermonat)	13.-15. Oktober[J] / 20.-22. Oktober[G]	Michaelis-messe	29. September[G]
Wintersonnen-wende[2] (Mütternacht)	WSW	21./22. Dezember[J]	St. Luci-afest	13. Dezember[J] 1752
Knut Lavards Todestag[3]	-	7. Januar[J] 1131	St.-Knut-Tag	13. Januar[G] (kalenderfi xierter Mitt-wintertermin)

[1] Die Verlegung des *þorrablóts* kam durch die Umstellung auf den isländischen Kalender zustande, bei dem zum einen durch die Einführung der Sieben-Tage-Woche und die verzögerte Einführung des *sumarauki* eine Verschiebung um etwa einen Monat auftrat und zum anderen die Monate nicht mehr von Neu- zu Neumond sondern von Voll- zu Vollmond definiert waren, so dass das Vollmondfest, das ursprünglich im kontinentalen 2. Lunarmonat am 15. *þorri* gefeiert wurde, auf den Vollmond zwischen *jólmánaðr* und *þorri* d.h. auf den 1. *þorri* / Mittwinter verlegt wurde. Andererseits läßt sich die Gleichsetzung vom alten *þorrablót* und dann später von Lichtmeß und dem *Disting* mit dem Begriff Mittwinter dadurch erklären, dass im viergeteilten Jahreskreis die Jahreszeit Winter nur drei Monate umfasst und hier ein Termin um Lichtmeß die Mitte dieser drei Monate darstellt (siehe O. Rudbeck).

[2] Die Wintersonnenwende wurde selbstverständlich nicht auf den St.-Lucia-Tag verschoben, sondern gelangte durch den Kalenderfehler des julianischen Kalenders sukzessive bis zur Umstellung auf den gregorianischen Kalender auf dieses Datum.

[3] Durch den St.-Knut-Tag wurde der ursprüngliche Mittwintertermin christlich überlagert.

10.3.2. Spurcalia, alte Fasnacht und Funken

Es gibt drei Schriften, die aus der Zeit Ende des siebten – Ende des achten Jahrhunderts stammen, die ggf. ein als *Spurcalia* bezeichnetes Fest erwähnen. Diese drei Schriften sind Aldhelm von Malmesberys (auch bekannt als Aldhelm von Sherborne) *Prosa de Uirginitate* (*cum glosa*), eine angelsächsische theologische Abhandlung, die um das Jahr 685 in Wessex verfasst wurde, der *Indiculus superstitionum et paganarium*, eine fränkische handschriftliche Zusammenstellung der auszurottenden heidnischen Kulthandlungen bei den damals während der Sachsenkriege eroberten Sachsenstämmen. Der *Indiculus superstitionum et paganarium* wurde Anfang des achten Jahrhunderts verfasst und stammt aus dem Kreis des angelsächsischen Missionars Bonifatius, Die dritte Schrift ist die anonym verfasste fränkische Predigt *Homilia de Sacrilegiis*, die aus dem späten achten Jahrhundert stammt.

Die im Kontext der Spurcalien am häufigsten diskutierte Quelle ist der *Indiculus superstitionum et paganarium*. In dieser Handschrift, von der (leider) lediglich das Inhaltsverzeichnis erhalten ist, werden 30 Kapitelüberschriften aufgelistet. Aus diesen Überschriften glaubt man einige Schlüsse auf die heidnische Religion der Westgermanen ziehen zu können. Das besondere daran ist, dass diese Zusammenstellung nicht auf der Beobachtung heidnischen Kultes bei den Sachsen beruht, sondern vielmehr aus südwestlicheren (Rheinfranken, Belgien) Vorstellungen zehrt, die man bei den Sachsen zwar vermutet aber vielmehr aus dem fränkischen (bereits christianisierten) Gebiet kennt (Springer, 2004).

Die dritte Überschrift des *Indiculus superstitionum et paganarium* lautet folgendermaßen: *De spurcalibus in februario*, was soviel bedeutet wie „Über die **Spurcalien** im Februar“, die demnach als heidnische Gepflogenheit als verboten gelten. Analog dazu finden wir in der *Homilia de Sacrilegiis* folgende Passage: *qui in mense februario hibernum credit expellere, uel qui in ipso mense dies spurcos ostendet* – Wer im Monat Februar den Winter auszutreiben glaubt oder wer im selben Monat schmutzige/unzüchtige Feste begeht, [ist kein Christ, sondern Heide] (Anonymus).

Für die Deutung des Wortes *spurcalia* gibt es nun zwei Ansätze. Zum einen kann man davon ausgehen, dass es sich hier um ein originär lateinisches Wort handelt, zum anderen kann man hier ein ursprünglich deutsches bzw. germanisches Wort vermuten, das in dem lateinischen Text latinisiert verwendet wurde.

So gibt es die Deutung, dass es sich bei *spurcalia* um eine Ableitung von lat. *animal spurcum = schmutziges Tier* handelt, womit das Wort eine Umschreibung für das Schwein beinhaltet (Schwein lat. *porcellus*, das wiederum mit dem deutschen Wort Ferkel etymologisch verwandt ist). Damit wäre das lateinische Wort in Analogie zu anderen Festnamen, wie *vulcanalia* – Fest des Gottes Vulcanus, *neptunalia* – Fest des Gottes Neptunus oder *vestalia* – Fest der Göttin Vesta gebildet worden. Heidnische Festlichkeiten sind allgemein auch mit dem lateinischen Begriff *spurcitiae gentilium*, d.h. als heidnisch-unflätiges Verhalten bezeichnet worden. Die Tage der Spurcalien sind auch als *dies spurci*, d.h. als schmutzige Tage, bekannt gewesen. Das Fest ist wohl als Relikt der ursprünglich römischen Reinigungszeremonien im Februar, der *Feralia Parentalia* und *Lupercalia* aufgefasst worden (siehe Anhang A). Der Name lässt sich ggf. damit erklären, dass die römischen Reinigungsopfer oftmals Schweineopfer waren. Doch hier ist einzuwenden, dass sich all die lateinischen *-alia*-Ableitungen meist auf einen Götternamen beziehen. Demnach sollte sich auch der Festname *spurcalia* von einem Götternamen ableiten.

Die zweite unwahrscheinliche Deutung des Wortes bezieht sich auf den Monatsnamen *Sporkelmona*t. Wie bereits bei den Monatsnamen geschrieben, wurde der Februar, in dem die *Spurcalien* datiert sind, auch als *Sprokelmonat, Sporkelmonat, Sporkele, Sprokelmaand, Spurkele* oder *Spirklermonat* bezeichnet. Dies ist als Monat der Brauchtumsgestalt *Spurkele, Sporkele* oder *Spörkelsin* gedeutet, welche als „die Springende“, „die Sprengende“ oder „die Berstende“, die „die winterliche Eisdecke zum zerspringen bringt“, interpretiert worden. Bereits 1783 vermutete der Bischof von Antwerpen (Gallée 1894:251; *Nos hodieque Februarium vocamus Spurekal*) diese Verbindung zwischen dem niederländischen *sporkelmaand* und dem *spurcalibus.* Wobei eine etymologische Verknüpfung zwischen den Monatsnamen und den Spurcalien wenig wahrscheinlich ist, da die jeweiligen (germanischen) Sporkel-Monatsnamen frühestens ab dem 13. Jahrhundert literarisch nachzuweisen sind. Die seltenen lateinischen *Spurcalia*-Erwähnungen sind jedoch, wie bereits geschrieben, in das 7./8. Jahrhundert zu datieren. Damit liegen etwa 400 Jahre zwischen beiden Begriffen. Darüber hinaus finden wir die Sporkel-Monatsnamen in einer Region, die sich grob mit Westphalen, nördlichem Rheinland und den Niederlanden umreißen lässt, während die Spurcalien aus dem Angelsächsischen stammen.

Die erste Erwähnung des Wortes Spurcalia finden wir, wie anfangs erwähnt, in Aldhelm von Malmesberys/Sherbornes *Prosa de Uirginitate*. Sie fungierte als eine Art Mahnung an die Nonnen des Klosters von Barking. Aldhelm von Malmesbery/Sherborne war dafür bekannt, neue Begriffe zu prägen. In der Passage, in der Aldhelm über die sagenumwobene Heilung und Konversion von Konstantin I durch Papst Sylvester heißt es wie folgt:

> *Silvester, qui apud Romam pontificalis cathedrae suscepit sacerdotium, per omnes Europae provincias et florentis Ausoniae parrochias, quam glaciales alpium saltus praeruptis scopulorum cautibus cingunt, signis miraculorum crebrescentibus claruit, siquidem incontaminata corporis pudicitia fretus et iugis abstinentiae parsimonia praeditus*
> *ad letiferum Romae draconem in clandistino criptae speleo latitantem, qui virulentis faucibus et pestifero spiritus anhelitu aethera corrumpens miserrimum populum atrociter vexabat, per centenos latebrarum gradus introrsum descendisse fertur et eandem mirae magnitudinis bestiam, cui paganorum decepta gentilitas ad sedandam furoris vesaniam fanaticae lustrationis* **spurcalia** *turificabat, inextricabili collario constrictam perpetuae ultionis anim adversione (anima versione) perenniter multavit et Romam, fallacis idolatriae cultricem, a funesto victimarum ritu evangelicis assertionibus et signis pariter coruscantibus correxit. [...]*
> *(Aldhelmi opera, Berolini 1919, München, Monumenta Germaniae Historica 4C1b, S. 257-8)*

Silvester, der Papst in Rom war, besetzte alle Priesterämter in allen Provinzen Europas, sowohl in den blühenden Diozösen Italiens wie auch in den Gletscherschluchten der Alpen. Er war für seine Bemühungen berühmt, die Wunder zu vermehren, wenn wirklich die reinen unbefleckten Körper mit Keuschheit im Vertrauen auf beständige Enthaltsamkeit und Sparsamkeit versehen waren.
Eines Tages versteckte sich in der Nähe Roms ein todbringender Drache in einer verborgenen Grotte, aus dessen Rachen giftige Atemluft entwich, so dass viele Menschen elendig erkrankten. Um ihn aus dem Inneren seines Schlupfwinkels herauszulocken und seine Wut zu besänftigen, wurden in

> Erwartung eines Großwunders von den irrgeleiteten Heiden viele wilde Tiere in **unflätigen** und unsittlichen Sühnopfern verbrannt.
> Da sich die Bewohner mit diesem Götzendienst gegen den krankmachenden Atem zu widersetzen versuchten, wurden sie von Rom bestraft, bis sie mit den entweihenden Handlungen aufhören und ihren Opferdienst nach Art des Evangeliums berichtigten. (Eigene Übersetzung)

Der im Zusammenhang der Spurcalien bedeutendste Satz erzählt also von einem gescheiterten heidnischen Opfer, um einen Drachen zu besänftigen, der die Stadt Rom mit seinem Atem vergiftete (miasmatische Krankheitsübertragung). Unter Umständen kann man den Drachen als eine metaphorische Gestalt für den Winter sehen. Ein germanisches Opferfest namens Spurcalia zum Austreiben des Winters ist demnach vielmehr auf eine Rezeption von römisch-heidnischen Brauchtum bzw. lateinisch-römischer Literatur durch mittelalterliche Theologen zurückzuführen (Ristuccia, 2013).

Auch bei Beda venerabilis gibt es ähnliche Überlieferungen zu Feierlichkeiten im Februar. Für den zweiten Lunarmonat berichtet Beda folgendes:

> Februar heißt Solmonath ... Der Solmonath kann auch als „Monat der Kuchen" betitelt werden, nach den Kuchen, die sie ihren Göttern in diesem Monat anboten.

Der hier benutzte Monatsname *Solmonath* bedeutet, wie auch bereits erwähnt, so viel wie *„Schlammmonat" oder „Suhlmonat"*. So kann hier ggf. wieder ein Bezug zwischen dem Schwein, dem *animal spurcum* und der Suhle gezogen werden. Es ist wahrscheinlich, dass auch Beda hier bereits adaptiertes römisch-heidnisches Brauchtum schildert, denn der Februar war der Monat der *parentalia* – des römischen Ahnengedenkens, das mit dem Backen von Seelenbroten begangen wurde.

Im alten Kalender der römischen Republik war der Februar, wie bereits erwähnt, der letzte Monat des Jahres. Das römische Jahr endete mit dem Winter im Februar begann, ggf. nach einem Schaltmonat, im März, also mit dem Frühling. Diese Winterendtradition hat sich bis heute im italienischen Karneval und in der deutschen Fasnacht erhalten. Dieses

Fest als ursprüngliches Jahresendfest hat allem Anschein nach aus den gallisch-germanischen Provinzen des römischen Reiches seinen Weg über den Rhein gefunden und vor allem im fränkischen Raum eine gewisse Eigendynamik erhalten. Dem entsprechend ist die Fasnacht, hier insbesondere die Alte oder Bauern-Fasnacht, ein Relikt dieser Traditionen. Auch die römischen Neujahresfeiern haben sich im Süddeutschen und vor allem im schweizerischen Brauchtum erhalten. So haben sich die „Kalenden des Martius" als *Chalandamarz* im schweizer Kantons Graubünden am 1. März jedes Jahres erhalten. Das Entzünden des heiligen Feuers im römischen Tempel der Vesta im Monat des Mars spiegelt sich in den Funkenfeuern am Funkensonntag wider.

10.4. Weniger bedeutsame oder der Quellenlage nach spekulative Jahreskreisfeste

Im Folgenden sollen noch einige Festlichkeiten aufgeführt bzw. diskutiert werden, die der Quellenlage nach sehr spekulativ sind. Hier sind vor allem mögliche Feste gemeint, die man in weiten Teilen nur aus überlieferten Monatsnamen ableiten kann. Hier wird zumeist das Prinzip verallgemeinert, dass eigentlich alle religiösen Feste, mit der Ausnahme der Mütternacht und des Alldings mit einem Vollmond assoziiert sind. Insofern kann man darauf schließen, dass neben den bereits vorgestellten Vollmondfesten auch die anderen Vollmonde in irgendeiner Weise bedeutsam waren, auch wenn dies nicht zwingenderweise mit einem größeren überregionalen Fest verbunden gewesen sein muß.

10.4.1. Der heilige Herbstmond

Für den siebten Lunarmonat – September überliefert uns Beda eine interessante Bezeichnung: *(der) September (heißt) Halegmónað ...Halegmónað bedeutet „Monat der heiligen Riten"*. Welche heidnischen Riten hier vollführt wurden, berichtet Beda nicht. Bei Einhard ist der Name für den September *Herbstmond*, der auch im angelsächsischen als *Hærfestmónað* als Synonym für den *Halegmónað* bekannt war, so dass hier Erntedankfeierlichkeiten wahrscheinlich sind.

10.4.2. Schlachtfeste im Blótmond

Der elfte Monat trägt bei Beda Venerabilis sogar unmittelbar den Namen Opfer- bzw. Schlachtmond:

> (der) November (heißt) Blotmonath ... Blotmonath ist der „Monat der Opferungen", denn das Vieh, das dann geschlachtet wurde, war ihren Göttern geweiht. Jesu Christi sei Dank dafür, daß er uns von diesen Nichtigkeiten abbrachte und uns [die Gnade] gewährte, ihm das Opfer unserer Lobpreisung darzubieten.

Dieser Beschreibung ist deutlich zu entnehmen, dass hier Schlachtfeste mit Tieropfern zelebriert wurden – sozusagen das „Erntedank der Viehzüchter". Auch heute haben wir im Brauchtum einiger Landstriche noch Schlacht- und Schmeerfeste im November. Das heutzutage bekannteste Opfertier ist wohl die Martinsgans. Desweiteren heißen auch im Schwedischen bzw. Dänischen die Monate November bzw. in manchen Schriften auch der Oktober *slaktmånad* bzw. *slagtemåned*, d.h. Schlachtmonat. Bei Olaus Wormius haben wir für diesen Monat den Begriff *pølsemaen*, d.h. Wurstmonat, was semantisch sehr gut zum Schlachtmonat passt, aber in seiner Profanität ein größeres Fest eher in Frage stellt. Wie bereits bei den Monatsnamen geschrieben, ist auch der isländische *gormanúðr* (siehe oben) hier einzuordnen, denn Norwegisch/Altschwedisch *gor* und Altdänisch *gur* bezeichnen den Inhalt der beim Schlachten ausgeweideten Därme.

11. „Alle neun Jahre“ – Festlichkeiten im Neunjahreszyklus

Neben den Jahreskreisfesten gab es zumindest in Alt-Uppsala sowie auch in Lethra zentrale Feierlichkeiten mit ausgiebigen Opferungen, die den Quellen zufolge „alle neun Jahre“ stattgefunden haben. Um Missverständnissen vorzubeugen, sei gleich an dieser Stelle gesagt, dass die Formulierung „alle neun Jahre“ ähnlich wie beim Nundialzyklus der Römer durch das Fehlen der Null im Altertum zustande gekommen ist, d.h. wir befinden uns hier in einem inklusiven Rechensystem, das den Nullpunkt als Eins mit einrechnet. Nach unserem modernen Verständnis, d.h. nach unserem exklusiven Rechensystem, sind hier also Feierlichkeiten in einem Achtjahreszyklus gemeint (der in diesem Buch der inklusiven Rechentradition folgend als Neunjahreszyklus bezeichnet wird).

Die Literaturquellen, die uns von diesen neunjährigen Festlichkeiten berichten, sind der zeitlichen Reihenfolge nach: die *Vita Ansgarii* (vor 876) des Erzbischofs Rimbert von Hamburg-Bremen, die *Thietmari Merseburgensis episcopi Chronicon* (1012 bis 1018) des Bischofs Thietmar von Merseburg und die *Gesta Hammaburgensis ecclesiae pontificum* (um 1075) des aus Unterfranken stammenden Deutschen Missionars Adam von Bremen.

Die *Vita Ansgarii*, d.h. die Lebensgeschichte des St. Ansgar, der seinerzeit Erzbischof der von ihm in Personalunion geführten Erzbistümer Hamburg und Bremen war, wurde von seinem Nachfolger, dem Erzbischof Rimbert, noch vor dem Jahre 876 verfasst (Rieper, 1995). Sie berichtet von den beiden Besuchen des St. Ansgar und einiger anderer Priester in Birka am Mälarsee (829-830 und 852) – den frühesten dokumentierten christlichen Missionen in Schweden. König Björn hatte die Missionare ins Land gebeten, um die Beziehungen zu den anderen christlichen Ländern in Nordeuropa zu verbessern. Ein besonderes Problem bezüglich der Beziehungen zu den benachbarten christlichen Ländern war das so genannte große Mittwinteropfer, das vom König geleitet wurde und auch Menschenopfer einschloß (Rieper, 1995). Während seines zweiten Besuches in Birka im Jahre 852 erfuhr Ansgar, dass kurz vor seiner Ankunft ein solches „Großes Opfer“ stattgefunden hatte (Rieper, 1995). Auch infolge dessen haben die christlichen Priester an Ansehen verloren (Henriksson, 2001).

In Dänemark und Norwegen stoßen wir auf eine ähnliche Situation, doch insbesondere in Dänemark war der christliche Einfluß stärker. Thietmar von Merseburg berichtet von einer Kultfeier bei den Dänen in Lethra (nahe Rosklide), die im *Januar, am Tage, an dem die Taufe des Herrn gefeiert wird,* stattfand. Die *Taufe des Herrn* wird im liturgischen Jahr der katholischen Kirche am 13. Januar begangen. Der 13. Januar entspricht, wie wir gesehen haben, im nordischen Wochenkalender dem Termin des Mittwinterfestes. Das besondere an diesem Fest ist jedoch, dass es nur *„alle 9 Jahre"*, d.h. im Neunjahreszyklus, gefeiert wurde. Anhand der Datierung handelt es sich wohl um ein besonders bedeutsames Jólfest. Die vollständige Textpassage lautet wie folgt:

> *Insuper Nortmannos et Danos armis obtemperantes sibi fecit et ab errore pristino revocatos cum rege eorum Cnittone hos Christi iugum portare edocuit. Sed quia ego de hostiis eorundem antiquis mira audivi, haec indiscussa praeterire nolo. Est unus in his partibus locus, caput istius regni, Lederun (sächsicher Dativ von Lédera, anltnordische Hleithra, Leire) nomine, in pago, qui Selon (Seeland, an. Sælundr) dicitur, ubi* ***post novem/VIIII annos mense Ianuario****, post hoc tempus, quo nos* ***theophaniam Domini celebramus****, omnes convenerunt, et ibi diis suismet* ***LXXXX et VIIII homines et totidem equos, cum canibus et gallis*** *pro accipitribus oblatis, immolant, pro certo, ut predixi , putantes hos eisdem erga/apud inferos servituros, et commissa crimina apud eosdem placaturos. Quam bene rex noster (Heinrich I. a. 934) fecit, qui eos a tam execrando ritu prohibuit! Ac – ceptabilem enim Deo patri hostiam fert, qui humano sanguini parcit. Praecipit enim Dominus: Innocentem et pium non interficias.*

Außerdem zwang er auch die Northmannen und Dänen mit den Waffen zum Gehorsam, und lehrte sie samt ihrem Könige Kanut ihrem alten Irrglauben entsagen und das Joch Christi tragen. Hier will ich aber doch die wundersamen Geschichten, die ich von ihren Opfern gehört habe, nicht unberührt lassen. Es ist ein Ort in jenen Gegenden, Namens Lederum (Leire), die Hauptstadt jenes Reiches im Gau Selon (Seeland), wo immer n**ach Verlauf von neun Jahren im Monat Januar**, um die Zeit, wo wir **die Erscheinung Christi feiern**, Alle zusammenkamen und ihren Göttern **99 Menschen und eben so viele Pferde nebst Hunden und Hähnen**, die man in Ermangelung der Habichte darbrachte, opferten, indem sie für gewiß glaubten, daß diese ihnen bei den Göttern der Unterwelt Dienste leisten und dieselben wegen ihrer begangenen Missethaten mit ihnen aussöhnen würden. Wie heilsam hat also unser König (Heinrich I.) gehandelt, daß er ihnen einen so entsetzlichen Gebrauch ferner verwehrt hat! Denn der bringt Gott dem Vater ein wohlgefälliges Opfer dar, der Menschenblutes schont; und der Herr gebeut: „Den Unschuldigen und Gerechten sollst Du nicht erwürgen." (Übersetzung: Laurent, 1848)

Die Hamburgische Kirchengeschichte des deutschen Missionars Adam von Bremen berichtet relativ ausführlich über ein vergleichbares großes Opferfest im Neunjahreszyklus in *Gamla Uppsala*, dem damaligen heidnischen Hauptkultzentrum (Tschan, 1959). Zu diesem großen Opferfest mussten alle schwedischen Provinzen Repräsentanten nach *Gamla Uppsala* entsenden. Die gesamte Textstelle (einschließlich der Randbermerkungen gr. Scholien) lautet folgendermaßen:

Adamus Bremenus – Gesta Hammaburgensis ecclesiae pontificum, Liber IV, Capitulum 26:

Nunc de supersticione Sueonum pauca dicemus. Nobilissimum illa gens Schol.134 templum habet, quod Ubsola dicitur, non longe positum ab Sictona civitate. In hoc templo, Schol.135 quod totum ex auro paratum est, statuas trium deorum veneratur populus, ita ut potentissimus eorum Thor in medio solium habeat triclinio; hinc et inde locum possident Wodan et Fricco. Quorum significationes eiusmodi sunt: ‚Thor', inquiunt, ‚praesidet in aere, qui tonitrus et fulmina, ventos ymbresque, serena et fruges gubernat. Alter Wodan, id est furor, bella gerit, hominique ministrat virtutem contra inimicos. Tertius est Fricco, pacem voluptatemque largiens mortalibus'. Cuius etiam simulacrum fingunt cum ingenti priapo. Wodanem vero sculpunt armatum, sicut nostri Martem solent; Thor autem cum sceptro Iovem simulare videtur. Schol.136 Colunt et deos ex hominibus factos, quos pro ingentibus factis immortalitate donant, sicut in Vita sancti Anscarii leguntur Hericum regem fecisse.

Schol. 134. Prope illud templum est arbor maxima late ramos extendens, semper viridis in hieme et aestate; cuius illa generis sit, nemo scit. Ibi etiam est fons, ubi sacrificia paganorum solent exerceri et homo vivus immergi. Qui dum non invenitur, ratum erit votum populi.

<u>Schol. 135.</u> *Catena aurea templum illud circumdat pendens supra domus fastigia, lateque rutilans advenientibus, eo quod ipsum delubrum in planitie situm montes in circuitu habeat positos ad instar theatri.*
<u>Schol. 136</u>. *Nuper autem rex Sueonum christianissimus Anunder, cum sacrificium gentis statutum nollet demonibus offerre, depulsus a regno, dicitur a conspectu concilii gaudens abisse, quoniam dignus habebatur pro nomine Iesu Christi contumeliam pati.*

<u>Capitulum 27:</u>
Omnibus itaque diis suis attributos habent sacerdotes, qui sacrificia populi offerant. Si pestis et famis imminet, Thorydolo lybatur, si bellum, Wodani, si nuptiae celebrandae sunt, Fricconi. Solet quoque post novem annos communis omnium Sueoniae provintiarum sollempnitas in Ubsola celebrari. Ad quam videlicet sollempnitatem nulli praestatur immunitas. Reges et populi, omnes et singuli sua dona transmittunt ad Ubsolam, et quod omni poena crudelius est, illi qui iam induerunt christianitatem, ab illis se redimunt cerimoniis. Sacrificium itaque tale est. Ex omni animante, quod masculinum est, novem capita offeruntur, quorum sanguine deos placari mos est. Corpora autem suspenduntur in lucum, qui proximus est templo. Is enim lucus tam sacer est gentilibus, ut singulae arbores eius ex morte vel tabo immolatorum divinae credantur. Ibi etiam canes et equi pendent cum hominibus, quorum corpora mixtim suspensa narravit mihi aliquis christianorum 72 vidisse. Ceterum neniae, quae in eiusmodi ritu libationis fieri solent, multiplices et inhonestae ideoque melius reticendae.
<u>Schol. 137.</u> *Novem diebus commessationes et eiusmodi sacrificia celebrantur; unaquaque die offerunt hominem unum cum ceteris animalibus, ita ut per novem dies 72 fiant animalia quae offeruntur. Hoc sacrificium fit* **circa aequinoctium vernale**.

26. Jetzt wollen wir von dem Aberglauben der Schweden Einiges sagen.
<u>Schol. 134.</u> Dieses Volk hat einen sehr berühmten Tempel, der Ubsola heißt und nicht weit von der Stadt Sictona liegt.
<u>Schol. 135.</u> In diesem Tempel, der ganz mit Gold geschmückt ist, betet das Volk die Bildsäulen dreier Götter an, und zwar so, daß der mächtigste von ihnen, Thor, mitten im Gemache seinen Thron hat; rechts und links sitzen Wodan und Fricco. Die Deutungen derselben sind folgende. „Thor, sagen sie, hat den Vorsitz in der Luft, er lenkt Donner und Blitz, giebt Winde und Regen, heiteres Wetter und Fruchtbarkeit. Der andere, Wodan, d. h. die Wuth, führt Kriege, und gewährt dem Menschen Tapferkeit gegen seine

Feinde. Der dritte ist Fricco (Freyr); er spendet den Sterblichen Frieden und Lust." Sein Bild stellen sie auch mit einem ungeheuren männlichen Gliede versehen dar. Den Wodan aber formen sie gewappnet, wie die Unseren den Mars zu bilden pflegen. Thor aber scheint mit seinem Scepter den Jupiter vorzustellen.

Schol. 136. Sie verehren auch vergötterte Menschen, die sie wegen außerordentlicher Thaten mit der Unsterblichkeit beschenken, wie sie das nach dem Leben des heiligen Ansgar (K. 26) mit dem Könige Herich gemacht haben.

Schol. 134.

In der Nähe des Tempels steht ein großer Baum mit ausladenden Ästen, der sowohl im Sommer als auch im Winter immergrün ist. Von welcher Art dieser Baum ist weiß niemand. Es gibt dort auch eine Quelle, an der die Heiden üblicherweise ihre Opfer darbringen, und dort werden die lebendigen Menschen hineingestürzt. Und wenn dieser (geopferte Mensch) nicht wieder erscheint (auftaucht), wird den (opfernden) Menschen ihr Wunsch gewährt werden.

Schol. 135.

Eine goldene Kette umspannt den Tempel. Sie hängt über den Dachfirst des Gebäudes und ihr Glanz ist weithin für diejenigen, die sich dem Tempel nähern, zu erkennen, denn der Tempel steht in einer von Bergen umgebenen Ebene, wie (die Bühne) in einem Theater.

Schol. 136.

Als vor nicht allzulanger Zeit der bis dahin christlichste König der Schweden, Anunder, sich weigerte, das von der Bevölkerung verlangte Opfer für die Dämonen darzubringen, wurde er aus dem Reich vertrieben. Er sagte nach seiner Absetzung, dass es eine Freude für ihn sei aus dem Rat auszuscheiden, denn er sei würdig genug „Schmach für den Namen Jesu zu erleiden."

27. Allen ihren Göttern nun halten sie besondere Priester, welche die Opfer des Volkes darbringen. Wenn Pest und Hungersnoth drohen, wird dem Götzen Thor geopfert, wenn Krieg dem Wodan, wenn eine Hochzeit zu feiern ist, dem Fricco. Auch pflegt **alle neun Jahre** ein allen schwedischen Landen gemeinsames Fest in Ubsola gefeiert zu werden. In Bezug auf dieses Fest findet keine Befreiung von Leistungen statt.

Schol. 136. Die Könige und das Volk, alle schicken ihre Gaben nach Ubsola, und – was grausamer ist als jegliche Strafe – diejenigen, die bereits das Christenthum angenommen haben, kaufen sich von jenen Ceremonien los. Das Opfer nun ist folgender Art. Von jeder Gattung **männlicher Geschöpfe werden neun dargebracht**, mit deren Blut es Brauch ist, die Götter zu sühnen. Die Körper aber werden **in dem Haine aufgehängt, der zunächst am Tempel liegt**. Dieser Hain ist nämlich den Heiden so heilig, daß jeder einzelne Baum durch den Tod oder die Verwesung der Geopferten geheiligt erachtet wird. Dort hängen auch Hunde und Rosse neben den Menschen, und von solchen vermischt durcheinanderhängenden Körpern habe er, erzählte mir ein Christ, **zweiundsiebzig** gesehen. Uebrigens sind die Lieder, die bei der Vollziehung eines solchen Opfers gesungen zu werden pflegen, vielerlei und unehrbar, und darum besser zu verschweigen.
Schol. 137. Neun Tage lang werden die Festmähler und dieser Art von Opfern gefeiert: An jedem Tag opfern sie einen Menschen sowie Tiere (der verschiedenen Arten), so dass ihre Anzahl in der Summe über die neun Tage 72 beträgt. Dieses Opferfest findet **um die Frühlings-Tag-und-Nachtgleiche** statt. (Übersetzung: Laurent, 1893; Scholien in eigener Übersetzung ergänzt)

Dem Ganzen muß hinzugefügt werden, dass bei Ausgrabungen durch Emil Hildebrand tatsächlich einige nicht bestattete Menschengebeine sowie Knochen von sieben verschiedenen Haustierarten: Pferden, Rindern, Schweinen, Schafen, Hunden, Katzen und Hühnern im Bereich des östlichen der drei königlichen Grabhügel von Gamla Uppsla gefunden wurden, so dass davon auszugehen ist, dass der heilige Baum, bei dem die Opfer dargebracht, wurden in der Nähe des östlichen Grabhügels gestanden haben muß (Lindquist,1936).

In *Gamla Uppsala* fand das Große Neunjahresopfer zu jedem neunten (d.h. achten) *Disting* statt. Die Festlegung des Termins für das *Disting* haben wir bereits im Abschnitt „Die Distingsregeln“ besprochen. Ursprünglich fand es zum Vollmond im dritten Lunarmonat nach der Wintersonnenwende, d.h. im Monat *gói*, statt, was sich mit Adam von Bremens Aussage „Dieses Opferfest findet um die Frühlings-Tag-und-Nachtgleiche statt" deckt. Später wurde es in den Februar, nach Snorri um die Zeit von Lichtmeß, verlegt und nach der Verlegung fand es am Vollmond des 1. Lunarmonats, d.h. des Mondes, der als Neumond erstmals nach den Rauhnächten erscheint, wie es uns unter anderem Olaus Magnus überliefert hat (Foote, 1996). Doch warum finden diese besonderen Opfer in einem Neun- bzw. Achtjahreszyklus statt?

Der (exklusive) Achtjahreszyklus ist in etwa die kürzeste Periode, in der die gleichen Mondphasen ungefähr zum gleichen Datum wieder beobachtbar sind. Es gibt hier jedoch eine gewisse Diskrepanz, denn acht tropische Jahre entsprechen 2921,934 Tagen, wohingegen 99 synodische Monate 2923,528 Tagen entsprechen. Demzufolge würde die gleiche Mondphase nach acht Jahren etwa 1½ Tage verspätet erscheinen. Nach 19 Achtjahreszyklen, d.h. nach 152 tropischen Jahren, würde sich der Mondzyklus um genau einen Monat verschoben haben. Das erkannte bereits der griechische Astronom Geminos etwa im Jahre 70 v. Chr., der auch erklärte, warum dieser Zyklus sowohl als Achtjahres- als auch Neunjahreszyklus bekannt war (Aujac, 1975).

Für diesen (inklusiven) Neunjahreszyklus überliefert uns Olaus Rudbeck eine Merkregel, die er während des Distingsmarktes im Jahre 1689 von einem neunzigjährigen Bauern aus dem schwedischen Uppland erfahren hat, während ihm dieser seinen *runstav*, d.h. seinen Runenkalender, erklärte. Diese stabreimende Merkregel, hier kurz als *Uppsalaregel* betitelt, lautet folgendermaßen:

Tungle(t) skiuter tolf och tiog under Auni

Deutsche Übersetzung:
Das Zungel (der Mond) schreitet zwölf und zwanzig unter Aun/im Neunjahr.

Die Uppsalaregel soll zum besseren Verständnis in zwei semantische Teile getrennt werden.

Der erste Teil des Merkverses *Tungle(t) skiuter tolf och tiog – Der Mond schreitet zwölf und zwanzig* bezieht sich auf den Wechsel der Mondphasen im gleichen 30 Tage andauernden Wochenkalender-Monat des Folgejahres mit Bezug zum jeweiligen Vorjahr. Die Regel besagt also, dass sich die Mondphasen entweder um zwölf Tage nach vorne oder um zwanzig Tage nach hinten innerhalb des gleichen Wochenkalender-Monats im nächsten Jahr verlagern werden (Rudbeck, 1689). Durch diese -12 oder +20 Regel wird also eine Zahlenreihe beschrieben, die eine Annäherung an das Springen des Mondes im Sonnenjahr darstellen soll.

Die Summe aus 12 und 20 ergibt 32 Tage, was in etwa einem Monat des Wochenkalenders entspricht. Die Entscheidung, ob nun 12 Tage subtrahiert oder 20 Tage addiert werden, ergibt sich einfach daraus, ob innerhalb der 30 Tage des Monats noch eine entsprechende Differenz zur Subtraktion bzw. Addition möglich ist. Wobei die Möglichkeit der Subtraktion von 12 als vorrangig gilt. Das Ganze soll nun anhand eines Beispieles demonstriert werden. Im Jahre 2012 fiel der *Distings*-Vollmond auf den 7. Februar[G] (Das Beispiel bezieht sich auf die Zeit nach der Vorverlegung des *Distings*). Dieses Beispieljahr ist nicht zufällig gewählt, denn wie wir weiter unten sehen werden, fügt sich dieses Jahr in den rekonstruierten Zyklus des Neunjahresopfers ein, und wenn die Tradition des Neunjahresopfers noch fortbestehen würde, hätte ein solches 2012 stattfinden sollen. Jetzt übertragen wir das gregorianische Datum einfach (d.h. ohne den 10-Tage-Sprung zu berücksichtigen) in einen Wochenkalender, in dem sowohl der Januar als auch der Februar 30 Tage umfassen, um einen Ausgangspunkt für unser Beispiel zu haben. Um innerhalb des gleichen 30-tägigen Monats zu bleiben ist es nicht möglich, von dem 7. Februar[W] 12 Tage abzuziehen, da wir dann ein Datum im Januar erhalten würden. Demzufolge werden nun 20 Tage hinzuaddiert und wir erhalten einen Distingstermin für den 27. Februar[W] im Folgejahr. Konsultieren wir nun einen der einschlägigen Mondkalender (z.B.: http://www.vollmond.info/de/vollmond-kalender.html), sehen wir, dass am Montag, dem 25. Februar[G] 2013, um 21:26:06 Uhr ein Vollmond zu beobachten ist. Korrigieren wir dieses Datum um +1 Tag, da im Vergleich zum gregorianischen Kalender der Januar im Wochenkalender nur 30 Tage hat, und ein weiteres Mal um +1 Tag, denn das gregorianische Jahr 2012 war ein Schaltjahr mit einem zusätzlichen Tag im Februar, dann sehen wir, dass die Uppsalaregel in etwa stimmt. Für das zweite Folgejahr müssen wir dann 12 Tage vom 27. Februar[W] abziehen, da eine Addition von 20 Tagen ein Datum im März ergeben würde.

Nach der Subtraktion der 12 Tage erhalten wir den 15. Februar^{W}. Der astronomische Vollmondtermin ist nach dem gregorianischen Kalender Sonnabend, der 15. Februar^{G} 2014 um 00:53:00 Uhr. Hier erkennen wir schon eine gewisse Abweichung der Merkregel von der Astronomie, denn dieses Datum muß auch wieder um +1 Tag korrigiert, und wir erhalten den 16. Februar^{W} im Wochenkalender. Die weiteren Vollmondtermine über zwei Neunjahreszyklen werden in Tabelle 9 aufgelistet. Hier erkennt man, dass die Regel relativ genau funktioniert und nur geringfügige, maximal zweitägige Abweichungen bestehen, was jedoch unter dem Gesichtspunkt, dass für eine Vollmond- wie auch für eine Neumondperiode im Volksbrauch drei Tage veranschlagt werden, tolerierbar ist. Demnach ist das nächste auf das Jahr 2012 folgende Neunjahresopfer im Jahr 2020. Die Diskrepanz zwischen der Merkregel und dem astronomischen Vollmondzeitpunkt beträgt hier zwei Tage. Es ist davon auszugehen, dass derartige Differenzen bei überregionalen Zusammenkünften wie dem *Disting* per Dingbeschluss ausgeglichen wurden, so dass die Berechnung für die nächste Neunjahresperiode auf Grundlage des beobachtbaren Vollmondes, hier im Beispiel der Vollmond am 9. Februar^{G} 2020 und nicht am errechneten 7. Februar^{G}, fortgesetzt werden müßte.

In der gleichen Tabelle ist noch eine Beispielrechnung für den 19 Jahre umfassenden und genaueren Meton-Zyklus gegeben, der den Neunjahreszyklus in Uppsala ab dem Jahre 1084 abgelöst hatte. Im Bezug auf das jeweilige *Distings*-Datum werden hier 11 Tage subtrahiert oder 19 Tage addiert. Die Summe aus 11 und 19 ergibt genau die 30 Tage eines Wochenkalendermonats. Die Entscheidung, ob nun 11 Tage subtrahiert oder 19 Tage addiert werden, ergibt sich abermals einfach daraus, ob innerhalb der 30 Tage des Monats noch eine entsprechende Differenz zur Subtraktion bzw. Addition möglich ist. Es gibt sogar die Interpretation der Uppsalaregel in dem Sinne, dass auch hier, wie beim Nundialzyklus der Römer, eine Arithmetik ohne 0 angewendet werden muß, so dass die Uppsalaregel gar keine -12/+20-Regel, sondern eine -11/+19-Regel sei (Henriksson, 2001), was jedoch im Widerspruch mit der Anzahl der Opfertiere steht (siehe unten). In unserem Beispiel für das Jahr 2012 fielen wie gesagt der *Distings*-Vollmond sowie das Neunjahresopfer auf den 7. Februar^{W}. Es ist wiederum nicht möglich, von dem 7. Februar^{W} 11 Tage abzuziehen, wenn man innerhalb des 30-tägigen Monatsrahmens bleiben muß, da wir dann ein Datum im Januar erhalten würden. Demzufolge werden nun 19 Tage hinzuaddiert, und wir erhalten einen Distingstermin für den 26. Februar[W] im Folgejahr. Für das zweite Folgejahr müssen wir dann 11 Tage vom 26. Februar[W] abziehen, da eine Addition von 19 Tagen ein Datum im März ergeben würde. Nach der Subtraktion der 11 Tage erhalten wir den 15. Februar. Auch diese Regel funktioniert relativ genau. Es treten meist sogar nur eintägige Abweichungen im Vergleich zu den astronomischen Daten auf.

Tab. 9: Beispielrechnung nach der Uppsalaregel und der 19-Jahresregel

Jahr	Nr.	Distingsdatum nach Uppsalaregel (Wochenkalender)		Nr.	Distingsdatum nach 19-Jahres-zykuls (Wochenkalender)		Vollmondtermine astronomisch (gregorianisch)
2012	I.	7. Februar*	+20	1.	7. Februar*	+19	7. Februar
2013	II.	27. Februar	-12	2.	26. Februar	-11	25. Februar
2014	III.	15. Februar	-12	3.	15. Februar	-11	15. Februar
2015	IV.	3. Februar	+20	4.	4. Februar	+19	4. Februar
2016	V.	23. Februar	-12	5.	23. Februar	-11	22. Februar
2017	VI.	11. Februar	+20	6.	12. Februar	-11	11. Februar
2018	VII:	1. März	-12	7.	1. Februar	+19	31. Jan./2. März
2019	VIII.	19. Februar	-12	8.	20. Februar	-11	19. Februar
2020	I.	7. Februar**	(+2) +20	9.	9. Februar	+19	9. Februar
2021	II.	29. Februar	-12	10.	28. Februar	-11	27. Februar
2022	III.	17. Februar	-12	11.	17. Februar	-11	16. Februar
2023	IV.	5. Februar	+20	12.	6. Februar	+19	5. Februar
2024	V.	25. Februar	-12	13.	25. Februar	-11	24. Februar
2025	VI.	13. Februar	-12	14.	14. Februar	-11	12. Februar
2026	VII:	1. Februar	+20	15.	3. Februar	+19	1. Februar
2027	VIII.	21. Februar	-12	16.	22. Februar	-11	21. Februar

2028	I.	9. Februar**	(+1) +20	17.	11. Februar	+19	10. Februar
2029	II.	30. Februar	-12	18.	30. Februar	-11	28. Februar
2030	III.	18. Februar	-12	19.	19. Februar	-11	18. Februar
2031	IV.	6. Februar	+20	1.	8. Februar	+19	7. Februar

* der 7. Februar wurde für das Beispiel als Wochenkalenderdatum ohne 10-Tage-Sprung definiert

** Es muß davon ausgegangen werden, dass entsprechende Korrekturen anhand der Mondbeobachtung beim *Disting* vorgenommen wurden.

Diese Uppsalaregel wurde dem Kontext der Geschichte nach hauptsächlich für die Bestimmung des Tages des großen Neunjahresopfers im jeweiligen Vorjahr angewandt. Das Prinzip läßt sich jedoch auch auf alle anderen Vollmondfeste im Jahreskreis wie z.B. das Mittwinterfest (in Lethra) anwenden. Tabelle 10a und 10b veranschaulichen dies für die (modernen) Neunjahre 2020 bis 2028 bzw. 2028 bis 2036..

Tab. 10a. Beispiel der lunisolaren Festtage im modernen Neujahr (Oktaeteris) 2020 bis 2028

Gregor. Jahr	**2020**	**2021**	**2022**	**2023**	**2024**	**2025**	**2026**	**2027**	**2028**
Anzahl Monate	13	12	13	12	12	13	12	12	13
Schaltmonat	21. Juli - 18. Aug.	-	28. Juli - 26. Aug.	-	-	24. Juli - 21. Aug.	-	-	nächste Oktaeteris Siehe Tab. 10b
Mütternacht und 12 Nächte[S]	25. Dez. - 5. Jan.	24. Dez. - 4. Jan.	24. Dez. - 4. Jan.	24. Dez. - 4. Jan.	24. Dez. - 4. Jan.	23. Dez. - 3. Jan.	23. Dez. - 3. Jan.	23. Dez. - 3. Jan.	
Mittwinter Jul, *jólablót*, *hökunótt*, *miðvetrblót*	9. - 16. Jan. (9 Nächte)	27. - 29. Jan.	16. - 18. Jan.	4. - 6. Feb.	24. - 26. Jan.	12. - 14. Jan.	31. Jan - 2. Feb.	20. - 22. Jan.	
þorrablót	8. - 10. Feb.	26. - 28. Feb.	15. - 17. Feb.	6. - 8. Mär.	23. - 25. Feb.	11. - 13. Feb.	2. - 4. Mär.	19. - 21. Feb.	
Disting Frøblót, Goiblót	8. - 10. Mär.	27. - 29. Mär.	16. - 18. Mär.	4. - 6. Apr.	23. - 25. Mär.	12. - 14. Mär.	31. Mär. - 2. Apr.	20. - 22. Mär.	
Ostern *várblót*, *sigrblót* *sumarsblót*	7. - 9. Apr.	26. - 28. Apr.	15. - 17. Apr.	4. - 6. Mai	22. - 24. Apr.	11. - 13. Apr.	30. Apr. - 2. Mai	19. - 21. Apr.	
Frühlingsding[S] (*vorþing*)	ab 22. Mai	ab 22. Mai	ab 22. Mai	ab 22. Mai	ab 21. Mai	ab 21. Mai	ab 21. Mai	ab 21. Mai	
Allding Landsgemeinde Landsding	18. Juni - 01. Juli	17. - 30. Juni	16. - 29. Juni	15. - 28. Juni	13. - 26. Juni	19. Juni - 2. Juli	18. Juni - 01. Juli	17. - 30. Juni	
(Altes) Mittsommer *miðsumarsblót*	4. - 6. Jul.	23. - 25. Juli	12. - 14. Juli	31. Juli - 2. Aug.	19. - 21. Juli	8. - 10. Juli	27. - 29. Juli	16. - 18. Juli	
Winternächte *Vetrnóttablót*, *Dísablót* *Winterfylleth*, *alfablót* Tamfanaopfer	30. Okt - 1. Nov.	19. - 21. Okt.	7. - 9. Nov.	27. - 29. Okt.	15. - 17. Okt.	3 - 5. Nov.	23. - 25. Okt.	12. - 14. Okt.	
Schlachtblót	29. Nov. - 1. Dez.	18. - 20. Nov.	7. - 9. Dez.	26. - 28. Nov.	14. - 16. Nov.	3. - 5. Dez.	22. - 24. Nov.	11. - 13. Nov.	
Monatsloses *fimt* Winterson-nen-wende[S]	19.-23. Dez.	19.-23. Dez.	19.-23. Dez.	19.-23. Dez.	18.-22. Dez.	18 -22. Dez.	18.-22. Dez.	18.-22. Dez.	

[S] Die Solar fixierten Daten für Mütternacht und 12 Nächte, Frühlingsding (*vorþing*) sowie für das Monatsloses *fimt*, in welchen die Wintersonnenwende liegt, wurden hier mit Hilfe eines 365 Tage umfassenden Wochenkalenders bestimmt, der im Vergleich zum Gregorianischen Kalender mit durchschnittlich 365,2422 Tagen je Jahr dementsprechend 1 Tag Abweichung innerhalb von 4 Jahren und 2 Tage Abweichung innerhalb von 8 Jahren ansammelt bzw. aufweist.

Tab. 10b. Beispiel der lunisolaren Festtage im modernen Neunjahr (Oktaeteris) 2028 bis 2036

Gregor. Jahr	**2028**	**2029**	**2030**	**2031**	**2032**	**2033**	**2034**	**2035**	**2036**
Anzahl Monate	13	12	12	13	12	13	12	12	13
Schaltmonat	21. Juli - 19. Aug,	-	-	18. Juli - 15. Aug	-	24. Juli - 22. Aug.	-	-	nächste Oktaeteris
Mütternacht und 12 Nächte[S]	25. Dez. - 5. Jan.	24. Dez. - 4. Jan.	24. Dez. - 4. Jan.	24. Dez. - 4. Jan.	24. Dez. - 4. Jan.	23. Dez. - 3. Jan.	23. Dez. - 3. Jan.	23. Dez. - 3. Jan.	
Mittwinter Jul, *jólablót*, *hökunótt*, *miðvetrblót*	9. - 16. Jan. (9 Nächte)	29. - 31. Jan.	18. - 20. Jan.	7. - 9. Jan.	27. - 29. Jan.	15. - 17. Jan.	3. - 5. Feb.	23. - 25. Jan.	
þorrablót	9. - 11. Feb.	27. Feb. - 01. Mär.	16. - 18. Feb.	5. - 7. Feb.	24. - 26. Feb.	12. - 14. Feb.	3. - 5. Mär.	20. - 22. Feb.	
Disting Frøblót, Goiblót	10. - 12. Mär.	29. - 31. Mär.	18. - 20. Mär.	7. - 9. Mär.	25. - 27. Mär.	14. - 16. Mär.	2. - 4. Apr.	22. - 24. Mär.	
Ostern *várblót*, *sigrblót* *sumarsblót*	8. - 10. Apr.	27. - 29. Apr.	15. - 17. Apr.	5. - 7. Mai	23. - 25. Apr.	12. - 14. Apr.	1. - 3. Mai	20. - 22. Apr.	
Frühlingsding[S] (*vorþing*)	ab 22. Mai	ab 22. Mai	ab 22. Mai	ab 22. Mai	ab 21. Mai	ab 21. Mai	ab 21. Mai	ab 21. Mai	
Allding Landsgemeinde Landsding	15. - 28. Juni	14. - 27. Juni	13. - 26. Juni	12. - 25. Juni	17. - 30. Juni	16. - 29. Juni	15. - 28. Juni	14. - 27. Juni	
(Altes) Mittsommer *miðsumarsblót*	5. - 7. Jul.	24. - 26. Juli	13. - 15. Juli	2. - 4. Juli	20. - 22. Juli	9. - 11. Juli	28. - 30. Juli	17. - 19. Juli	
Winternächte *Vetrnóttablót*, *Dísablót* *Winterfylleth*, *alfablót* Tamfanaopfer	1. - 3. Nov.	21. - 23. Okt.	10. - 12. Okt.	29. - 31. Okt.	17. - 19. Okt.	5. - 7. Nov.	25. - 27. Okt.	14. - 16. Okt.	
Schlachtblót	1. - 3. Dez.	20. - 22. Nov.	9. - 11. Nov.	28. - 30. Nov.	16. - 18. Nov.	5. - 7. Dez.	24. - 26. Nov.	13. - 15. Nov.	
Monatsloses *fimt* Winterson-	19.-23. Dez.	19.-23. Dez.	19.-23. Dez.	19.-23. Dez.	18.-22. Dez.	18.-22. Dez.	18.-22. Dez.	18.-22. Dez.	

Beim Vergleich der Jahre 2012 und 2020 (Tab. 9) erkennt man die Abweichung von bis zu 2 Tagen der Merkregel „*Tungle(t) skiuter tolf och tiog under Auni*",

Dass es sich bei den Berichten von Thietmar von Merseburg und Adam von Bremen wirklich um Neunjahresopfer handelte, wird auch anhand der Anzahl der Opfertiere deutlich. Jedes Jahr, in dem nach der Uppsalaregel +20 addiert werden müssen, entspricht einem Schaltjahr mit 13 Monaten. Insofern beschreibt die Uppsalaregel eines der elementarsten Prinzipien des germanischen Mondkalenders, da auch hier die Monatsschaltregel inbegriffen ist. Die Summe der Monate über einen solchen Neunjahreszyklus beträgt demnach genau 99 Monate. In dem Bericht von Thietmar von Merseburg werden zum großen Neunjahresopfer in Lethra 99 Menschen und genauso viele Pferde, Hunde und weitere Opfertiere dargebracht. Für jeden Lunarmonat des Neunjahreszyklus gibt es also ein Opfer je Gattung.

In Adam von Bremens Ausführungen werden den Göttern an „neun" Tagen insgesamt an jedem Tag 9 Opfer männlichen Geschlechts dargebracht. In der Summe sind es dem Bericht zufolge 72 Opfer. Da 9x9 = 81 ergibt, wir jedoch nur 72 Opfer haben, sehen wir auch an der Opferzahl von 72, dass entsprechend einer Arithmetik ohne 0 nach unserem modernen Verständnis nur an 8 Tagen bzw., was wohl näher an die Wirklichkeit kommen mag, an den acht Nächten zwischen den neun Tagen des Großopfers geopfert wurde. Diese 8 Opfernächte sind sicherlich als Repräsentation der 8 vergangenen Mondjahre zu betrachten.

Der zweite Teil des Merkverses, genauer gesagt die letzten beide Worte *under Auni – unter Aun*, ist sehr mythisch und bezieht sich auf die Saga von König *Aun(i)*, die uns in der *Heimskringla* des Snorri Sturluson überliefert ist. Der vollständige Wortlaut der Saga sei im Folgenden widergegeben (Übersetzung: Felix Niedner, 1965):

<u>Heimskringla Snorra Sturlusonar – Ynglinga saga: Der Tod König Auns</u>

Aun oder *Ani* hieß *Jörunds* Sohn, der nach seinem Vater König über Schweden wurde. Er war ein kluger Mann und ein großer Opferer. Ein Kriegsmann war er nicht, er saß gern still im Lande.

Zu der Zeit nun, wo die eben genannten Könige in Uppsala herrschten, war König in Dänemark zuerst *Dan der Stolze*. Er wurde uralt. Dann sein

Sohn *Frodi der Stolze* oder der Friedfertige, hierauf dessen Söhne *Halfdan* und *Fridleif*. Sie waren große Krieger. *Halfdan* war der ältere und in jeder Hinsicht der Tüchtigste. Er fuhr mit seinem Heer nach Schweden gegen König *Aun*. Sie lieferten sich einige Schlachten, und *Halfdan* behielt stets den Sieg. Schließlich musste König *Aun* nach Vestergötland fliehen. Er war damals fünfundzwanzig Jahre König in Uppsala gewesen. Auch in Götland brachte er fünfundzwanzig Jahre zu, während König *Halfdan* in Uppsala herrschte. König *Halfdan* starb in seinem Bett in Uppsala, und er wurde dort im Hügel beigesetzt. Darauf kam König Aun wieder zurück nach Uppsala. Er war damals sechzig Jahre alt. Da veranstaltete er ein großes Blutopfer und opferte um langes Leben für sich. Er weihte Odin seinen Sohn, und dieser wurde jenem geopfert. König Aun bekam die Antwort von Odin, daß er noch sechzig Jahre leben sollte. Aun war dann noch fünfundzwanzig Jahre König in Uppsala. Darauf kam *Ali der Kühne* mit seinem Heer nach Schweden – er war *Fridleifs* Sohn – um König Aun anzugreifen, und sie lieferten sich Schlachten. Ali behielt stets den Sieg. Da floh König Aun zum zweiten Male aus seinem Reich und ging nach Västergötland. Ali war fünfundzwanzig Jahre König in Uppsala, bis ihn *Starkard der Alte* erschlug. Nach Alis Fall zog König *Aun* zurück nach Uppsala und herrschte dann wieder fünfundzwanzig Jahre über das Reich. Da veranstaltete er wieder ein großes Blutopfer und opferte seinen zweiten Sohn. Da tat ihm Odin kund, er solle immer leben, solange er jedes zehnte Jahr einen seiner Söhne dem Odin opfere, und er hieß ihn außerdem einer Gegend in seinem Lande den Namen geben nach der Zahl der Söhne, die er dem Odin opfern würde. Als er nun sieben seiner Söhne geopfert hatte, lebte er noch zehn Jahre, doch so, daß er nicht mehr auf seinen Füßen gehen konnte. Man trug ihn da auf einem Tragsessel herum. Dann opferte er den achten Sohn und lebte noch zehn Jahre, lag aber zu Bett. Dann opferte er seinen neunten Sohn und lebte darauf noch zehn Jahre. Jetzt trank er sein Horn wie ein Säugling. Nun hatte Aun nur noch einen Sohn. Da wollte er auch den opfern und dem Odin Uppsala weihen und die Landschaft, die dort liegt, und sie *Zehntland* (*Tjundaland*) benennen lassen. Die Schweden untersagtem ihm dies aber, und so unterblieb das Opfer. Darauf starb König *Aun* und wurde in Uppsala im Hügel beigesetzt. Seitdem nannte man das Auns-Krankheit, wenn ein Mann ohne Siechtum allein an Altersschwäche starb. So sagt darüber Thjodolf:

Aun dereinst
Alters Schwäche
abberief
in Uppsala.
Den Lebenslust'gen
Mann da so
wie ein Säugling.

Da man hob [ihn zum] äußeren Rand [seines Trinkhorns],
Liegend sog
seiner Kinder
Opferer König, grau,
Konnte nimmer
Karst-Rentiers
Klinge mehr schwingen. (Rentier des Karst = Ochse – dessen Klinge ist das Horn = Ochsenhorn)

Wenn man sich die Saga durchliest, stellt man leicht fest, dass es hier um ein erkauftes langes Leben zu einem hohen Preis, die Opferung der eigenen Söhne geht.

Doch rechnen wir erst einmal genau aus, wie alt König Aun denn nun geworden ist. Dem Ganzen sei die Bemerkung voran geschickt, dass im Altertum nicht mit einem dezimalen, sondern mit einem dutzender System gerechnet wurde, d.h. zehn entspricht 10, zwölf/ein Dutzend entspricht 12, aber zwanzig ist dann die Nachfolgezahl von ein Dutzend und Elf und entspricht zwei Dutzenden also 24. Sechzig sind dann 72 und Hundert 120 u.s.w.

Nach fünf und zwanzig (5+24=29) Wintern in seiner ersten Amtszeit müsste er für fünf und zwanzig (5+24=29) Winter ins Exil. Am Ende dieser Zeit war er sechzig (72) Jahre alt. Nach heutigem, dezimalen Verständnis hat er also mit 14 Jahren sein Königsamt angetreten und dann 2x29 Jahre als König bzw. Exilkönig zugebracht.

Um nun weiterleben zu können, musste er seinen ersten Sohn dem Odin opfern. Durch sein Opfer bekam er weitere sechzig (72) Lebensjahre hinzu.

Er trat eine zweite Amtszeit von fünf und zwanzig (29) Wintern an, musste dann auch ein zweites Mal für fünf und zwanzig (29) Winter ins Exil und regierte dann in einer dritten Amtszeit abermals für fünf und zwanzig (29) Winter. Wenn man hier nachrechnet, hätte er bei einer Lebensverlängerung um 72 Jahre und einer Regentenzeit von 3x29 Jahren 14 Jahre aus *eigener Lebenskraft* existieren müssen.

Nun opfert er noch genau fünfmal einen Sohn, um jeweils eine Lebenszeitverlängerung um zwanzig (24) Jahre zu erlangen. D.h. zum Opfer seines achten Sohnes war König Aun 279 Jahre alt.

Nun wird die Geschichte etwas seltsam im Bezug auf seine innere Logik. Für das Opfer des achten und neunten Sohnes erhält Auni nur zehn (10) zusätzliche Jahre, obwohl mit Odin eigentlich zwanzig (24) Jahre ausgemacht waren. Im letzten Jahr seines Lebens (+1) kann sich Aun nicht mehr dazu durchringen, seinen letzten und zehnten Sohn dem Odin zu opfern und stirbt.

Insgesamt hat Aun also 300 Jahre lang gelebt. Um diese Zahl nun weiter einordnen zu können, bedarf es eines kurzen Exkurses zu den antiken Kalenderzyklen, die dazu dienten, Sonnen- und Mondjahr miteinander zu synchronisieren.

Tetraeteris

Der vierjährige Schaltzyklus (*Tetraeteris*) der Römer wurde bereits im Exkurs II erwähnt, und passt eigentlich nicht wirklich in die folgende Aufzählung, da hier keine vollständigen Lunarmonate eingefügt wurden. Die römische Schaltregel sieht nämlich vor, dass bei einem 354 Tage umfassenden Mondjahr im zweiten Jahr des vierjährigen Schaltzyklus ein „Schaltmonat" (*Mensis intercalaris*) von 22 Tagen und im vierten Jahr von 23 Tagen eingefügt wird. Damit umfasste eine römische *Tetraeteris* 1461 Tage, was genau viermal 365,25 Tagen entspricht.

Oktaeteris

Der hier als Uppsalaregel oder Aun-Zyklus vorgestellte exklusive achtjährige bzw. inklusive neunjährige Zyklus war natürlich nicht nur den Germanen, sondern u.a. auch den antiken Griechen, nachweislich ab dem Jahr 800 v. Chr. in den Schriften von Cleostratus, bekannt. Darüber hinaus war auch bekannt, dass dieser Zeitraum mit fünf synodischen Venusperioden (2919,6 Tage) bzw. mit 13 siderischen Venusperioden (2921,075 Tage) gut zu synchronisieren ist. Das heißt, wenn zu einem Zeitpunkt die Venus neben dem Mond gut sichtbar ist, werden beide in acht Jahren am selben Kalenderdatum wieder nahe beieinander zu beobachten sein.

Hekkaidekaeteris

Durch Verdopplung der Oktaeteris entwickelte man eine sechzehnjährige Periode, die auch als Hekkaidekaeteris bekannt ist. Hier wurden noch drei weitere Schalttage eingefügt, so dass wir hier eine durchschnittliche Jahreslänge von 365,4375 Tagen haben.

Der Meton-Zyklus

Der bereits erwähnte Meton-Zyklus ist ein Kalendersystem, das vermutlich unter diesem Namen die antiken griechischen Astronomen Euktemon und Meton im fünften Jahrhundert v. Chr. aufstellten. Er umfasst eine Periode, die sowohl 19 Sonnenjahre als auch 235 Mondperioden lang ist (beide Bemessungen weichen nur etwa zwei Stunden voneinander ab) und somit 6940 Tage einschließt.

Abb. 27: Der Berliner Goldhut; Die Bronzezeitlichen Goldhüte sind Lunisolarkalender nach dem Meton-Zyklus

Nach Ablauf dieses 19-jährigen Zyklus sind im Bezug auf einen reinen Sonnenkalender ziemlich genau die gleichen Mondphasen am gleichen Datum (wieder) beobachtbar. So eignet sich dieser 19-jährige Zyklus dazu, die Mond- und Sonnenjahresrechnung in einem Lunisolarkalender aufeinander abzustimmen. Dieses Faktum der Wiederkehr der gleichen Mondphasen nach 19 Jahren ist jedoch schon vor dem fünften Jahrhundert v. Chr. bekannt gewesen. Bereits die berühmten bronzezeitlichen Goldhüte versinnbildlichen Lunisolarkalender nach dem Meton-Zyklus.

Auch die bronzezeitliche Himmelscheibe von Nebra, auf der die Plejaden zwischen einem etwa drei-vier Tage alten zunehmenden Mond und einem Vollmond dargestellt sind, soll nach Rahlf Hansen vom Planetarium Hamburg die Schaltregel eines Lunisolarkalenders versinnbildlichen, die aus Babylon als Plejaden-Schaltregel bekannt ist (Gregor, 2007). Sie besagt: „Wenn die Plejaden und der Mond am 1. *Nisannu* (etwa April) einander die Waage halten, ist dieses Jahr ein reguläres Jahr (GI.NA-ta). Wenn der Mond und die Plejaden einander am 3. *Nisannu* die Waage halten, ist dieses Jahr ein Schaltjahr (DIRI-at: übergroß)“ (Mul-Apin II Gap 8 Af.). Babylonischen Quellen zufolge lag im Monat Nisannu das erste Neulicht bzw. der erste Vollmond des Frühjahrs. So begann der Monat Nisannu frühestens am 7. März und spätestens am 19. April. Seine Vollmondphase war demnach um 15. Tage verschoben zwischen 22. März und spätestens am 4. Mai. In diesem Zusammenhang entspricht der Monat Nisannu funktionell dem Frühlingsmonat. Wenn die Mondsichel, die sich im Frühling oft beim Plejadenuntergang zeigt, das Frühjahr symbolisiert, dann versinnbildlicht der Vollmond auf der Himmelscheibe links neben den Plejaden den Herbst bzw. Winterbeginn.

Auch in der Antike wurden die Plejaden als Anhaltspunkte für die jahreszeitliche Einteilung benutzt. So galt der Frühaufgang (heliakischer Aufgang) der Plejaden als Signal für den Sommerbeginn, den Beginn der Erntezeit, und der Frühuntergang (kosmischer Untergang) der Plejaden als Zeichen für den Winterbeginn (Ginzel, 1906).

Abb. 28: Himmelsscheibe von Nebra. Die Himmelscheibe versinnbildlicht die Schaltregel eines bronzezeitlichen Lunisolarkalenders. Die Plejaden sind hier zwischen einem zunehmenden Mond (4. Tag) und einem Vollmond zu sehen.

Der Kallippische Zyklus

Der kallippische Zyklus bezeichnet eine Periode, die sowohl 76 Sonnenjahre, 940 Mondperioden als auch 27759 Tage lang ist. Der Kallippische Zyklus ist also ein 76-jähriges Kalendersystem, benannt nach dem antiken griechischen Astronomen Kallippos von Kyzikos, das einfach aus dem 19-jährigen Kalendersystem Metons durch Vervierfachung der Periode und Abzug eines Tages von den resultierenden viermal 6940 Tagen (4*6940-1=27759) hervorging. Durch diesen Korrekturtag wird die Vorherberechnung der Mondphasen genauer.

Zwanzigfache *Oktaeteris*

Zum Ausgleich der Diskrepanz zwischen der durchschnittlichen Jahreslänge von 365,4375 Tagen in der sechzehnjährigen *Hekkaidekaeteris*-Periode und der Jahreslänge von 365,25 Tagen des julianischen Kalenders wurde im Rahmen einer zwanzigfachen Oktaeteris- bzw. im Rahmen einer zehnfachen *Hekkaidekaeteris*-Periode (=160 Jahre) ein kompletter Schaltmonat von dreißig Tagen ausgelassen.

Der Hipparchos-Zyklus

Hipparchos übernahm nun die Grundsystematik des Kallippischen Kalenders, den er zunächst in seiner Länge abermals vervierfachte, um dann einen vollen Tag abzuziehen. Die resultierende Zyklusdauer von 304 Jahren wählte Hipparchos aufgrund seiner Berechnung des Sonnenjahrwertes. Hier hatte Hipparchos eine Abweichung in Höhe von 1/300 im Vergleich zu dem Kallippischen Wert von 365,25 Tagen ermittelt.

Tab. 11: Übersicht über die verschiedenen antiken Kalenderzyklen

Schaltregel	Solar-Jahre	Lunar-Monate	Schaltmo-nate	Tage
Jólmond-/ Distingregel	1	12 bzw. 13	0 bzw. 1	354 bzw. 384
Tetraeteris	4	< 50	2	1461
Aun-Zyklus Neunjahr Oktaeteris (Uppsalaregel)	8	99	3	2921
Hekkaidekaeteris	16	198	6	5847
Meton-Zyklus	19	235	7	6940
Kallippischer Zyklus	76	940	28	27759
Zwanzigfache Oktaeteris	160	1979	59	58440
Hipparchos-Zyklus	304	3760	112	111035

Die metaphorische Formulierung *under Auni* – unter Aun stellt also eine Anspielung auf einen kalendarischen Zyklus dar. Hier kommen zum einen der Neunjahreszyklus (Oktaeteris), der sich aus der Mathematik des ersten Teiles der Uppsalaregel ergibt, und zum anderen der genauere 304 Jahre umfassende Hipparchos-Zyklus in Frage, denn der Saga zufolge lebte Aun etwa 300 Jahre. Der Hipparchos-Zyklus könnte zusätzlich zur Uppsalaregel als mathematisches Korrektiv fungiert haben. Vielleicht wurde die Saga bei ihrer Niederschrift im 13. Jahrhundert auch dementsprechend, d.h. nach antiken Vorlagen, modifiziert (?). Anhand der wenigen erhaltenen präzisen Geschichtsdaten hat der Archäoastronom Göran Henriksson versucht, zunächst den Neunjahreszyklus und den möglicherweise darauf aufbauenden 304 Jahre umfassenden Hipparchos-Zyklus für Uppsala zu rekonstruieren. Ob es für diesen wirklich einen kultischen Rahmen gab, liegt jedoch im Dunkel der Geschichte.

11.1. Rekonstruktion des Neunjahreszyklus (nach Henriksson)

In den Jahren 851-853 muss es, kurz vor dem zweiten Besuch von St. Ansgar in Birka, wie es uns sein Nachfolger Rimbert berichtete, ein großes Neunjahresopfer gegeben haben (Rieper, 1995). Adam von Bremen schreibt in seiner Chronik für das Jahr 1075, dass das große Opfer um die (jedoch nicht genau zur) Frühlings-Tag-und-Nachtgleiche stattfand, was auf einen Termin Ende Februar – Anfang März hinweist (Tschan, 1959). Das große Neunjahresopfer in Leire fand jedoch im Januar eines Jahres vor 934 statt. (Letztendlich ist dies jedoch von minderer Bedeutung, da die Uppsalaregel auf jede Mondphase bzw. auf jeden Vollmond in jedem Wochenkalendermonat angewandt werden kann.)

Um aus diesen vagen Angaben etwas schlussfolgern zu können, berechnete Henriksson alle Vollmonddaten zwischen 28. Januar und 26. Februar für den gregorianischen Kalender über die Jahre 200 – 1200. Die einzige in Frage kommende Lösung ist ein (inklusiver) Neunjahreszyklus bzw. exklusiver Achtjahreszyklus, der das Jahr 852, das Jahr von St. Ansgars zweitem Besuch in Birka, einschließt. Daraus folgt, dass die exakten Daten der großen Neunjahresopfer Vielfache von Acht waren (oder sind), die das Jahr 852 als Ankerdatum verwenden (Henriksson, 1992 und 1995).

Da mit dem *Disting*, wie der Name es schon sagt, neben den heidnisch-religiösen Opferungen auch ein weltliches Ding, d.h. eine Ratsversammlung, stattgefunden hat, auf dem bedeutende politische Entscheidungen getroffen wurden, sollte sich diese Theorie u.a. dadurch überprüfen lassen, indem man bedeutsame historische Ereignisse ausfindig macht, die in den Jahren, die ein entsprechendes Vielfaches von Acht darstellen, stattfanden und einen entsprechenden zeitlichen Abstand zum Jahr 852 besitzen. Da diese weltliche Ding-Tradition auch noch in christlichen Zeiten beibehalten wurde, sind hier auch Ereignisse nach 1084, dem Jahr, als das letzte große Opferfest stattfand, einzubeziehen. Der Historiker Tore Nyberg konnte hier eine Reihe bedeutender Ereignisse in Schweden zusammenstellen (Nyberg, 2000). Die Zusammenstellung beginnt natürlich mit dem zweiten Besuch von St. Ansgar in Birka im Jahre 852. Im Jahr 980 (852+16x8) wurde Sigtuna als Königssitz, in der Nachfolge von Birka, errichtet. 1060 (852+26x8) nahm der erste Bischof in Lund seinen Dienst auf. 1076 (852+28x8) mußte König Anund abdanken, da er sich geweigert hat, das große Opfer in *Gamla Uppsala* zu leiten. 1084 (852+29x8) fand das letzte Große Opfer in *Gamla Uppsala* statt, nachdem der dortige heidnische Tempel abgebrannt wurde. Im Jahre 1124 (852+34x8) mußte der Bischof von Gamla Uppsala für einige Monate das Land verlassen. 1156 (38x8) wurde König Sverker ermordet. Nyberg vermutet hier einen Racheakt der letzten Heiden oder zumindest einer Bevölkerungsgruppe, die an dem Neunjahresopfer weiterhin festhalten wollten (Nyberg, 2000). 1164 (852+39x8) wurde *Stefan von Uppsala* als erster Erzbischof in Gamla Uppsala eingesetzt. 1188 (852+42x8) wurde beschlossen, die Münzprägung in Schweden wiederaufzunehmen. Und 1204 (852+44x8) wurde auf dem Ding in Sönderköping beschlossen, weitere Städte in Schweden zu gründen. Einige dieser Daten erscheinen etwas spekulativ im Hinblick auf das Achtjahresschema. Die Datumsangaben zu den Ereignissen um das Uppsalading stützen den Neun-/Achtjahreszyklus jedoch recht gut.

Ein weiteres Ankerdatum für den Neunjahreszyklus finden wir bei Snorri Sturluson, der im Frühjahr 1219 Västergötland besucht hat. Dort wurde ihm berichtet, dass das *Disting* früher im Monat *Gói* (Februar) stattgefunden hat, jetzt aber im Rahmen der Christianisierung auf den Termin von Mariä Lichtmeß (2. Februar) verlegt worden war (Heimskringla, S. Sturluson, um 1230). Dieser Aussage liegt wahrscheinlich ein Irrtum zugrunde, und es fand gar keine amtliche Kalenderfixierung des *Distings*- bzw. *Góiblót*-Termines statt, denn im Jahre 1219 schien der Vollmond am Abend des 1. Februar, was dem 8. Februar nach dem gregorianischen Kalender entspricht, und damit war dies auch das Datum des *Distings*. Somit war der Distingstermin zufällig mit dem Lichtmeß-Termin identisch. Da das Folgejahr 1220 (852+46x8) auch ein Jahr des Neunjahreszyklus war, würde das darauf hinweisen, dass 1220 das Neunjahres-*Disting* auf seinen mathematisch frühestmöglichen Termin, den 28. Januar, gefallen ist, was im Einklang mit der Anwendung der Uppsalaregel steht (Henriksson, 2001).

Abb. 29. Holzschnitt aus Olaus Magnus, *Historia de gentibus septentrionalibus*, auf dem zwei Erwachse (Mutter und Vater?) zwei Kindern (Tochter und Sohn?) den Umgang mit Primstäben (Runenkalendern) erklären.

Weitere Belege des Neunjahresopfers

In den Sagas, in den mythologischen Liedern der Edda und in der Archäologie gibt es noch weitere Hinweise auf das große Neunjahresopfer, die zumindest eines der spezifischen Charakteristika aufweisen: das neunfache Opfer von Tieren – insbesondere männlichen Geschlechtes, das neun Tage lang währende Opferfest, eine überregionale Zusammenkuft zu den Festlichkeiten sowie die Periodizität „alle neun Jahre".

Die Blekinger Runensteine – Der Runenstein von Stentoften

Die nach ihrem Standgebiet benannte Gruppe der Blekinger Runensteine war ursprünglich auf unterschiedliche Standorte rund um die Stadt Sölvesborg im südostschwedischen *Län* Blekinge verstreut. Zu dieser Runensteingruppe gehören die Steine aus Stentoften (DR 357, KJ 96), Gummarp (DR 358, KJ 95), Istaby (DR 359, KJ 98) und Björketorp (DR 360 U, KJ 97). Die Steine stehen dadurch im Zusammenhang, da sie alle durch Anghörige des Geschlechtes der Wülfinge, namentlich *Hariwolf* I., *Haduwolf*, *Heruwolf* und *Hariwolf* II. aufgestellt wurden. Ihre Aufstellung datiert sich in den Zeitraum von 600–650 n.Chr. Auf ihnen sind verschiedene Inschriften, im Wesentlichen Fluchformeln, im älteren Futhark sowie in späturnordischer Sprache eingeritzt. Von besonderem Interesse aus Sicht der Kalenderforschung gilt hier der Runenstein aus Stentoften, der seit 1864 im dortigen Portal der Kirche von Sölvesborg aufgestellt ist (Düwel, 2001).

Abb 30: Der Runenstein von Stentoften in der Sankt Nicolaikirche von Sölvesborg

Auf dem Stentoftener Runenstein ist folgende sechszeilige Runeninschrift (in Tranliteration) zu lesen:

niu hAborumR
niu ha-gestumR
hAþuwolAfR gAf jA
hAriwolAfR (m)A--u snuh-e
hideR runono fe(l)(A)h ekA hederA ginoronoz
herAmAlAsAR ArAgeu we(l)Aduds sA þAt bAriutiþ
(Institutionen för nordiska språk, Samnordisk runtextdatabas)

Die Übertragung der Runeninschrift ins Neuhochdeutsche nach der Interpretation von Lillemor Santesson (Santesson, 1989) lautet folgendermaßen:

> „Durch [das Opfer von] neun Böcken (vgl. Habergeiß/Haberbock) und
> neun Hengsten
> gab Haþuwolf ein gutes Jahr.
> Hariwolf ist dem Jungen jetzt Schutz.
> Der Glanzrunen Reihe berge ich hier, Zauberrunen.
> Rastlos durch Argheit, eines tückischen Todes [ist], wer dieses [Denkmal]
> zerstört."

Die Analogien des im ersten Teil der Runeninschrift geschilderten Opfers zum Neunjahresopfer in Uppsala sind eindeutig. Auch hier werden von jeder Gattung männliche Geschöpfe, Hengste und Haber- d.h. Ziegenböcke, neun Opfertiere dargebracht. Im Gegensatz zum Neunjahresopfer im Uppsala sind es jedoch nur Opfertiere von zwei verschiedenen Arten, nämlich Pferde und Ziegen.

11.1.1. Exkurs V: Der griechisch-attische Kalender

Der wohl bekannteste und am detailiertesten überlieferte (Diodor, *Bibliothéke historiké*' sowie Geminos von Rhodos, *Isagoge*) Lunisolarkalender, der auch einem achtjährigen Schaltzyklus (*Oktaeteris*) folgt, und damit dem germanischen Lunisolarkalender sehr ähnlich ist, ist der im antiken Athen gebräuchliche attische Kalender. Die meisten Überlieferungen zu diesem Kalender datieren in das 4. bzw. 5. Jahrhundert v. Chr. Das attische Mondjahr begann mit der ersten Neumondzündung nach der Sommersonnenwende. Im Gegensatz hierzu begann z.B. im unweit von Athen gelegenen Boeotia (Βοιωτία) das Jahr mit dem Mittwintermonat. Die Monate waren echte Lunarmonate von 29 bzw. 30 Tagen, und jeder Monat wurde formal in drei Dekaden unterteilt, wobei bei den 29 Tage zählenden Monaten ein Tag der dritten Dekade weggelassen wurde. Ein Normaljahr mit 12 Monaten dauerte demnach 354 Tage. Gemäß der *Oktaeteris* wurde dann dreimal innerhalb von acht Jahren ein Schaltmonat, zumeist unmittelbar nach dem Monat Poseideon (Ποσειδεών), d.h. nach dem Monat, in dem die Wintersonnenwende war, eingeschaltet, der dann

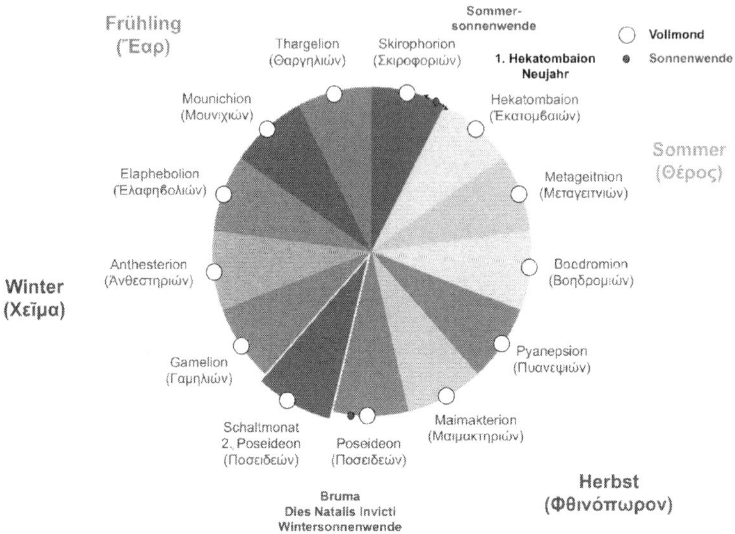

Abb. 31. Schema des attischen Lunisolarkalenders

einfach als zweiter Poseideon benannt wurde. Es gibt aber auch Zeugnisse, die eine Verdopplung der Monate Hekatombaion (Ἑκατομβαιών; entspricht in etwa dem Juli, und damit der anglischen und nordischen Schaltung), Metageitnion (Μεταγειτνιών), Gamelion (Γαμηλιώνand) und Anthesterion (Ἀνθεστηριών) belegen (Hannah, 2005). Ein Schaltjahr hatte demnach eine Dauer von 384 Tagen.

Auch im antiken Athen hat man das Jahr in die vier Jahreszeiten Sommer (Θέρος), Herbst (Φθινόπωρον), Winter (Χεῖμα) und Frühling (Ἔαρ) unterteilt.

Ähnlich wie bei den römischen Monaten hatten bestimmte Tage des attischen Monats feste kultische Bedeutungen. Dies waren zumeist die Geburtstage der Götter, die nicht jährlich, wie z. B. die Geburtstage von Sol-Mithras' und Jesus am 25. Dezember, sondern monatlich begangen wurden. So waren nach dem 1. Tag des Neumondes – *noumenia* die Geburtstage von Agathos Daimon (Tag 2), Athena (Tag 3), Heracles, Hermes, Aphrodite und Eros (Tag 4), Artemis (Tag 6), Apollo (Tag 7) sowie von Poseidon und Theseus (Tag 8). Der letzte Tag jedes Monats wurde als *henē kai nea*, d.h. als „Der alte und der neue" bezeichnet (Mikalson, 1975).

11.1.2. Exkurs VI: Die Oktaeteris als Zeitmaß für die Delphischen Spiele

Die Delphischen oder Pythischen Spiele waren Wettkämpfe zu Ehren des pythischen Apollon. Den mythischen Überlieferungen zufolge soll der Gott Apollon diese Spiele nach der Erlegung des Drachen Python, daher der Name Pythische Spiele, selbst eingesetzt haben. Die originären Pythischen Spiele wurden in der griechischen Stadt Delphi abgehalten, wobei kleinere Pythien in vielen anderen Städten Kleinasiens und Griechenlands abgehalten worden sind.

Nach dem Ende des ersten Heiligen Krieges wurde 582 v. Chr. die Leitung der Spiele auf die Delphische Amphiktyonie, ein Rat der zwölf griechischen Stammesgruppen, übertragen. Erst seitdem fanden die Delphischen Spiele nicht mehr im Turnus der Oktaeteris, d.h. alle acht Jahre, sondern alle vier Jahre statt. Jeweils zwei Jahre vor bzw. nach den Olympischen Spielen, und zwischen den Neméischen und den Isthmischen Spielen.

Im Rhythmus der Oktaeteris fanden, laut Plutarch, in Delphi drei Feste statt: das Stepterion – das Fest der Kränze, die Herois – das Fest der Heroine/Heldin, und das Fest der Charila.

Das *Stepterion* ist auch als *Septerion* – Fest der Reinigung bezeichnet worden. Es ist der unmittelbarste Vorgänger der Pythischen Spiele. Im Rahmen der festlichen Handlungen ist die männliche Jugend Delphis in das Tempe-Tal gezogen. In dem *temenos* genannten, dem Apollon geheiligten Areal wurde eine Hütte errichtet und ein Tisch nebenan gestellt. Dort wurde von einem Jungen das Töten des Drachen Python durch Apollon nachgestellt. Danach brachen die Teilnehmer des Rituals Lorbeerzweige von dem Lorbeerbaum, von dem auch Apollon seinen Loorbeer gebrochen hatte, und bauten sich Kränze aus diesen Zweigen. Der Zug der so initiierten Jungen zurück nach Delphi wurde von dem Jungen, der Apollon dargestellt hatte, angeführt. Dabei wurde musiziert und der *paian*-Tanz aufgeführt.

Das Herois-Fest war der *Semele* (auch *Thyone*, zum Teil auch mit Gaia gleichgesetzt), der Mutter des Dionysos, geweiht. Die Herois was das Gegenstück des Stepterions für die weibliche Jugend und für Männer tabu.

Abb. 32: Hendrik Goltzius – Apollon tötet den Python (1589)

Beim Fest der Charila wurde einem gleichnamigen Mädchen gedacht, das während einer Hungersnot Hilfe vom König erbeten hatte, aber dafür von ihm geschlagen worden war. Daraufhin erhängte sich das Mädchen, worauf ein Fluch über das Land fiel, bis diese Untat durch die Einrichtung des Festes zum Gedenken an das Mädchen gesühnt war (Schnusenberg, 2010; Krause, 1841, Harrison, 1912 & 1922).

11.2. Rekonstruktion des 304-jährigen Zyklus (nach Henriksson)

Den Ausführungen des Olaus Magnus zufolge waren den uppländischen Bauern die Wechsel der Mondphasen und die entsprechenden Merkregeln bezüglich des julianischen Kalenders nicht nur über die letzten Jahrzehnte, sondern sogar über das letzte Jahrtausend hinweg bekannt. Dieses Wissen muss also seinen Ursprung aus einer wenigstens ein Jahrtausend alten Mondbeobachtung ziehen.

Als Olaus Rudbeck 1689 in Uppsala weilte, erklärte ihm der neunzigjährige Bauer, der ihm auch die entsprechende Uppsalaregel mitgeteilt hatte, dass nun (1689) der Hipparchos-/Aun-(?)Zyklus komplett ist, und es nun an der Zeit ist, den 19-Jahreszyklus, der zu der Zeit den Achtjahreszyklus seit längeren abgelöst hatte, um einen Tag nach vorne zu verschieben, wie es nach der alten Regel alle 300 und ein paar Jahre notwendig ist (Rudbeck, 1689). Auf seinem Runenkalender, den er von seinen Vorfahren geerbt hatte, war für das Jahr 1689 der Distingstermin mit der Goldenen Zahl für das Jahr und mit einem Halbmond markiert.

Henriksson interpretierte dies wie folgt: Die Markierung des Distingsvollmondes als Halbmond für das Jahr 1385 (1689-304) kann als Mondfinsternis verstanden werden. Entsprechende astronomische Berechnungen bestätigen dies, nach denen 1385 der Distingsvollmond gegen Mitternacht vollkommen verdunkelt war und morgens gegen 7 Uhr als Halbmond erkennbar gewesen war (Henriksson, 2001).

Da im Rahmen des 19-Jahreszyklus, der dann 1689 begann, das Datum des *Distings* um einen Tag nach vorne verschoben werden musste, galt dies im fortgeführten Achtjahreszyklus für das Jahr 1692 (852+105x8). Daraus kann man zurückrechnen, dass gleichartige frühere Anpassungen in den Jahren 1388 (hier war die Tradition des Achtjahresopfers bereits aufgegeben), 1084 (das letzte historisch belegte große Achtjahresopfer), 780 und 476 stattgefunden haben müssen.

Das letztgenannte Datum 476 fällt in die historisch belegte Amtszeit des aus der Ynglingasaga bekannten Königs Aun, die in der Zeitspanne 450-500 angesiedelt wird. Der Überlieferung gemäß müsste dieser König Aun also im Jahre 476 sowohl den 304-jährigen Hipparchos-Zyklus und auch den julianischen Kalender in Schweden eingeführt haben (Henriksson, 2001).

Nach den Angaben des Grabungsleiters bei der archäologischen Grabung in *Gamla Uppsala* ist König Aun in dem mittleren und ältesten der drei königlichen Grabhügel von *Gamla Uppsala* begraben (Lindqvist, 1955).

Abb. 33: Die drei königlichen Grabhügel in *Gamla Uppsala*, König Auns Grabhügel ist der mittlere rechts neben dem Gebäude

Mit diesem Grabhügel hat es noch eine weitere Bewandnis auf sich, denn im Jahre 476 schien der Distingsvollmond am letzten Tag des Distingszeitraumes. Berechnungen zufolge ging am Tage des *Distings* die Sonne genau über dem Gipfel des Aun-Grabhügels auf. Eine analoge Konstellation fanden wir am 3. Februar des Jahres 1996 (1692+304) vor. Die drei königlichen Grabhügel und der Tingshög stellen hierbei eine Art astronomisches Observatorium dar. Der Tingshög, genauer gesagt der große Monolith auf dem *Tingshög*, fungiert hierbei als Beobachtungsstelle, von der aus gesehen die drei Königlichen Grabhügel in die Richtung des Sonnenaufganges am 3. November^{G} weisen. Wir erinnern uns, zu Zeiten des Wochenkalenders begann das Jahr mit dem ersten Vollmond +/-15 Tage um den 13./14. Oktober^{J} / 21./22. Oktober^{G} (Winternächte/*Winterfylleth*). Das bedeutet im Bezug auf unseren modernen gregorianischen Kalender, dass der erste Vollmond im neuen Jahr frühestens am 4. November^{G} beobachtbar war, genau einen Tag nachdem der Sonnenaufgang in einer Linie mit den drei Königlichen Grabhügeln beobachtbar war. Drei Lunarmonate später, am 8. Februar^{G}, ist der Sonnenaufgang wieder in dieser Richtung beobachtbar und weitere drei Lunarmonate später, am 29. April^{G} sowie am 13. August^{G}, geht die Sonne genau in der entgegengesetzten Richtung auf. Alle 19 Jahre gemäß des Meton-Zyklus ist an all diesen vier Tagen im Jahr ein Vollmond zu beobachten. Darüber hinaus kann man am ersten Tag des Distingszeitraumes, dem 28. Januar, den Sonnenaufgang über den Gipfel des *Tunåsen* und am letzten Tag des Distingszeitraumes, dem 26. Februar, den Sonnenaufgang über dem mittleren Grabhügel, dem

Grabhügel König Auns, beobachten (Henriksson, 2001). Diesbezüglich ist die Anlage in *Gamla Uppsala* jedoch nicht einmalig. Derartige Anlagen mit prinzipiell gleichen Markierungen gibt es in ganz Europa, so zum Beispiel auf Gotland oder im Baltikum. Sehr berühmt geworden, vor allem im Zusammenhang mit der Himmelsscheibe von Nebra, sind hier der Mittelberg sowie der Wurm- und der Burgberg im Hochharz. Für die Sonnenwendpeilung in Verbindung mit dem Schifferstädter Goldhut ist hier auch noch der Donnersberg im Rheintal zu nennen (Steinrücken, 2009).

Abb 34: Die drei Königshügel von Gamla Uppsala aus südlicher Blickrichtung. Der abgeflachte Hügel mit dem Monolithen ist der Tingshög, welcher als Observationspunkt fungiert (aus Olaus Rudbeck, Atlantica 1679b: Atlas S. 16, Abb. Nr. 77)

Hier sei noch angeführt, dass nach Olaus Rudbecks Angaben der Begriff Mittwinter gemäß einem viergeteilten Jahreskreis mit vier Jahreszeiten zu je drei Monaten genau die Mitte zwischen Winter- und Frühlingsbeginn wie nach unserem heutigen Verständnis beschreibt. Demnach wird das *Disting* im Neunjahreszyklus in der Literatur auch als *Großes Mittwinteropfer* bezeichnet. Da diese Bezeichnung aus dem 17. Jahrhundert den anfangs dargestellten Mittwinterdefinitionen im zwei- und dreigeteilten Jahreskreis widerspricht und nur für Verwirrung gesorgt hätte, wurde auf diesen Terminus zugunsten der Bezeichnung großes Neunjahresopfer verzichtet.

Rein rechnerisch würde der aktuelle Hipparchos-/Aun-(?)Zyklus, der im Jahre 1996 begonnen hat, im Jahre 2300 enden.

Auf die Saga von König Aun wird noch in zwei weiteren Quellen kurz eingegangen, zum einen in in der lateinischen *Historia Norwegiae*:

> *Iste [Jorund] genuit Auchun, qui longo vetustasis senio* ***IX annis*** *ante obitum suum densæ usum alimoniæ postponens lac tantum de cornu ut infans suxisse fertur.*
>
> Dieser Jörund zeugte Au(chu)n, der in hohem Alter, in den letzten **neun Jahren** vor seinem Tod auf den Verzehr von festen Lebensmitteln verzichtete, und stattdessen wie ein Säugling Milch aus einem Horn sog. (eigene Übersetzung)

und zum anderen in der *Ættartala Haralldz fra Odni* im *Flateyarbók*:

> *Ættartala Haralds frá Óðni: …er vér köllum Jörund, föður Ána hins gamla, er vér köllum Aun, er* ***níu vetr*** *drakk horn fyrir elli sakir, áðr hann dó. Aun var faðir Egils Tunnadólgs …*
>
> Die Ahnenreihe von Harald Hárfarge aus Óðni: … den wir Jörund nennen, war Vater von Áni dem Alten, den wir Aun nennen, der aus Altersgründen **neun Winter** aus dem Trinkhorn sog, bevor er starb. Aun war der Vater Egil Tunnadólgs … (eigene Übersetzung)

Den beiden Anspielungen auf die Aun-Saga ist gemein, dass in ihnen die letzten Jahre vor dem Tod Auns und somit der Zyklus für die Opferung der Königssöhne einfach nur „neun Jahre" beträgt, d.h. im inklusiven Neunjahreszyklus erfolgt, und nicht wie bei Snorri zehn Jahre und damit in der Summe zumindest auch nicht an die 304 Jahre heranreichen würde. Insofern ist der Sache wohl insgesamt genüge getan, wenn man in der Formulierung „unter Aun" einfach nur eine Metapher für „im Neunjahr" sieht. Die Interpretation des Aun-Zyklus als Hipparchos-Zyklus mag wie gesagt eine Modifikation, Interpretation oder Neuerung des 13. (Snorri) oder gar 17. Jahrhunderts (Olaus Rudbeck) darstellen.

In der *Historia Norwegiae* wird König *Aun* als *Auchun* bezeichnet. *Aun* soll eine Kurzform des Namens *Auðunn* sein, demnach sollte sein Name, abgeleitet von auðr, soviel wie „Freund des Reichtums" bedeuten (deVries, 1956).

Nun stellt sich die Frage, wie lange dieser aunsche Neunjahreszyklus schon bekannt war bzw. begangen wurde. Neben dem 19-jährigen Meton-Zyklus ist auch der Neunjahres-Schaltzyklus auf dem

Runenkästchen von Auzon, das auch als Franks Casket bekannt ist, nachzuweisen (Becker, 2012). Dieses Runenkästchen wird auf den Beginn des 7. Jahrhunderts datiert. Einen weiteren Hinweis auf das Alter des Neunjahreszyklus liefert ein Bericht von Diodoros von Sizilien (*Diodorus Siculus*). Er war ein antiker griechischer Geschichtsschreiber, der im 1. Jahrhundert v. Chr. lebte. Von ihm weiß man, dass er aus aus dem Ort Agyrion auf Sizilien stammt und dann länger in Rom und Ägypten wirkte. Er verfasste, wie damals für Historiker üblich, eine Universalgeschichte, die den Namen *Bibliothéke historiké* (lat. *Diodori Siculi Bibliotheca historica*) trägt. Diese Universalgeschichte umfasste 40 Bücher, von denen leider nur die Bücher 1–5, 11–16 und 18–20 erhalten sind. Im zweiten Buch dieser Universalgeschichte schreibt er über das Volk jenseits des Nordwindes – die Hyperboréer, einer in der Antike gängigen Bezeichnung wohl für die Germanen/Skandinavier, dass sie jedes 19. Jahr, wenn die (Wandel-?) Sterne ihren Zyklus beendet hatten und sich die Götter dem Land wieder zuwandten, ein großes Fest feierten (Wurm, 1831). Mit diesem 19. Jahreszyklus kann nur der Meton-Zyklus gemeint sein. Wahrscheinlich hat Diodoros die entsprechenden Neunjahresfeiern im Sinne des ihm aus den mediterranen Gegenden bekannten Metonzyklus interpretiert. So besteht durchaus die Möglichkeit, dass bereits im 1. Jahrhundert v. Chr. der Aunsche Neunjahreszyklus bekannt und festlich begangen wurde. Der genaue Wortlaut der Textstelle (Buch II, Kapitel 47) nach der Übertragung von Julius Friedrich Wurm lautet wie folgt:

> Da wir die nördlichen Gegenden von Asien beschrieben haben, so wird hier der schickliche Ort seyn für die fabelhaften Erzählungen von den Hyperboreern, wie man sie in der alten Sagengeschichte bei Hekatäus und Anderen findet. „Dem Celtenlande gegenüber in dem jenseitigen Ocean gegen Norden ist eine Insel, nicht kleiner als Sicilien. Die Bewohner heißen Hyperboreer [Uebernördliche], weil sie über das Gebiet des Nordwindes hinaus liegen. Der Boden ist so gut und fruchtbar und der Himmelsstrich so günstig, daß man zweimal im Jahr ernten kann. Der Fabel nach ist Latona auf dieser Insel geboren; darum wird auch Apoll daselbst eifriger als alle anderen Götter verehrt. Die Einwohner sind eigentlich als Priester Apoll's zu betrachten, da sie diesen Gott jeden Tag durch immerwährende

Lobgesänge preisen und auf alle Art verherrlichen. Es ist auf der Insel ein prächtiger dem Apoll geweihter Hain, und ein merkwürdiger Tempel von kugelrunder Form, mit vielen Weihgeschenken geschmückt. Auch eine Stadt ist diesem Gott geheiligt, deren Einwohner größtentheils Citherspieler sind; sie singen immerfort Lieder zu seiner Ehre, mit Begleitung der Cither, und rühmen seine herrlichen Thaten. Die Hyperboreer haben eine eigene Sprache. Uebrigens leben sie mit den Griechen ganz vertraut, und besonders mit den Arbenern und Deliern; und diese Zuneigung schreibt sich aus alten Zeiten her. Es gab auch Griechen, wie die Fabel sagt, welche zu den Hyperboreern reisten, und kostbare Weihgeschenke mit Griechischen Inschriften zurückließen. Ebenso kam nach Griechenland ein Hyperboreer, Abaris, der die alte Bekanntschaft mit den Deliern als Verwandten erneuerte. Von dieser Insel aus erscheint die Entfernung des Mondes von der Erde ganz gering, und man glaubt auf dem selben gewisse bergähnliche Erhöhungen wahrzunehmen. Apoll kommt je nach 19 Jahren auf die Insel, also zu der Zeit, da die Gestirne [Sonne und Mond] in dieselbe Stellung zurückkehren; und darum heißt ein Zeitraum von 19 Jahren bei den Griechen das große Jahr. Diese Erscheinung des Gottes dauert von der Frühlingsnachtgleiche bis zum Aufgang der Plejaden [mit der Sonne]. Er bringt während dieser Zeit die ganze Nacht mit Citherspiel und Reigen zu, und besingt seine eigenen Siege. Die Könige jener Stadt, zugleich Aufseher des heiligen Hains, heißen Boreaden, als Abkömmlinge des Boreas, und die Regierung erbt sich in diesem Geschlecht immer fort."
(Wurm 1827-1840)

12. Wie lange wurde gefeiert?

Bleibt noch zu klären, wie lange die einzelnen Feste begangen wurden. Wie wir gesehen haben, waren die wichtigsten Festtage auf die Übergänge zu den einzelnen Quartalen bzw. Jahreszeiten datiert. Doch die Übergänge zwischen den einzelnen Quartalen erfolgten nicht in einem bestimmten Augenblick, so wie wir es von unseren heutigen Silvesterfeiern kennen, sondern im Verlauf einer Dreitagesperiode. Insbesondere die Plural-Bezeichnung Winternächte (*vetrnætr*) anstelle einer einzelnen Winternacht weist hierauf hin. In seiner ethnologischen Studie *Första vinterdag* (Der erste Wintertag) ist Nils Lithberg dieser Problematik nachgegangen. Insbesondere durch sein Studium norrländischer Runenstäbe/Runenkalender kam er zu dem Schluss, dass die Dreitagesperiode die ursprüngliche Form des Quartalsüberganges war, die erst sekundär im Zuge von Normalisierungsbestrebungen auf einen Tag gekürzt wurde.

Im Kapitel 3 der Valla-Ljóts-Saga wird sogar direkt auf den dritten Tag der Winternächte Bezug genommen, so dass jeglicher Zweifel bezüglich der dreitägigen Zeitspanne der Winternächte ausgeräumt ist.

> *Valla-Ljóts saga – 3. kafli*
>
> *„Já,“ segir Guðmundur, „sé eg að þú þykist vel leikið hafa en svo segir mér hugur um að rautt mun sjá í skörina fyrir hinar þriðju veturnætur. Vil eg nú það ráða þér að þú komir ei út þangað. Síðan mun eg kaupa þér hér land en ábyrgjast þig ei út þar.“ (Peter A. Jorgensen, 1991)*

> Valla-Ljóts-Saga – 3. Kapitel
>
> „Ja“, sagte Gudmund, „Ich sehe, dass Du denkst, deine Sache gut erledigt zu haben, doch sagt mir mein Gefühl, dass es noch vor der **dritten Winternacht** blutige Häupter geben wird. Ich will Dir nun raten nicht mehr dorthin zu gehen. Dann werde ich Dir hier etwas Land kaufen, da ich nicht für Deine Sicherheit dort bürgen kann. (Eigene Übersetzung)

Diese Dreitagesperiode sollte jedoch nicht nur für die Winternächte (*vetrnætr*) sondern auch für die drei anderen Quartalsübergänge: Mittwinter (*miðvetr*), Sommerbeginn (*sumarmál*) und Mittsommer (*miðsumar*) gegolten haben.

In Snorris *Hákonar saga góða* bestätigt sich diese Annahme zumindest für das Mittwinter- oder heidnische Jólfest, dass seinen Angaben zufolge beginnend mit der Hau- oder Hacknacht (*höggunótt*; *hökunótt*), in der das Vieh für die Feierlichkeiten gehauen/geschlachtet wurde, über drei Tage gefeiert wurde.

Für einen dreitägigen Sommerbeginn (*sumarmál*, *várblót*) finden wir im *Dalalagen* (Gesetzbuch aus der Dalarna) zumindest eine Andeutung, da hier neben den Winternächten auch von Sommernächten also im Plural gesprochen wird.

Für ein Mittsommerfest vom Juli^{G} 20-22 ± 15 (Juli^{J} 13-15 ± 15) gibt es, wie oben bereits erwähnt, eigentlich keine Überlieferungen.

Aus dem *Upplandslagen* (*Tingsbalk XIV* bzw. wie im Original beschriftet *XIIII*) wissen wir noch, das der Dingfrieden des *Distinges* über die beiden an den zwei darauffolgenden Tagen stattfindenden *Köptinge* (Kaufdinge, Märkte) ausgeweitet wurde: *Disæþinx friþær gangær in a disæþinx dagh ok standær twæggiæ kiöppingæ mællum* (Friesen, 1902). Auch hier liegt wieder eine Dreitagesperiode vor.

In der Dreitagesperiode haben wir wieder einen Hinweis auf einen ursprünglich zugrundeliegenden Mondkalender, denn bis heute werden im Volksbrauch den Mondphasen Voll- und Neumond eine Dauer von drei Tagen zugewiesen.

Die dreitägige Dauer mag auch eine praktische Bewandtnis haben. Im Prinzip können neben dem *Disting* auch alle anderen Feiertage, die mit einem Vollmond assoziiert sind, terminlich nach der Distingsformel annährungsweise berechnet werden. Wie wir gesehen haben, hat diese Formel innerhalb eines Neunjahreszyklus eine maximale Abweichung von zwei Tagen. Demnach ist bei einer dreitägigen Festzeit der exakte Termin immer eingeschlossen.

Hiervon zu unterscheiden sind die Feierlichkeiten im Neunjahreszyklus. Diese werden wie bei Adam von Bremen und Thietmar von Merseburg neun Tage lang gefeiert. Nur Snorri weicht etwas von diesen Überlieferungen ab, denn er berichtet von einwöchigen Festlichkeiten. Dies mag sich damit erklären, dass diese Sieben-Tage-Woche von einer Zusammenkunft zur Einleitung der Festlichkeiten und einer Zusammenkunft zum Ende der Festlichkeiten flankiert war. Diese neun Tage umfassen wiederum acht

Nächte, in denen repräsentativ für die acht Jahre des Aun-Zyklus (*Oktaeteris*) achtmal das neunfache Opfer dargebracht wurde, womit sich wie bereits berichtet die Gesamtopferzahl von 72 bei Adam von Bremen erklären lässt (Nordberg, 2006).

Im Bezug auf das Jólfest bzw. die Jólfeierlichkeiten sollte noch hinzugefügt werden, dass das dreitägige Mittwinterfest (Jólfest im engeren Sinne), zum Vollmond des Späten Jólmonats, sicherlich als Teil einer ganzen Reihe von bedeutenden Tagen, die mit Feierlichkeiten verbunden gewesen sind, zu sehen ist. Zu nennen wären hier die Mittsommerwende (Müttернacht), ggf. das Ende der Polarnacht, das Ende der zwölf Nächte und der Neumond des ersten Lunarmonates nach der Wintersonnenwende sowie letzendlich die drei Tage um den Vollmond des ersten Lunarmonates nach der Wintersonnenwende. Dies scheint dadurch bestätigt zu werden, dass man für diesen festlichen Zeitraum auch den Pluralbegriff *Julen* findet (Nordberg, 2006). Bis heute wird in Skandinavien der Dreikönigstag noch als 13. Tag Jul und der 13. Januar, der St. Knuts Tag, als 20. Tag Jul bezeichnet.

13. Das Neunjahr – die Oktaeteris in der germanischen Mythologie

Das Neunjahr, die neuntägige Festzeit bzw. die Neunzahl, repräsentiert, wie wir gesehen haben, nach inklusiver Rechenweise die Oktaeteris bzw. die Festzeit zu Beginn und zum Ende eines Neunjahres. Diese Neunzahl war nicht nur für die Berechnung der Feiertage von Bedeutung, sie ist auch sehr stark in der germanischen Mythologie verankert und fungiert als lunares Mythologem bzw. zumindest als lunares Attribut einiger Götter und Gegenstände.

13.1. Heimdall und die Oktaeteris

Snorri berichtet uns in seiner Edda – genauer in der Gylfaginning – Folgendes über den Gott Heimdall

> *Frá Heimdalli*
> *Heimdallr heitir einn. Hann er kallaðr hvíti áss. Hann er mikill ok heilagr. Hann báru at syni meyjar níu ok allar systr. Hann heitir ok Hallinskíði ok Gullintanni, tennr hans váru af gulli. Hestr hans heitir Gulltoppr. Hann býr þar, er heita Himinbjörg við Bifröst. Hann er vörðr goða ok sitr þar við himins enda at gæta brúarinnar fyrir bergrisum. Hann þarf minna svefn en fugl. Hann sér jafnt nótt sem dag hundrað rasta frá sér. Hann heyrir ok þat, er gras vex á jörðu eða ull á sauðum, ok allt þat er hæra lætr. Hann hefir lúðr þann, er Gjallarhorn heitir, ok heyrir blástr hans í alla heima. Heimdallar sverð er kallat höfuð manns. Hér er svá sagt:*
>
> *39. Himinbjörg heita,*
> *en þar Heimdall*
> *kveða valda véum;*
> *þar vörðr goða*
> *drekkr í væru ranni*
> *glaðr inn góða mjöð.*
>
> *Ok enn segir hann sjálfr í Heimdallargaldri:*
> *40. Níu em ek mæðra mögr,*
> *níu em ek systra sonr.*
> *(Snorri Sturluson, Codex Regius)*

Von Heimdall:

Heimdall heißt einer, der auch der weiße Ase genannt wird. Er ist groß und hehr und von neun Mädchen, die Schwestern waren, geboren. Er heißt auch Hallinskidi und Gullintanni, weil seine Zähne von Gold sind. Sein Pferd heißt Gulltopp. Er wohnt auf Himinbiörg bei Bifröst. Er ist der Wächter der Götter und wohnt dort an des Himmels Ende, um die Brücke vor den Bergriesen zu bewahren. Er bedarf weniger Schlaf als ein Vogel und sieht sowohl bei Nacht als bei Tag hundert Tagreisen weit; er hört auch das Gras in der Erde und die Wolle auf den Schafen wachsen, mithin auch alles, was einen stärkern Laut gibt. Er hat eine Trompete, die Giallarhorn heißt, und bläst er hinein, so wird es in allen Welten gehört. Heimdalls Schwert heißt Haupt. Von ihm heißt es:

Himinbiörg ist die achte,
wo Heimdall soll
Der Weihestatt walten.
Der Götterwächter schlürft in schöner Wohnung
Selig den süßen Met.

Auch sagt er selbst in Heimdalls Gesang:
Ich bin neun Mütter Sohn
und von neun Schwestern geboren.
(Deutsche Übersetzung: Karl Simrock, 1878)

Die Beschreibung des Gottes Heimdall legt nahe, dass es sich bei ihm um einen Mondgott handelt, zumindest um einen Lichtgott, der auch starke lunare Attribute trägt. So bedeutet sein Name *Heimdallr* (an.) „der die Welt Beleuchtende“ (Simek, 1995).

Hallinskiði ist ein Beiname für den Gott Heimdall und für den Widder und bedeutet der mit den schiefen Hörnern, denn von den „Mondhörnern“ ist immer nur eines zu sehen. *Gullintanni* bedeutet, der mit den goldenen Zähnen, was auch eine Anspielung auf die Sicheln des Mondes ist.

Abb 35: „Heimdall und seine neun Mütter“ von W. G. Collingwood (1908)

Am interessantesten scheinen die letzten Zeilen von Snorris Ausführungen: So heißt es, dass Heimdall der Sohn von neun Müttern bzw. von neun Schwestern ist. Dies ist eine klare Anspielung auf die Oktaeteris. Wie wir oben gesehen haben zählt bei inklusiver Zählweise das nullte Jahr als das erste Jahr mit, so dass mit diesen neun Müttern/Schwestern die acht Jahre der vorangegangenen Oktaeteris gemeint sind. Mit Beginn der neuen Oktaeteris wird der neue Mond bzw. Mondzyklus geboren. Auch die *Húsdrápa* des Skalden Ulfr Uggason berichtet von Heimdalls neun Müttern, genauer gesagt verwendet sie entsprechend des Stabreimes die Formulierung „von acht Müttern und einer“:

Húsdrápa	**Deutsche Übersetzung**
(Ulfr Uggason)	(Peter Hilterhaus)
2. Ráðgegninn bregðr ragna	2. Der rat-treffende berühmte Wächter
rein at Singasteini	des Landes der Götter geht mit dem
frægr við firna-slægjan	außerordentlich verschlagenen Sohn
Fárbauta mög vári.	Farbautis zum Singastein ,
Móðöflugr ræðr mæðra	der mutige Sohn **von acht Müttern**
mögr hafnýra fögru,	**und einer**
(kynnik) áðr ok einnar	erhält zuerst die prächtige Meeresniere,
átta (mærðar þáttum).	ich berichte es in diesem Teil des Lobes.

13.2. Oegirs neun Töchter

Diese neun Mütter werden im Allgemeinen mit den neun Töchtern des Meerriesen Oegir identifiziert, die wiederum als Meereswellen interpretiert werden. Über die Mütter Heimdalls, die ihm am Rande der Welt gebaren (Der Mond geht am Rand der Erde auf) berichtet uns das *Hyndluljóð*:

Hyndluljóð	**Deutsche Übersetzung**
(Sophus Bugge)	(Karl Simrock, 1878)
35. Vard einn borin	34. Geboren ward einer
i ardaga	am Anfang der Tage,
rammaukin miok	Ein Wunder der Stärke,
raugna kindar;	göttlichen Stamms.
niu baru þann	Neune gebaren ihn,
naddgaufgann mann	der Frieden verliehn hat,
iotna meyiar	Der Riesentöchter
vid iardar þraum.	am Erdenrand.
37. Hann Gialp vm bar,	35. Gialp gebar ihn,
hann Greip vm bar,	Greip gebar ihn,
bar hann Eistla	Ihn gebar Eistia
ok Eyrgiafa,	und Angeyja,
hann bar Vlfrun	Ulfrun gebar ihn
ok Angeyia,	und Eyrgiafa,
Imdr ok Atla	Imd und Atla,
ok Iarnsaxa.	und Jarnsaxa.

Ihre Namen lauten in den Skáldskaparmál etwas anders (nach Simek, 1995): *Bára* („Welle“), *Blóðughadda* („Blutig-Haar“), *Bylgja* („Welle“), *Dúfa* („Welle“), *Hefring* („die sich Hebende“), *Himinglæva* („die Himmelsglänzende“), *Hrönn* („Welle“), *Kolga* („die Kalte“) und *Uðr* („Welle“). Der Zusammenhang zwischen den Wellen bzw. dem Meer und dem Mond besteht über die durch den Mond verursachten Gezeiten. In diesem Kontext können die Feierlichkeiten im Neunjahr auch als „Geburtsfest“ der Mondgottheit verstanden werden.

13.3. Njörds neun Töchter

Im *Sólarlióð* – dem Sonnenlied – werden aus den neun Töchtern des Meerriesen Oegirs neun Töchter des Meeresgottes Njörd.

Sólarlióð	**Deutsche Übersetzung**
(Guðni Jónsson)	(Karl Simrock, 1878)
79. Hér eru rúnar,	79. Das sind die Runen,
sem ristit hafa	die da ritzten
Njarðar dætr níu:	Niörds Töchter neun,
Böðveig hin elzta	Radwör die älteste
ok Kreppvör hin yngsta	und Kreppwör die jüngste,
ok þeira systr sjau.	Mit ihrer Schwestern sieben.

13.4. Odin, Baldr und Draupnir

Eines von Odins Attributen ist der Ring Draupnir (altnordisch der "Tröpfler"). Er wurde, wie uns die Edda in den Skáldskaparmál berichtet, von den Zwergen *Sindri* und *Brokk* zusammen mit *Gullinborsti*, dem goldenen Eber Freyrs, und *Mjölnir*, dem Hammer Thors, geschmiedet. Analog zur Unterteilung des Neunjahres tropfen von diesem Ring in jeder neunten Nacht acht gleich schwere Ringe ab.

Skírnismál	**Deutsche Übersetzung**
(Guðni Jónsson)	(Karl Simrock, 1878)
21. Baug ek þér þá gef,	21. Den Ring geb ich,
þann er brenndr var	der in der Glut lag
með ungum Óðins syni;	Mit Odhins jungem Erben.
átta eru jafnhöfðir,	Acht entträufeln ihm
er af drjúpa	ebenschwere
ina níundu hverja nótt.	In jeder neunten Nacht.

Odin warf bei der Bestattung seines Sohnes Balder den Ring Draupnir in das Bestattungsfeuer.

13.5. Hermóðs Helfahrt

Später bekommt *Hermóðr* von Odin den Auftrag, seinen toten Sohn Balder aus dem Totenreich Hel zurückzuholen. Odin stellt ihn dafür sein Pferd *Sleipnir* zur Verfügung. Dort angekommen verhandelt *Hermóðr* mit Hel, der Totengöttin, dass sie seinen Bruder Balder aus dem Totenreich entlässt. Dies wird jedoch durch eine List des Gottes Loki verhindert. Als Zeichen, das Balder noch (in Helheim) „lebt", bringt *Hermóðr* den besagten Ring Draupnir als Lebenszeichen zurück nach Asgard. Hermóðs Ritt in die Unterwelt dauert wieder mit Anspielung auf die Oktaeteris neun Tage.

13.6. Odins Selbstopfer

Auf seiner Suche nach Wissen initiiert sich Odin in einer Reihe von Selbstopfern. So opfert er ein Auge in Mimirs Brunnen. Der Riesin Gunnlöd entführt er den Skaldenmet Odrörir und bringt ihn als Adler nach Asgard. In seiner dritten Initiation hängt er sich in den Weltenbaum, verwundet von seinem eigenen Ger. So hängt er neun Nächte, wobei er neun runische Zauberlieder ersinnt (Odins Runenlied in der *Hávamál* der Lieder-Edda).

Hávamál	**Deutsche Übersetzung**
V. Rúnatals þáttr Óðins	(Karl Simrock, 1878)
138. Veit ek, at ek hekk	138. Ich weiß, daß ich hing
vindgameiði á	am windigen Baum
nætr allar níu,	Neun lange Nächte,
geiri undaðr	Vom Speer verwundet,
ok gefinn Óðni,	dem Odin geweiht,
sjalfur sjalfum mér,	Mir selber ich selbst,
á þeim meiði	Am Ast des Baums,
er manngi veit	dem man nicht ansehn kann
hvers af rótum renn.	Aus welcher Wurzel er sproß.

140. Fimbulljóð níu	140. Hauptlieder neun
nam ek af inum frægja syni	lernt ich von dem weisen Sohn
Bölþorns, Bestlu föður,	Bölthorns, des Vaters Bestlas,
ok ek drykk of gat	Und trank einen Trunk
ins dýra mjaðar,	des teuern Mets
ausin Óðreri.	Aus Odhrörir geschöpft.

Es gibt noch etliche weitere Beispiele, bei denen die Neunzahl eine bedeutende Zahl in der germanischen Mythologie darstellt. Laut *Fjölsvinnsmál* ist *Menglöd* von neun Mädchen: *Hlíf*, *Hlífþrasa*, *Þjóðvarta*, *Björt*, *Blíð*, *Blíðr*, *Fríð*, *Eir* und *Aurboða* umgeben. Skadi und Njörd wohnen jeweils neun Tage in *Nóatún* und *Thrymheim*. Neun Nächte muß laut *Skírnismál* 39, der Sohn *Njörds* – *Freyr* auf die Hochzeit mit *Gerðr* warten.

Neben der vollendeten Neunzahl als Sinnbild des vollendeten Neunjahrs gibt es auch Überlieferungen zur unvollendeten Neunzahl, d.h. von einer Achtzahl zu der sich zur Komplettierung noch Eins gesellt oder gesellen muss.

13.7. Grimnir bei König Geirröd

Das Grimnirlied berichtet von einem weiteren Abenteuer Odins. Er sucht hier unter dem Decknamen *Grimnir* den König Geirröd auf, um dessen Gastfreundschaft auf die Probe zu stellen. König Geirröd vermutet hinter Grimnir einen bösen Zauberer. Er lässt Grimnir darum acht Tage lang zwischen zwei Feuern in der Hitze schmachten. Nur Geirröds Sohn Agnar bringt Grimnir Essen und Trinken. Erst am neunten Tage – um wieder der Symbolik der Oktaeteris zu benutzen – beendet Odin diese unwirtliche Behandlung und hebt zu dem eigentlichen Grimnirlied an, in dem er das Verhalten Geirröds rügt, einige Gegebenheiten der Welt erläutert und sich als Odin zu erkennen gibt.

Grímnismál	**Deutsche Übersetzung**
(Guðni Jónsson)	(Karl Simrock, 1878)
2. Átta nætr sat ek	2. Acht Nächte fanden mich
milli elda hér,	zwischen Feuern hier,
svá at mér manngi	Daß mir Niemand
mat né bauð	Nahrung bot
nema einn Agnarr,	Als Agnar allein;
er einn skal ráða,	allein soll auch herschen
Geirröðar sonr,	Geirröds Sohn
Gotna landi.	über der Goten Land.

13.8. Die neun Kessel des Hymir

Als Thor bei Hymir eintrifft, zerbricht ein Balken und acht Kessel zerspringen. Der neunte bleibt heil und ist dann der Braukessel für das Bier für Oegirs Drinkgelage zu den Winternächten.

Hymiskviða	**Deutsche Übersetzung**
(Guðni Jónsson)	(Karl Simrock, 1878)
13. *Stukku átta,*	13. Acht Kessel fielen,
en einn af þeim	und einer nur,
hverr harðsleginn	Ein hart gehämmerter,
heill af þolli;	kam heil herab.
fram gengu þeir,	Vorgingen die Gäste;
en forn jötunn	der graue Riese
sjónum leiddi	Faßt' ins Auge
sinn andskota	den Feind sich scharf.

In der ***Þrymskviða*** kommt die acht gleich mehrmals vor. So ist Thors Hammer acht Rasten tief unter der Erde – im neunten Rasten steckt der Hammer. Thor verschlang acht Lachse und einen Ochsen. Loki, als Magd verkleidet, flüstert dem Riesen Thrym zu, dass Freyja – der verkleidete Thor – acht Tage nichts aß und acht Tage nicht schlief, wegen der am neunten Tag stattfindenden Hochzeit mit Thrym.

Die Neunzahl mag sich als eigenständiges mytholgisches Motiv etabliert haben, das Neunjahr – die Oktaeteris – als maßgeblicher Rhythmus der Festzeiten war maßgebliche Inspiration für solche Zahlenmotive in der Mythologie.

14. Zusammenfassende Rekonstruktion des gebundenen Mondkalenders

Als abschließendes Fazit soll hier zusammenfassend der vorchristliche gebundene Mondkalender der Germanen rekonstruiert werden, wobei hier natürlich zunächst ein zeitlicher und ein räumlicher Rahmen abgesteckt werden muß.

Den ersten Hinweis mit dem Monatsnamen *fruma jîuleis* im gotischen Kalenderfragment des Codex Ambrosianus finden wir im Jahr 350. Die Geburt des mythischen Saga-Königs Aun wird auf das Jahr 450 geschätzt. Konkretere Zeugnisse finden wir erst ab dem Jahr 600 in den Inschriften der Blekinger Runensteine, die das Neunjahresopfer erwähnen. Um 650 wurde Franks Casket mit seiner Kalenderformel gefertigt (siehe Anhang). Beda Venerabilis als Übermittler einer der wichtigsten schriftlichen Zeugnisse lebte von 672-735. 852 fand das letzte große Neunjahresopfer in Gamla Uppsala statt. Das große Neunjahresopfer in Leire ist im Januar eines Jahres vor 934 gewesen. Die letzten heidnischen Opfer zu den Quartalstagen auf dem Areal der Frösö Kirche bzw. um die Birke auf der Insel Frösö werden in das Zeitfenster 980 bis 1025 datiert. Laut Olaus Ruedbeck wurde in Schweden ab dem Jahre 1084 die Monatsschaltung vom Neunjahr auf den Meton-Zyklus umgestellt. Der weitere zeitliche Rahmen umfasst also die Jahre 350-1084, d.h. eine Zeit zwischen Völkerwanderung und später Wikingerzeit. Der engere zeitliche Rahmen beschränkt sich auf die Jahre zwischen 600 und 934.

Bezüglich der räumlichen Einordnung der Quellen können wir eine Verwendung in Skandinavien (Uppsala, Lethra, Blekinge, Frösö) und England (Franks Casket, Beda Venerabilis) sicher in Betracht ziehen. Darüber hinaus kann man noch auf eine Verwendung bei den heidnischen Sachsen schließen, wenn man Bedas Aussage glauben schenkt, dass sie diesen Kalender aus ihrer Heimat mitgebracht haben. Mit dem gotischen Begriff *fruma jîuleis* kann man zumindest einen ähnlichen Kalender bei den noch heidnischen Goten (Terwingen) vermuten.

Abb. 36: Historische Siedlungsgebiete der Germanen mit den größeren Stammesgruppen im Frühmittelalter bzw. der Spätantike (nach der Völkerwanderung). Färbung in Grau: leichte Intensität: historisches Einflussgebiet; mittlere Intensität: germanisches Sprachgebiet seit dem Ende des Mittelalters; starke Intensität: germanisches Sprachgebiet seit der Antike (gemeingermanisch)

Für eine Verwendung bei anderen germanischen Stämmen gibt es keine sicheren Belege. Betrachtet man die Karte in Abb. 36, erkennt man, dass sich die Verwendung des germanischen Mondkalenders auf das (gemein-) germanische Sprachgebiet seit der Antike fokusiert. Man kann davon ausgehen, dass es im Rahmen der Völkerwanderungen eine gewisse Akkulturation mit den Römern gegeben hat. Einige Hinweise, d.h. Hinweise auf römische Feiertage bei den Germanen, liefert u.a. Beda venerabilis.

Für eine Rekonstruktion der Charakteristika des gebundenen Mondkalenders der o.g. germanischen Völker, der parallel zu anderen Kalendern in diesem zeitlichen und örtlichen Rahmen benutzt wurde, müssen im Prinzip alle Kalenderkorrekturen und -verschiebungen in umgekehrter Richtung nachvollzogen werden. Der vorchristlich-heidnische gebundene Mondkalender wurde zunächst in einen christlich beeinflussten gebundenen Mondkalender überführt, dieser dann an den julianischen Kalender angepasst, und dann schloss sich die gregorianische Kalenderreform an.

Die für unsere Rekonstruktion wichtigsten Merkregeln (Distingregeln) finden wir mit Bezug auf den christlich beeinflussten gebundenen Mondkalender in Parallelität zum Wochenkalender vor. Der christlich beeinflusste gebundene Mondkalender unterscheidet sich in sechs prinzipiellen Dingen von dem gebundenen Mondkalender der heidnischen Germanen. [1.] Statt der Wintersonnenwende wurde der Dreizehnte Tag (Ende des *Dodekahemeron*, Dreikönigstag, Taufe Jesu) als Fixpunkt im Sonnenjahr für die Schaltregeln definiert. [2.] Das *Disting/góiblót* wurde wegen der Interferenz mit der vierzigtägigen Osterfastenzeit vom dritten Lunarmonat (*gói*) nach der Wintersonnenwende in den Februar (*þorri*) um die Zeit des Lichtmeß-Termins vorverlegt (gilt für Schweden) und [3.] in Folge der Einführung der Sieben-Tage-Woche und der verzögerten Einführung des *sumarauki* wurde auch das *þorrablót* um etwa einen Monat auf den ursprünglichen Mittwintertermin verschoben (gilt für Island), während [4.] Mittwinter (*Jól*) am 25. Dezember begangen wurde. Diese Verschiebungen lassen sich anhand der Angaben Snorri Sturlusons, Adams von Bremen sowie anhand der Saga der Norwegerkönige nachvollziehen. [5.] Der Beginn des Mondjahres wurde von den Winternächten (Oktober^{G}/November^{G}) auf den ersten Lunarmonat nach dem Dreizehnten Tag verlegt. Die Schaltung des christlich modifizierten gebundenen Mondkalenders erfolgte laut Olaus Ruedbeck ab 1084 im [6.] 19-jährigen Meton-Zyklus und nicht mehr in der *Oktaeteris*. Dieser christlich beeinflusste gebundene Mondkalender soll hier zunächst anhand von Abbildung 37 zusammenfassend dargestellt werden. In Referenz hierzu wurde ein Wochenkalender benutzt, der das Jahr in 52 Sieben-Tage-Wochen unterteilt, was in der Summe 364 Tage ergibt. Der Beginn des Wochenkalender-Jahres, d.h. der 1. Januar^{W}, war der Termin der Christi Geburt (25. Dezember^{G}). Die Monatsdauer betrug 30 Tage. Da der Mondkalender quasi auf diesen Wochenkalender projiziert wurde, waren alle Ankerdaten für die Vollmondtermine, wie die römischen Iden, in etwa auf den 13. des jeweiligen Monats datiert, was in etlichen Primstäben abzulesen ist. So kann z.B. innerhalb von +/- 15 Tagen um den 13. Januar^{W} der Vollmond des Jólmonats beobachtet werden.

In Abbildung 37 sind auf einer Zeitleiste vier Wochenkalender-Monate: November^{W}, Dezember^{W}, Januar^{W} und Februar^{W} zu je 30 Tagen dargestellt. Auf dieser Zeitleiste befinden sich verschiedene Markierungen. Hier wäre zunächst in rot die astronomische Wintersonnenwende (WSW), die nach dem heutigen gregorianischen Kalender (grüne Schrift) etwa auf den 21. Dezember^{G} fallen würde. Das Fest der Christi Geburt ist am 25. Dezember^{G}. Die entsprechenden Rauhnächte würden dann in der Nacht zum 6. Januar^{G}, zum dreizehnten Tag, enden. Die julianischen Datumsangaben (schwarze Schrift), berechnet für das 11. Jahrhundert, sind entsprechend des Kalenderfehlers von einem Tag pro 128 Jahre der 16. Dezember^{J} für die Wintersonnenwende und der 25. Dezember^{J} im julianischen Kalender für Christi Geburt (schwarzes Christusmonogramm). Der Termin des julianischen Kalenders für das Fest der Christi-Geburt war im nordischen Wochenkalender (braune Schrift in Abb. 37) der Neujahres-Termin, d.h. der 1. Januar^{W} (entspricht dem 25. Dezember^{J} und dem 30. Dezember^{G}). Dementsprechend verschieben sich die Zwölfnächte im Bezug auf die astronomische Wintersonnenwende um etwa 9 Tage, im Bezug zur beobachtbaren Wintersonnenwende um 5 Tage und liegen im Wochenkalender zwischen 1. Januar^{W} und 13. Januar^{W}.

Für den Julmonat und den Distingsmonat sind uns verschiedene Merkregeln bekannt, die im Fazit besagen, dass der Distingsmonat der Monat ist, dessen Neumondzündung nach dem 13. Tag^{W} (=13. Januar^{W}) zu beobachten ist, während der Julmonat der davorliegende Monat ist, der am 13. Tag^{W}, sei es auch nur als abnehmender Mond bzw. als Schwarzmond, am Himmel steht. Im Bezug auf den Wochenkalender, auf dessen Basis diese Merkregeln gründen, haben wir hier einen Zeitrahmen vom 27. Januar^{G} bis zum 26. Februar^{G} für den Distingsvollmond (und damit für das vorverlegte *Disting*) und einen Zeitrahmen vom 27. Dezember^{G} bis zum 26. Januar^{G} für den Jul-Vollmond. Der 13. Januar^{G} im gregorianischen Kalender wird in Erinnerung an das alte Ankerdatum für den Mittwintertermin im julianischen Kalender, den 13. Januar^{J} bis heute als 20. Tag Jul – St. Knuts Tag bezeichnet. Als Relikt des heidnischen Lunisolarkalenders ist das dreitägige kalenderfixierte Mittwinterfest vom 12.-14. Januar^{J} eingezeichnet. Dieser Zeitraum entspricht im gregorianischen Kalender der Zeit vom 19. – 21. Januar^{G}. Dieses alte auf den Primstäben verzeichnete Ankerdatum, genau einen Monat nach der Wintersonnenwende erklärt sich mit Hilfe der heidnischen Schaltregel (siehe Abb. 38).

Auch vor der christlichen Einflussnahme (genauer vor 1084) benutzte man im Norden parallel zwei Kalendersysteme: einen (solaren) Wochenkalender hauptsächlich für weltliche bzw. juristische Angelegenheiten und einen gebundenen Mondkalender für die Bestimmung von religiösen Feiertagen.

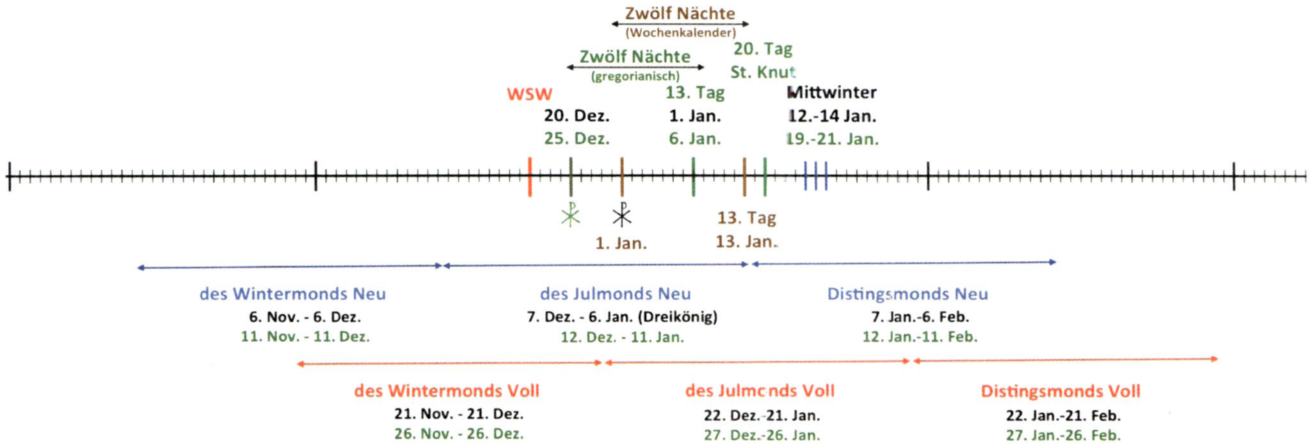

Abb. 37: Schema des christlich beeinflussten gebundenen Mondkalenders (gregorianische Angaben in grün, julianische Angaben in schwarz, Wochenkalenderangaben in braun, WSW in rot, Mittwinter in blau)

Der vorchristliche gebundene Mondkalender ist in Abb. 38 in Relation zum Wochenkalender schematisch dargestellt. Auch hier sind auf einer Zeitleiste vier Wochenkalender-Monate von je 30 Tagen dargestellt. Als Fixmarken sind in Abb. 38 im Ein-Monats-Abstand die Wintersonnenwende (21./22. Dezember[G]), der kalenderfixierte Mittwinter (21./22. Januar[G]), der Petertag (Kathedra Petri, 22. Februar[G]), die Frühlings-Tag-und-Nacht-Gleiche (21./22. März[G]) und der Sommerbeginn (*sumarmál*, 20./21. April[G]) dargestellt. Im unteren Bereich sind die Zeitspannen für Neumondzündung und Vollmond der entsprechend variablen Mondmonate angegeben.

Im Prinzip ist der Wochenkalender eine Projektion des Mondkalenders auf ein Wochenjahr, wodurch die dann kalenderfixierten Feiertagsdaten, Ankerdaten für den Mondkalender darstellen. Der „alte" germanische Wochenkalender hatte wahrscheinlich ähnliche Charakteristika wie der Färöerische bzw. Gallische. Das 365 Tage umfassende Jahr wurde demnach wohl in 73 Fünf-Tage-Wochen sog. *fimter* (Fünfer) unterteilt. Jeder Wochenkalendermonat hatte 30 Tage. Demnach bestand das Jahr aus 12 Monaten, die 72 *fimter* und damit 360 Tage umfassten. Hinweise für ein solches 360-Tage-Jahr finden wir z.B. auch auf dem Runenkästchen von Auzon (Franks Casket). Die eine verbliebene 73. Fünf-Tage-Woche ist demzufolge keinem Monat zugeordnet. Das monatslose *Fimt* ist dann höchstwahrscheinlich nach dem letzten Monat bzw. unmittelbar vor der beobachtbaren Wintersonnenwende eingefügt worden. Die beobachtbare Wintersonnenwende war demnach der 1. Tag (Neujahr) des Wochenkalenders.

Desweiteren wurde jeder sechs *fimter* umfassende Monat in zwei Vierzehnernächte (eng. *fortnight*, ae. *fēowertyne niht*) unterteilt. Diese Vierzehnernächte, die im Prinzip Halbmonate sind, trugen im färöerischen Kalender zum Teil sogar eigene Halb-Monatsnamen. Sowohl die Vollmondperiode als auch die Neumondperiode umfassten drei Tage. Demnach besteht ein Monat aus Neumondperiode (3 Tage), erster Vierzehnernacht (14 Tage), Vollmondperiode (3 Tage) und zweiter Vierzehnernacht (14 Tage). Von diesen 3+14+3+14 Tagen müssen jedoch 4 Tage abgezogen werden, da diese nach der inklusiven Rechenweise Teil sowohl einer Vierzehnernacht und einer dreitägigen Voll- bzw. Neumondperiode sind, womit wir auf genau 30 Tage pro Monat kommen.

Die Merkregeln, die wir für den christlich beeinflussten gebundenen Mondkalender kennen gelernt haben, sind nun, wie wir von dem färöerischen und dem finnischen Kalender wissen, statt auf den Dreizehnten Tag (Ende des *Dodekahemeron*) unmittelbar auf den Zeitpunkt der beobachtbaren Wintersonnenwende anzuwenden. So muß sich der sogenannte Frühe Jólmonat (*ærra jéola, ýlir, fruma jîuleis*) immer über die als Mütternacht bezeichnete beobachtbare Wintersonnenwende erstrecken, d.h. sein Neumond darf frühestens einen Monat vor der beobachtbaren Wintersonnenwende zünden. Der darauffolgende Späte Jólmonat (*æftera jéola, jólmánaðr, *jîuleis*) darf demnach frühestens unmittelbar nach der beobachtbaren Wintersonnenwende zünden. Die jeweiligen Vollmondperioden schwanken in gleicher Weise +/- 15 Tage, um genau einen halben Monat zu den Neumondperioden verschoben, um die Fixtermine des Wochenkalenders, die ihrerseits wiederum genau einen Monat auseinanderliegen. So schwankt (+/-15 Tage) der als *Nytungel* (Neuer Wandelstern/Mond) oder *Nykung* (Neuer König) bezeichnete Vollmond des Späten Jólmondes und damit der Termin des heidnischen lunaren Jólfestes um den wochenkalendarischen Mittwintertermin (21./22. Januar[G]), der heidnische þorrablót-Vollmond um den Petertag (21./22. Februar[G] +/-15 Tage), das *góiblót*/ heidnisches *Disting* um die Frühlings-Tag-und-Nacht-Gleiche (21./22. März[G] +/-15 Tage) und das Osterfest/*várblót* um das *sumarmál* (20./21. April[G] +/-15 Tage). Die auf den Primstäben und in den Gesetzestexten überlieferten Termine für die Winternächte (12.-14. Oktober[J]), Mittwinter (12.-14. Januar[J]), Sommerbeginn (13.-15. April[J]) und Mittsommer (13.-15. Juli[J]) stehen in der gleichen Tradition wie die Vollmondfeste, die wir bereits bei den Römern als *Iden* kennen. Diese julianischen Termine lassen sich für das 11. Jahrhundert, das Jahrhundert der Christianisierung Skandinaviens, in gregorianische Datumsangaben umrechnen (d.h. um den 21./22. des jeweiligen Monats) die wiederum, die rekonstruierte Schaltregel, d.h. die Wintersonnenwende als Bezugstag bestätigen.

Bezüglich des þorrablóts und des *Distings* muß noch hinzugefügt werden, dass die meisten Beschreibungen dieser Feste aus der christlichen Zeit stammen und dementsprechend die durch das Christentum induzierten Kalendermodifikationen zu berücksichtigen sind. So rückte in Island durch Verlagerung des Jól- bzw. Mittwinterfestes auf den 25. Dezember sowie durch die Einführung der Sieben-Tage-Woche mit der verzögerten Einführung des *sumarauki* und der Monatsrechnung von Voll- zu Vollmond das *þorrablót* auf die Stelle des zuvor heidnischen und lunaren Mittwinterfestes. Ähnliches gilt für das schwedische *Disting*, auch hier wurde das Jól- bzw. Mittwinterfest auf den 25. Dezember verlegt, darüber hinaus war statt der beobachtbaren Wintersonnenwende der Dreizehnttag der Fixpunkt für die Jólmond-/Distingsregeln, so dass auch hier das gegen den Lichtmeßtermin verlegte *Disting* die Funktion des zuvor heidnischen und lunaren Mittwinterfestes einnahm. Die Bedeutung dieser Feste vor diesen kalendarischen Veränderungen dürfte ungleich geringer gewesen sein.

Das zweite wichtige kalenderfixierte Datum des Wochenkalenders ist das Ende der Zwölf Nächte bzw. der Dreizehnte Tag. Da, wie gesagt, der Wochenkalender eine Projektion des Mondkalenders auf das solar beginnende Wochenkalenderjahr ist, stellt der Dreizehnte Tag den Tag vor dem Ende des letzten Tages der Vierzehntnacht des Späten Jólmondes sowie des ersten Tages der dreitägigen Vollmondperiode dar. Dies entspricht im Mondkalender der ersten Nacht des dreitägigen Mittwinterfestes – der Hau- oder Hacknacht. Diese kalenderfixierte Hacknacht ist somit das wochenkalendarische Ankerdatum der dreitägigen Neumondperiode, die +/-15 Tage um dieses Datum variiert, und die somit eine Art lunares Neujahresfest ist, was sich wie gesagt noch im heutigen St. Knuts Tag Brauchtum (20. Tag Jul) am 13. Januar[G] erhalten hat. Auch St. Knuts Tag ist ein kalenderfixiertes Relikt des lunaren Mittwinterfestes. Als Bezug gilt hier jedoch nicht die Wintersonnenwende, sondern der gregorianische Neujahrstermin am 1. Januar[G].

Fällt die Neumondzündung des Späten Jólmonats in die Zeit der Zwölf Nächte, die sich an die beobachtbare Wintersonnenwende anschließen, dann wird im gebundenen Mondkalender im folgenden Jahr (*þrilíða-Jahr*) ein Schaltmonat (*líða*, *sildemaen*, *aukatungl*, **aukamánaðr*) eingefügt, d.h. der siebte Lunarmonat unmittelbar nach der Sommersonnenwende wird zum Zwie- oder Doppelmonat (*tvímanuðr*). Durch diese Schaltweise bleibt der Termin des lunaren Mittsommers (*gamla Miðsumar*, 21./22. Juli[G] +/- 15 Tage) und damit der Termin des *miðsumarsblót* (Vollmond des 7. Lunarmonats nach der Wintersonnenwende) konstant.

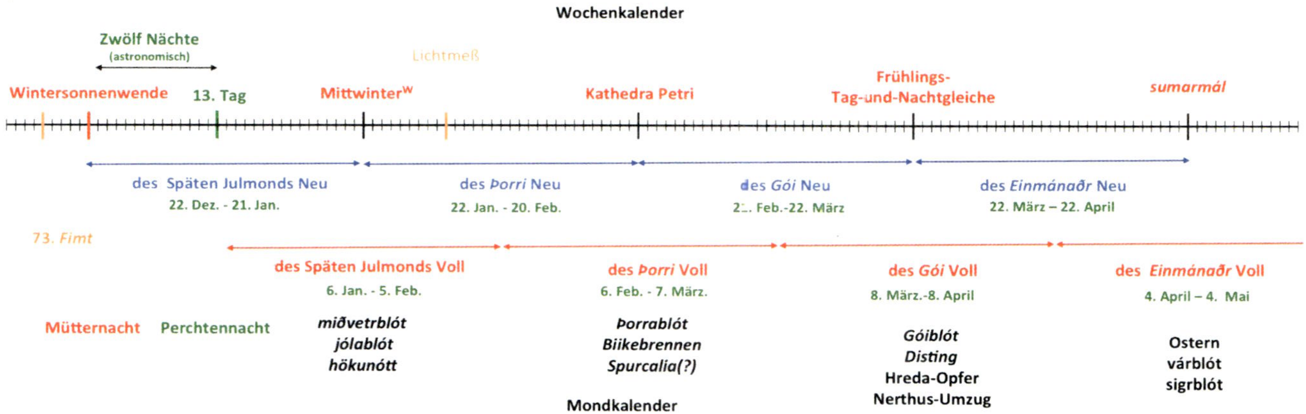

Abb. 38: Schema des vorchristlichen gebundenen Mondkalenders

Zu den Winternächten (am 21./22. Oktober[G] +/- 15 Tage) bzw. mit dem Wintervollmond (*vetrnóttablót*) begann das neue Jahr.

Mit dem Begriff der Wintersonnenwende ist für das Altertum höchstwahrscheinlich die beobachtbare Wintersonnenwende zu verstehen, denn die Germanen, die kein *horologium augusti* zur Verfügung hatten, haben wohl einen ähnlichen Zeitverzug wie die Römer bei der Bestimmung der Wintersonnenwende hinnehmen müssen. Dies würde sich auch mit den Feierlichkeiten zum Ende der Polarnacht decken, über die Procop berichtete. Im Bezug zu den gregorianischen Datumsangaben im Text und den Abbildungen muss man demnach eine entsprechende Verschiebung mit einkalkulieren.

Das Mondjahr ist weiterhin über einen inklusiven neunjährigen bzw. exklusiven achtjährigen Zyklus (Aun-Zyklus, *Oktaeteris*) mit dem Sonnenjahr verankert, dessen Merkregel: „*Das Zungel (der Mond) schreitet zwölf und zwanzig unter Aun/im Neunjahr*" lautet. Diese Merkregel beschreibt das „Springen" der Vollmondtermine im Bezug auf einen Wochenkalendermonat durch eine Zahlenreihe, die durch das Subtrahieren von zwölf oder dem Addieren von zwanzig entsteht. Nach acht Rechenschritten endet die Zahlenreihe wieder auf der Ausgangszahl, was damit korreliert, dass nach acht Jahren zu etwa dem gleichen solaren Kalenderdatum wieder ein Vollmond beobachtbar ist. Innerhalb dieser acht Rechenschritte wird 5x zwölf subtrahiert und 3x zwanzig addiert. Jede Addition von zwanzig entspricht einem Schaltjahr mit einem 13. Monat. Das Ende eines solchen acht-/neunjährigen Zyklus wurde mit großen Opferfesten begangen. Diese großen überregionalen Opferfeste lassen zumindest für Schweden und Dänemark vermuten, dass zu Beginn eines Neunjahres (*Oktaeteris*), der Distingsvollmond durch den jeweiligen König ausgerufen („proklamiert") wurde, und dass in den folgenden Jahren die Festtagstermine anhand der Merkregel, d.h. ohne königliche Proklamation, bestimmt wurden. Dabei hat die Merkregel innerhalb eines Neunjahres eine maximale Abweichung von 2 Tagen im Bezug zum astronomischen Vollmondtermin.

Der wohl originär germanische Jahreskreis (Abb. 39) war nur in Winter und Sommer zweigeteilt. Die wichtigsten Feiertage (Hohen Zeiten, an. *hátíðir*, ahd. *diu hôha gezît*, ae. *heáhtíd*) waren hier zum einen der Winterbeginn – die Winternächte (Vollmond des 10./11. Lunarmonats) und der

Sommerbeginn – Ostern/*várblót* zum Vollmond des 4. Lunarmonats sowie die Mitte der Jahreszeiten, d.h. das Mittwinterfest – *jól/jólablót*, (Vollmond des 1. Lunarmonats) und das Mittsommerfest – *miðsumarsblót* (Vollmond des 7. Lunarmonats). Auf den Primstäben/Rimstöcken (Runenkalendern) wird eindeutig zwischen dem Ankerdatum des Alten Mittsommers (*gamla Miðsumar*) um den 21./22. Juli[G] (+/- 15 Tage) und der Sommersonnenwende (21./22. Juni[G]) unterschieden. Entgegen gängiger Ansichten sind Jól/Mittwinter und Wintersonnenwende sowie Mittsommer und Sommersonnenwende verschiedene Termine im Jahreskreis der Germanen, die etwa einen Monat (+/- 15 Tage) auseinanderliegen. Diese Verschiebung der Ankerdaten um etwa einen Monat im Bezug auf die solaren Bezugsdaten hat sicherlich auch klimatische Ursachen.

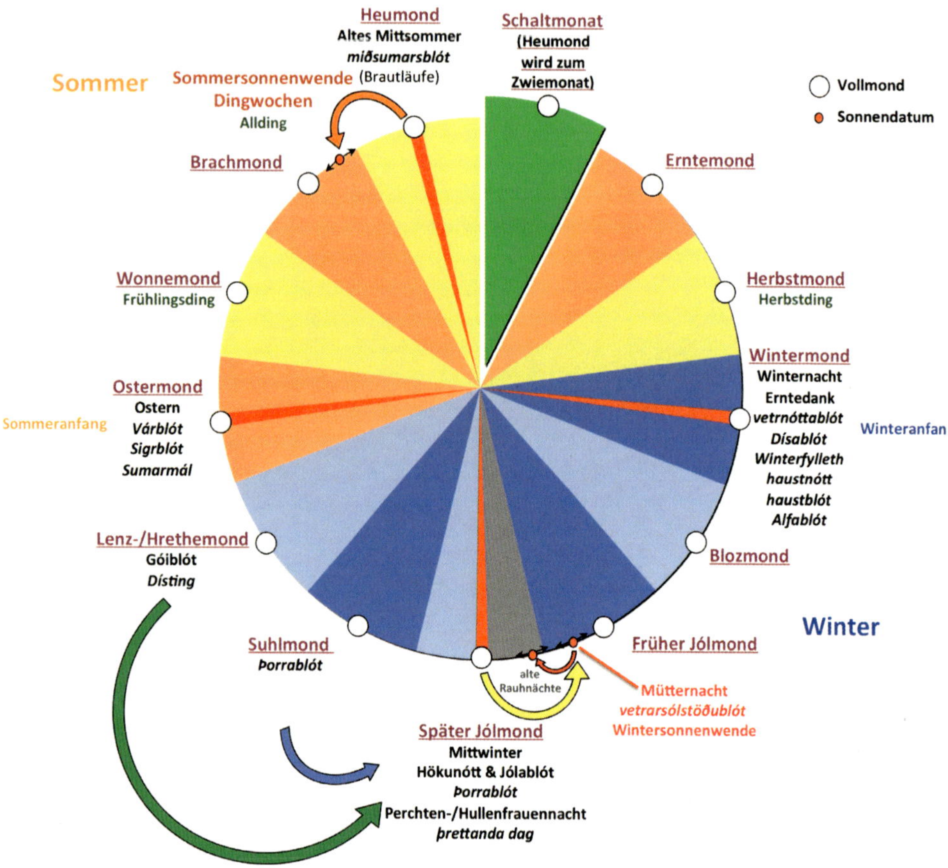
Heumond
Altes Mittsommer
miðsumarsblót
(Brautläufe)
Schaltmonat
(Heumond wird zum Zwiemonat)
Vollmond
Sonnendatum
Sommer
Sommersonnenwende
Dingwochen
Allding
Brachmond
Erntemond
Wonnemond
Frühlingsding
Herbstmond
Herbstding
Wintermond
Winternacht
Erntedank
vetrnóttablót
Dísablót
Winterfylleth
haustnótt
haustblót
Alfablót
Winteranfan
Ostermond
Ostern
Várblót
Sigrblót
Sumarmál
Sommeranfang
Lenz-/Hrethemond
Góiblót
Dísting
Blozmond
Winter
Suhlmond
Þorrablót
Früher Jólmond
alte Rauhnächte
Mütternacht
vetrarsólstöðublót
Wintersonnenwende
Später Jólmond
Mittwinter
Hökunótt & Jólablót
Þorrablót
Perchten-/Hullenfrauennacht
þrettanda dag

Abb. 39: Zusammenfassende Übersicht zum Germanischen Jahrskreis
Die Ankerdaten für die einzelnen Jahreskreisfeste im gregorianischen Kalender sind: Mütternacht (21./22. Dezember^{G}), Zwölfte Nacht/ Dreizehnter Tag (1./2. Januar^{G}), *Jól*/Mittwinter/Haunacht (21./22. Januar^{G}±15 Tage), *Þorrablót* (21./22. Februar^{G}±15 Tage), *góiblót*/*Disting* (21./22. März^{G}±15 Tage), Ostern/*várblót*/*sigrblót*/*Sumarmál* (21./22. April^{G}±15 Tage), Frühlingsding (21./22. Mai^{G}+15 Tage), Allding (am Donnerstag nach dem 9./10. Juni^{G}±15 Tage für zwei Wochen, so dass immer die Sommersonnenwende am 21./22. Juni^{G} eingeschlossen ist), Altes Mittsommer (21./22. Juli^{G}±15 Tage), Herbstding (wahrscheinlich 21./22. September^{G}±15 Tage), Winternächte/*disablót*/*alfablót* u.a. = Jahresende und Neujahr (21./22. Oktober^{G}±15 Tage). Die Pfeile weisen auf Verschiebungen von Festtagen hin: Verschieben des Solaren Fixdatums (u.a. für die Schaltregeln) von der WSW auf den Dreikönigstag (rot), Verschieden des heidnischen Weihnachtsfestes/*Jólablóts* auf die WSW/25. Dezember (gelb), Verschiebung des *Þorrablóts* durch das „verspätete" Einführen das *Sumarauki* auf Island (blau), Verlegung des *Distings* von der Zeit um die Frühlings-Tag-und-Nacht-Gleiche in die Zeit um Lichtmeß (grün), Verschiebung des Mittsommertermins von Vollmond des Heumondes auf die SWS (orange).

Anhang A: Liste der Feiertage des römischen Lunisolarkalenders

(nach H.H. Scullard, *Festivals and Ceremonies of the Roman Republic* und L. Vitellius Triarius, *Calendarium Perpetuum: A Modern Edition of the Ancient Roman Calendar*)

Tab. 12 Feiertage des römischen Lunisolarkalenders

Datum	Bezeichnung und Bedeutung des Festtages
***Martius* – Monat des Gottes Mars**	
1.	*Kalendae*: Römisches Neujahrsfest; *Matronalia/Mamuralia* – Fest zu Ehren der *Juno Lucina*, der Göttin der Geburt und Mutterschaft; *Feriae Martis* – Feiern zu Ehren der Geburt des *Mars*
5.	*Navigium Isidis* – Fest zu Ehren der *Isis*, Beginn der Seeschifffahrt
7.	Erstes Fest zu Ehren des *Vediovis* (Gegen-*Jupiter*), seine Attribute sind Blitze/Pfeile und Ziegen sind seine Opfertiere
9.	*Dies religiosus* – Tag an dem die *ancilia*, die heiligen Schilde, in die Stadt gebracht werden
14.	*Equirria* – das erste von zwei Pferderennen zu Ehren des *Mars*
15.	*Idae*: *Feriae Iovi* – Fest zu Ehren des *Jupiter/Jove* und der Göttin *Anna Perenna*
16.-17.	Prozession der *Argei*
17.	*Liberalia* zu Ehren des *Liber*, *Agonalia* (I.) zu Ehren des *Mars*
19.-23.	*Quinquatria* – fünf Festtage zu Ehren des *Mars*
22.-24.	*Quando Rex Comitiavit Fas* – eine einberufene Versammlung
23.	*Tubilustrium* – rituelle Reinigung der heiligen Trompeten
30.	Feiertag zu Ehren der Göttin *Salus*
31.	Jahrestag der Errichtung des *Luna*-Tempels
Aprilis – Eröffnungsmonat**, abgleitet von lat. *aperio***	
1.	*Kalendae*: *Veneralia* zu Ehren der *Venus*
4.-11.	*Ludi Megalenses/Megalensia* – Spiele der *Magna Mater Idaea / Cybele* (Mutter Erde)
12.-19.	*Ludi Cereri/Cerialia* – Spiele der Agrargöttin *Ceres*
13.	*Idae*: Jahrestag der Errichtung des *Jupiter Victor*

15.	*Fordicidia* – zu Ehren von *Tellus/Terra Mater* (Mutter Erde)
21.	*Parilia* – Fest zu Ehren des Hirtengottes *Pales*, Jahrestag der Gründung Roms
23.	*Vinalia Priora* – Erstes Weinfest zu Ehren von *Jupiter* später von *Venus*
25.	*Robigalia* – Hundeopfer zu Ehren von *Robigus* zur Abwehr von Getreiderost
27.	*Ludi Florales/Floralia* – zu Ehren der Blumen und Frühlingsgöttin *Flora*
Maius* – Monat der Quellengöttin *Maia	
1.	*Kalendae*: Opfer zu Ehren der „Guten Göttin" *Bona Dea* und der *Lares praestites*
3.	Ende der *Ludi Florales/Floralia*
9./11./13.	*Lemuralia* – Fest zu Ehren der Totengeister *Larvae/Lemures*
15.	*Idae*: *Mercuralia* zu Ehren von *Mercurius* und altitalische Quellengöttin *Maia*
21.	*Agonalia* (II.) – Fest zu Ehren des *Vediovis* (Anti-Jupiter)
23.	*Tubilustrium* (II.) – rituelle Reinigung der heiligen Trompeten und Feriae für *Volcanus*
24.	*Quando Rex Comitiavit Fas* (II.) – eine einberufene Versammlung
25.	Jahrestag der Errichtung des Tempels der *Fortuna Primigenia*
Iunius* – Monat der Göttin *Juno	
1.	*Kalendae*: *Carnaria* zu Ehren der Göttin der Türschwellen – *Cranea/Cardea*
3.	Jahrestag der Errichtung des Tempels der Kriegsgöttin *Bellona*
4.	Jahrestag der Errichtung des Tempels des *Hercules Custos*
5.	Jahrestag der Errichtung des Tempels des Schwurgottes *Dius Fidius*
7.	*Ludi Piscatorii* – Spiele der Fischer zu Ehren des „Vater Tiber" mit Fischopfer am *Volcanus* Tempel
7.-15.	*Vestalia* – zu Ehren der Feuergöttin *Vesta*
8.	Jahrestag der Errichtung des Tempels der *Bona Mens* (Guter Geist/Verstand)
11.	*Matrali/Matronalia* – zu Ehren der morgendlichen Mutter *Mater Matuta*
13.-15.	*Idae*: *Quinquatrus minusculae* – Flötenspieler (*tibicines*) –Unzug zum Tempel der Minerva

20.	Festtag zu Ehren des Blitzgottes *Summanus/Iuppiter Fulgur*
24.	Fest der *Fors Fortuna*
29.	Jahrestag der Errichtung des Tempels des *Hercules Musarum*
Quintilis/Iulius **– fünfter Monat, später nach Julius Caesar umbenannt**	
1.	*Kalendae*: Jahrestag der Errichtung des Tempels des *Juno Felicitas*
5.	*Poplifugia* – In Erinnerung der Flucht der Römer vor den Einwohnern von *Ficuleae* und *Fidenae*
6.-13.	*Ludi Apollinares* – Spiele zu Ehren des Gottes *Apollo*
7.	*Nonae Caprotinae* – Fest zu Ehren der Skalvinnen
8.	*Vitulatio* – Dankesfest
14.-19.	*Mercatus* – eine Folge von nichtreligiösen Markttagen
15.	*Idae*: *Transvectio equitum* – Prozession der Reiterei
17.	Jahrestag der Errichtung des Tempels des *Honos* und des *Virtus*
18.	*Dies ater* – Tag des bösen Omens bzgl. der Zerstörung Roms durch die Gallier (390 v. Chr.)
19.&21.	*Lucaria* – Fest des heiligen Hains (lat. *lucus*)
20.-30.	*Ludi Victoriae Caesaris* – Spiele des Siegreichen Kaisers
22.	Jahrestag der Errichtung des Tempels der *Concordia* (Göttin der Eintracht)
23.	*Neptunalia* – Fest zu Ehren des Meeresgottes Neptun
25.	*Furrinalia* – Fest zu Ehren der Göttin *Furrina* (Göttin der Furien oder Diebe)
30.	*Fortunae Huiusque Diei* – Jahrestag der Errichtung des *Fortuna*-Tempels
Sextilis/Augustus **– Sechster Monat, später nach Kaiser Augustus umbenannt**	
1.	*Kalendae*: Jahrestag der Errichtung des Tempels der *Spes* (Göttin der Hoffnung)
3.	*Supplicia canum* – Hundeopfer an den Tempeln der *Iuventas* und der *Summanus*
5.	*Sacrificium publicum* – öffentliches Opfer am Tempel der Göttin *Salus*
9.	Opfer zu Ehren des Sonnengottes *Sol Indiges*
12.	Opfer zu Ehren des *Hercules Invictus*
13.	*Idae*: Nemoralia – Festival der Fackeln zu Ehren der Jagdgöttin Diana, *Vertumnalia* – Fest etruskischen Erdgottheit *Vertumnus*

17.	*Portunalia* – Fest zu Ehren des Schlüsselgottes *Portunes*
19.	*Vinalia Rustica* – Fest zu Ehren des *Jupiter* und später der *Venus*
21.	*Consualia* – Fest zu Ehren des Erntegottes *Consus*
23.	*Vulcanalia* – Fest zu Ehren des *Vulcanus* und der Nymphen
24.	Opfer zu Ehren Lunas
25.	*Opiconsivia* – Erntedankfest zu Ehren der Natur und Fruchtbarkeitsgöttin *Ops*
27.	*Volturnalia* – Fest zu Ehren des Wassergottes *Volturnus*
28.	Spiele im *Circus Maximus* zu Ehren der Gotter *Sol* und *Luna*
September **– Siebter Monat**	
1.	*Kalendae*: Zeremonien für *Jupiter Tonans*
5.	Jahrestag der Errichtung des Tempels des *Jupiter Stator*
5.-19.	*Ludi Romani* – Spiele für das römische Volk
13.	*Idae*: Jahrestag der Errichtung des Tempels des *Jupiter Optimus Maximus*
14.	*Equorum probatio* Parade der Reiterei
20.-23.	*Mercatus* – Markttage nach den *Ludi Romani*
23.	Jahrestag der Errichtung des Tempels des *Apollo*
26.	Jahrestag der Errichtung des Tempels der *Venus Genetrix*
October **– Achter Monat**	
1.	*Kalendae*: Zeremonien für die Göttin *Fides* und Errichtung des *Tigillum Sororium*
3.-12.	*Ludi Augustales* – Spiele des Augustus
4.	*Ieiunium Cereris* – Fastentag zu Ehren der Göttin *Ceres*
6.	*Dies ater* – Tag des bösen Omens bzgl. der Schlacht bei Arausio
7.	*Nonae*: Riten für *Jupiter Fulgur* und *Juno Curitis*
11.	*Meditrinalia* – Weinfest
12.	*Augustalia* – Fest zu Ehren des vergöttlichten Kaiser *Augustus*
13.	*Fontinalia* – Fest des Quellgottes *Fontus*
15.	*Idae*: *Equirria* – Pferderennen zu Ehren des Mars
19.	*Armilustrium* – Heerschau und Tierofer zu Ehren des *Mars*
26.-1.	*Ludi Victoriae Sullanae* – Siegespiele in *Sulla*
November **– Neunter Monat**	
1.	*Kalendae: Ludi circenses* – Ende der *Ludi Victoriae Sullanae*
4.-17.	*Ludi Plebii* – Spiele für das römische Volk
13.	*Idae*: *Epulum Jovis* – Fest zu Ehren *Jupiters*

14.	*Equorum probatio* – Parade der Reiterei
18.-20.	*Mercatus* – Markttage nach den *Ludi Plebii*
24.	*Brumalia* – Beginn der Feiern zu Ehren des Bacchus
December **– Zehnter Monat**	
1.	*Kalendae*: Zeremonien am *Neptun*- und *Pietas*-Tempel
3.	Riuale für *Bona Dea*
5.	*Faunalia* – Fest zu Ehren des *Faunus*
8.	Feste zu Ehren des *Tiberinus Pater* und *Gaia*
11.	*Agonalia* – Fest zu Ehren von *Sol Indiges*
13.	*Idae*: Jahrestag der Errichtung des *Tellus*-Tempels
15.	*Consualia* – zweites Fest zu Ehren des Erntegottes *Consus*
17-23.	*Saturnalia* – zu Ehren des Ackerbaugottes Saturn
19.	*Opalia* – Fest zu Ehren der Göttin *Ops*
21.	*Divalia/Angeronalia* – zu Ehren der Schweigegöttin *Diva Angerona*
23.	*Larentalia* – Fest zu Ehren der Göttin *Acca Larentia*
25.	*Dies Natalis Invicti* – Fest zu Ehren des Sonnengottes *Sol Invictus* (WSW)
30.-1.	*Compitalia* – Fest zu Ehren der Lares
Ianuarius **– Monat des zweigesichtigen Gottes Janus**	
1.	*Kalendae*: Beginnend mit dem Jahr 153 v. Chr. Dienstbeginn der im Dezember gewählten Konsuln sowie Festlichkeiten zur Ehren der Götter *Aesculapius* und *Vediovis*
3.-5.	*Compitalia/Ludi Compitalicii* – Ein bäuerliches Winterfest zu Ehren der *lares compitales*. Lare sind Schutzgötter bestimmter Familien und/oder Orte.
5.	*Nonae*, Geburtstag (*Dies natalis*) der Göttin *Vica Pota/ Victoria*
9.	*Agonalia* (III) – Fest zu Ehren des Gottes *Janus* und dem legendären 2. König Roms *Numa Pompilius*.
11.	*Carmentalia* – Fest zu Ehren der Göttin *Carmenta*
13.	*Idae*
15.	*Carmentalia* siehe 11. *Ianuarius* – 2. Festtag
24.-26.	*Sementivae* – Fest zu Ehren der Göttinen *Ceres* und *Tellus* (Terra Mater)
27.	*Ludi Castores* – Spiele zu Ehren der Dioskuren *Castor* und *Pollux*

Februarius* – Monat der Reinigungs- und Sühneopfer lat. *februa	
1.	*Kalendae*: Jahrestag der Errichtung der *Juno Sospita*
13.	*Idae* – Fest zu Ehren des Waldgottes *Faunus*
13.-22.	*Parentalia* – Seelenfest zu Ehren der verstorbenen Eltern (parentes)
15.	*Lupercalia* – Fest des wolfsgestaltigen Gottes der Schäfer *Lupercus*
17.	*Quirinalia* – Fest zu Ehren des Krigsgottes *Quirinus*
21.	*Feralia* – Fest zu Ehren der *Di Manes* (Totengeister) und Ende der *Parentalia*
22.	*Caristia / Cara Cognatio* – Fest der familiären Aussöhnung mit Opfer an die Lare
23.	*Terminalia* – Festtag des Terminus', des Gottes der Grenzsteine
24.	*Regifugium* (Königsflucht) – Fest in Erinnerung der Vertreibung des siebten und letzten römischen Königs *Lucius Tarquinius Superbus* im Jahr 510/509 v. Chr.
27.	*Equirria* – das zweite von zwei Pferderennen zu Ehren des *Mars*.
***Mensis intercalaris* – Schaltmonat**	
1.-22.	„zinsloser Monat" (ab dem 3. Jahrhundert)

Anhang B: Liste der Eintragungen auf den Primstab (nach Losnegard, 1999)

Der Name Primstab (no. *pimstav*) leitet sich von dem lateinischen Ausdruck *primatio lunae* für das erste Sichtbarwerden des Neulichtes ab. Es sind einige tausend Primstäbe erhalten. Die meisten Funde stammen aus Schweden und Norwegen aus dem 16. und 17. Jahrhundert. Der älteste Primstab ist der Nyköping-Stab, der auf das 13. Jahrhundert datiert wird. Als ältester bekannter Vorläufer gilt das Runenkästchen von Auzon (Franks Casket), welches von den Britischen Inseln stammt und auf das 7. Jahrhundert datiert wird.

Die Primstäbe des 16./17. Jahrhunderts basieren auf dem christlich beeinflussten gebundenen Mondkalender, der nach dem 19-jährigen Meton-Zyklus geschaltet wird. Jeder Primstab hatte typischerweise eine Seite für das Sommerhalbjahr und eine für das Winterhalbjahr. Auf jeder Seite waren mehrere Reihen mit Symbolen für die unterschiedlichen Merktage dargestellt. Merktage waren z.B. die Quartalstage (Winternächte, Mittwinter, Sommerbeginn, Mittsommer), die Sonnenwenden und Tag-und-Nacht-Gleichen sowie verschiedene Heiligentage.

Zählt man Sommer- und Winterseite zusammen, so wurden insgesamt alle 52 7-Tage-Wochen eines Jahres durch 52-faches Wiederholen der ersten sieben Runen des jüngeren Futhark (nordisches Runenalphabet) dargestellt. Da der Primstab nicht nur für ein Jahr gelten sollte, sondern als ewiger Kalender konzipiert war, wechselten die Runen, die einen jeweiligen Wochentag repräsentierten, von Jahr zu Jahr.

Der Primstab funktioniert allein auf der Basis der Tages- und Wochenzählung (Wochenkalender) sowie auf der Beobachtung des Mondes (gebundener Mondkalender). Der Jahresbeginn wurde durch die Beobachtung des ersten Vollmondes nach dem dreizehnten Tag gesetzt. Dieser erste Vollmond markierte das Datum des (vorverlegten) *Distings*, das dann funktionell die Bedeutung des Vollmondes im Späten Jólmond hatte.

Neben der „Wochenreihe“ gab es noch eine weitere Reihe, in der verschiedene Tage durch eine von 19 Runen, die je eine der 19 goldenen Zahlen der Jahre des Meton-Zyklus versinnbildlichen, dargestellt wurden. Da das jüngere Futhark nur aus 16 Runen besteht, wurden hier noch 3 weitere Runen hinzuerfunden: Arlaug (goldene Zahl 17), Tvimadur (goldene Zahl 18) und Belgthor (goldene Zahl 19). Auf den jeweils markierten Tag wird in dem entsprechenden Jahr des Meton-Zyklus' der Neumond fallen. So werden beispielsweise im 17. Jahr des Meton-Zyklus alle Neumonde auf die mit Arlaug gekennzeichneten Tage fallen.

Tab. 13: Liste der Merktage auf der Sommerseite des Primstabes (Losnegard, 1999)

Datum	Bezeichnung des Merktages	Primstabsmarkierung
14. April	***Sumarmál*, 1. Sommertag, 1. Sommernacht**	**Laubbaum, Ast**
16. April	Magnusmesse, 3. Tag des Sommers	Pfeil, Ochse, halbes Kreuz
23. April	St. Georgs Tag	Kreuze und Ross
25. April	Markusmesse, Markustag	Blatt an einem Zweig, Schreibfeder, Vogel
1. Mai	Kuckucksmesse	Kuckuck, doppeltes Kreuz
3. Mai	Kreuzmesse im Frühling	Großes Kreuz
15. Mai	St. Hallvardsmesse	Mühlstein, Punkte (Saatkörner)
18. Mai	Eriksmesse	Axt, Schwert, Krone
22. Mai	Bärenerwachen (Bjarnvards Messe)	Bärenfuß, Bär, Bischofsmütze
25. Mai	St. Urbanus	Mistgabel
3. Juni	Rasmustag (Erasmus von Antiochia)	Käfig
8. Juni	Medardus (von Noyon) und Gilardus (von Rouen)	Angelhaken
9. Juni	Kolumbamesse (Columba Apostel Schottlands)	Fisch (Lachs)
17. Juni	Botolvsmesse (Botolphs Messe)	Bischofsstab, Kreuz
21. Juni	**Sommersonnenwende**	**Sonne**
22. Juni	Die 10000 Ritter / Märtyrer	Stundenglas (Sanduhr)
24. Juni	**Johannestag, Johannesmesse**	**Sonne, Stundenglas**

29. Juni	Petersmesse, Peter mit dem güldenen Schlüssel	Schlüssel, Blume
2. Juli	St. Svithun von Winchester	Bischofsstab
8. Juli	St. Sunnivas Tag	Krone, Holzgabel, Berg, Loch
10. Juli	König Knuts Messe	Krone, Rechen, Sense
12. Juli	Kari mit einem Rechen	Rechen
14. Juli	**Mittsommer**	**Sonne, Strich quer über den Primstab**
20. Juli	Margretemesse (Heilige Margareta von Antiochia)	Rad, «M», Kreuze mit Glorie (Halo)
22. Juli	Maria Magdalenas Tag/Messe	Krone mit Kreuzen, Becher
25. Juli	Jakobsmesse	Kreuze, Schwert, Hut
29. Juli	St. Olafs Todestag (Olaf der Heilige)	Ochse
1. August	St. Peters Liberation	Schlüssel
3. August	Translatio Olavi (St. Olafs Überführung)	Kleinerer Ochse
10. August	St. Laurentius Messe	Rost, Gitter
15. August	Maria Himmelfahrt	Krone oder Frauenfigur
24. August	Bartholomeusmesse	Axt, Messer oder ein Kreuz
29. August	Enthauptung von Johannes dem Täufer	Schwert (Verteidigung)
1. September	Egidiusmesse (St. Egidius von Athen)	Zwei Mühlsteine, Kreuz
8. September	Mariä Geburt	Krone, «M», Schafschere
14. September	Kreuzerhöhung im Herbst	Kreuz
21. September	**Mattheusmesse, Herbst-Tag-und-Nacht-Gleiche**	**Axt**
29. September	Gedenktag Michaelis (Festum archangeli Michaelis)	Lure (Horn), Waage
4. Oktober	St. Franz, Heiliger Fransiscus	Halbes Kreuz
7. Oktober	Messe der Heiligen Brigitta von Schweden	Buch, Haus
9. Oktober	Dionysius Areopagitas Tag	Fisch, Flagge, Bischofsstab

Tab. 14: Liste der Merktage auf der Winterseite des Primstabes

Datum	Bezeichnung des Merktages	Primstabsmarkierung
14. Oktober	**1. Wintertag, Winternächte, 1. Winternacht**	**Baum ohne Blätter, Handschuh (des Pabstes)**
18. Oktober	Lukasmesse	Kreuze, Ochse, Schlachtbank
21. Oktober	Ursula und die 11000 Jungfrauen	Frauenfiguren, Krone, Pfeil, Palme, Ring
28. Oktober	Simonsmesse, Simon und Judas	Kreuze mit zwei Paar Armen, Zeig mit zwei Blättern
1. November	Allerheilgen	Kreuze, umgedrehtes Schiff
2. November	Allerseelen	Menschenfigur
11. November	St. Martinstag	Gans, Bischofsstab, Trinkhorn
21. November	Gedenktag Unserer Lieben Frau in Jerusalem, Mariä Tempelgang, Mariä Opferung (Presentatio Mariae)	Kopf mit Krone oder Glorie
23. November	St. Clements Tag (Clement I.)	Anker, Kirche, Pabstkrone
25. November	St. Katherinen Tag, *festum Katherine virginis*, (Heilige Katarina von Alexandria)	Schwert, Kreuze, Rad
30. November	St. Andreasmesse	Andreaskreuz, Fangeisen, Angelhaken
4. Dezember	Hl. Barbara Tag	Kreuze, Turm, Schwert, «B»
6. Dezember	St. Nikolaus Tag	Bischofsmütze, Bischofsstab, «N»
8. Dezember	Mariä Empfängnis	Gekröntes Haupt, Buch
9. Dezember	Hl. Annafest	Frauenkopf
13. Dezember	St. Lucia Tag	Feuer, Licht
21. Dezember	St. Thomas Tag	Faß, Kreuze, Hand
22. Dezember	**Wintersonnenwende**	**Sonne**

23. Dezember	Torlaksmesse (Bischof Þorlákur Þórhallsson)	halbes Kreuz
25. Dezember	**1. Jultag, Natalis Christi**	**Trinkhorn, Kandelaber, Faß, Sonne**
28. Dezember	Kindermesse (Kindermord in Betlehem)	Kleines Kreuz, (Schwert)
1. Januar	Neujahrstag, 8. Jultag	Sonnenrad, Stundenglas, Kirche
5. Januar	**Dreizehntabend, Alter Julabend (*gamle julaften*)**	nicht angegeben
6. Januar	Heilige drei Könige, **13. Jultag, Dreizehnttag**	drei Kreuze, drei Kronen, drei Männer
7. Januar	**Eldbjörgs Tag, Tag des Jul-Feuers, St. Knut (Knut Lavards Todestag)**	Kleines Kreuz, Glocke, Wickeltuch
11. Januar	Brictiva-/Brettifa-Messe (keltische Heilige)	Ochse, Pferd
12. Januar	**Mittwinter, Hacknacht**	**Punkte (Schnee)**
13. Januar	**20. Jultag**, St. Knuts Tag, Abreisetag, alter Neujahrstag	Axt, Glocke, Faß, umgedrehtes Trinkhorn
17. Januar	St. Antonius Tag	Kreuze, Schwein
20. Januar	Gebrüdermesse (Hl. Fabian und Hl. Sebastian)	Axt, Zwei Pfeile in einem Kreuz
25. Januar	Pauli Bekehrung (Paulus von Tarsus)	Bogen, Schwert, Fisch
2. Februar	Mariä Lichtmeß (Darstellung des Herrn)	siebenarmiger Kerzenständer, Lilie, gekröntes Haupt
3. Februar	St. Blasius Tag	Horn, Boot mit vollen Segeln
5. Februar	St. Agathas Tag (Agatha von Sizilien), Mäusetag	Maus, Kreuz
22. Februar	Kathedra Petri, Petri Stuhlfeier, Peterstag	Schlüssel, Stein
24. Februar	St. Matthias Tag	Umgedrehte Axt, «M», Doppelkreuz
9. März	Die Vierzig Märtyrer von Sebaste	Halbe Sonne
12. März	Gregorsmesse (Pabst Gregor der Große)	Vogel (Taube)

17. März	St. Gertruds Tag (Gertrud von Nivelles)	Spindelrocken, Lilie, Birkenzweig, Kapelle, Pfeil, Kreuz
18. März	Petrus martyrium (Hl. Peter von Verona)	Pickhacke
21. März	**Benediktsmesse (Hl. Benedikt von Nursia), Frühlings-Tag-und-Nacht-Gleiche**	**Halbes Kreuz**
25. März	Mariä Verkündigung	Krone, Frauenfigur, Kopf, Baum

Anhang C: Franks Casket: Ein Schicksalszauber und der Lunisolarkalender

(von Alfred Becker)

I. Einführung zum Runenkästchen von Auzon

Als Runenkästchen von Auzon wird ein, wie der Name bereits nahelegt, mit Runen und kunstvollen Abbildungen ornamentiertes und aus Walknochen gefertigtes Kästchen bezeichnet, welches auf die Mitte des 7. Jahrhundert datiert wird. Es wurde ursprünglich im angelsächsischen Northumbrien (as. *Norþhymbra Rīce*) hergestellt. Benannt wurde es nach seinem Fundort Auzon in Frankreich. Es wird auch als **Franks Casket** nach seinem Stifter Sir Augustus Wollaston Franks, der im Jahre 1867 das Kästchen dem Britischen Museum schenkte, bezeichnet. Bis heute befindet sich das Runenkästchen in der Mittelalterausstellung des Britischen Museums.

Mit seinen bildlichen Darstellungen ist es Zeugnis der synkretistischen Epoche, der Übergangszeit vom Heidentum zum Christentum. Vom Christentum angeregt ist die Auswahl einiger Bilder sowie überhaupt die Form szenischer Darstellungen, heidnisch dagegen ist die durch Bilder, runische Texte, Runenzahlen und Runenwerte immanente „Magie" des Kästchens. So sind Darstellungen der Magier (später „Heilige Drei Könige") zusammen mit Bildern aus der römischen Historie (Titus, der spätere Kaiser) und Mythologie (Romulus und Remus), sowie Motive der germanischen Mythologie (Wieland der Schmied und zwei Szenen um Walhall) zu erkennen. Die Inschriften sind überwiegend in altenglischer Sprache verfasst und in angelsächsischen Runen gehalten. Lediglich drei Wörter sind in Wort und Schrift lateinisch und für die Kalenderfunktion essentiell.

Der Runenmeister entwickelte mit der Bilderfolge ein Programm, welches das Leben seines Schützlings, eines Helden, wahrscheinlich eines angelsächsischen Königs oder Thans (german. *Thegn*, mhd. *degan*; dt. Degen – Lehensmann des Herrschers) am nordhumbrischen Königshof, von der Geburt bis zum Tode und darüber hinaus bestimmen sollte.

Dieses Programm beginnt – von rechts nach links – auf der Vorderseite (F-Platte) mit dem Bild der Magier und setzt sich dort mit der Darstellung des mythischen Schmiedes Wieland fort. Die Inschrift dieser Seite – die älteste im Original erhaltene Stabreimdichtung, bekannt als „Verse vom Wal“ – bezieht sich scheinbar nicht auf die Bilder, aber eben nur scheinbar, denn die stabenden Runen F und G sind mit den Darstellungen bedeutungsgleich.

Auf der linken Seite (R-Platte) geht es mit der Abbildung der römischen Göttersöhne, Romulus und Remus weiter. Hier kommentiert die runische Inschrift die Darstellung. Die Rückseite (T-Platte) zeigt die Eroberung Jerusalems (70 n. Chr.) durch Titus. Auch diese Darstellung wird von der Inschrift erläutert, jedoch wird der angelsächsische Runentext von drei lateinischen Wörtern in insularer Minuskelschrift unterbrochen. Weiter führt das Programm zur rechten Seite (H-Platte) mit einer germanisch-mythischen Darstellung vom Tod eines Helden, kommentiert durch einen umlaufenden Text in einer runischen Geheimschrift. Die Bilderfolge endet mit einer Darstellung des Bogenschützens Ægil auf dem Deckel (D-Platte).

Die runischen Texte scheinen diese Bilder zu kommentieren. Doch in der rückblickenden Zusammenschau zeigt sich, dass sowohl die Runen als auch deren Anzahl und Werte in den Dienst der magischen Absicht gestellt sind, dass also Runenmagie neben die Bildmagie tritt. Der mathematische Aufbau aller Inschriften und die Wechselbeziehung von Bild und Runen sind nachweisbar und somit nicht zufällig. Neben der scheinbar beschreibenden Funktion verschlüsseln die runischen Inschriften auch einen Lunisolarkalender, der durch die lateinischen Elemente synchronisiert wird.

Das Ältere Fuþark, eine lunisolare Kalenderformel?

Dass Runen in Kalenderrechnungen eine Rolle spielen, beweist nicht zuletzt der runische Kalenderstab (Primstav, Rîmstock), der auf dem 19-jährigen Meton-Zyklus basiert. Aber auch die 24 Runen der älteren Reihe scheinen nach ihrem Aufbau eine lunisolare Funktion widerzuspiegeln. Wohl nicht zufällig ist Rune J das 12. Zeichen der Reihe und heißt *Jera*, „Jahr“. Somit würden diese ersten 12 Runen das solare Jahr mit seinen 12 Monaten zu 30 Tagen umfassen. Liest man aber die Reihe, beginnend mit der letzten

Rune O rückwärts, dann ist Jera das 13. Zeichen der Reihe, wobei diese Lesung das lunare Jahr reflektiert, das 13 Lunationen zeitigen kann.

II. Kurzfassung der These: Ein Schicksal unter Sonne und Mond

1. Um den schicksalslenkenden Zauber für seinen vermutlich königlichen Schützling zu entwickeln, wählte der Runenmeister zunächst die dafür notwendigen Themen-Runen aus und suchte dann nach Bildmotiven, welche dem Thema am besten entsprechen. Er benutzte vier Runenbegriffe und die dazu passenden Bildmotive, die sich auf das irdische Leben beziehen (solare Ebene), und zwei solcher Runen- und Bildformeln, die Tod und Jenseits (lunare Ebene) betreffen.
2. Jede Inschrift ist mit numerischer Absicht verfasst, was sowohl die Anzahl der Runen als auch deren Wert entsprechend ihrer Position in der ags. Runenreihe – *Fuþorc* anbelangt. Dabei werden Schreibung und Grammatik den Zahlenwerten untergeordnet.
3. Die Anzahl aller Runen – als zwölf Runenreihen verstanden (Wert je 300) – entsprechen zehn Sonnenjahren von je 360 Tagen (zwölf 30-tägige Monate ohne das monatslose *Fimt*). – Der Wert dieser Runen entspricht zehn Mondjahren von je rund 357 (statt 354,3) Tagen, was etwa einen Mondmonat (28 Tage) über den Endpunkt des zehnjährigen Zyklus hinausführt, vermutlich um den Kreislauf in Gang zu halten.
4. Die Abweichung vom Sonnenkalender, der sich auf das „irdische Leben" bezieht, und dem Mondkalender, der sich auf „Tod und Jenseits" erstreckt, wird einerseits durch das Neunjahr (Oktaeteris/Acht-Jahres-Zyklus/Aun-Zyklus) und andererseits durch den 19-jährigen Meton-Zyklus, ausgeglichen. Beide Skalen sind in dem lateinischen Inschriftteil auf der Rückseite versteckt. Runische Symbole markieren die Schaltung.
5. Das Regelwerk funktioniert wie ein ewiger Kalender, der den Zauber anstößt und den Ablauf bestimmt, ohne sich zu erschöpfen.

Abb. 40: Rückseite (T-Platte): Titus erobert Jerusalem (HIERUSALIM)

III. Die These im Einzelnen: Wie funktioniert der Zauber?

1. Lebensweg und Tod, das Tor zum Jenseits

Das Runenkästchen war nach Inschrift und Bild darauf ausgelegt, das Schicksal (ae. *Wyrd*) ihres noblen Besitzers positiv zu beeinflussen. Der Herrscher wird es beim Sumbel (an. *sumbl*; aeng. *symbel*, as. *sumbal*), dem feierlichen Umtrunk in der Halle auf dem Schoß gehalten haben, um aus ihm seine Lehensleute und Krieger mit ***f**eoh**g**ift*, mit goldenen Gaben zu ehren.

Zur bildlichen Verstärkung der dafür notwendigen Themen-Runen zog der Schnitzer entsprechende Motive aus der Bibel (Magier) sowie der klassischen (Romulus und Remus) und germanischen (Wieland, Egil) Mythologie und ihrer Sagenwelt (*Herh-Os*) heran. Sie haben als Bilder keine ornamentale Funktion, sondern sind Embleme für die markanten Stadien im Leben und Nachleben des königlichen Schützlings. Diese beginnen mit dem Topos der Geburt auf der Vorderseite (rechts) und setzen sich linksläufig um das Kästchen fort, wo sie letztlich – recht sinnvoll – mit dem Deckelbild abschließen.

Die Themen-Runen (Buchstabe und Bedeutung) und Bildmotive:

Vorderseite:

1. *feoh* (ᚠ [*feho*] = Vieh; Fahrhabe, Geld, Reichtum) und *gyfu* (ᚷ [*gebo*] = Gabe; Geschenk)
2. Rechtes Bild der Platte: Die ‚Anbetung Christi' durch die (lat.) *magi ab oriente* (hier *Mægi*, später dann ‚Heilige Drei Könige') ist Sinnbild der edlen Geburt.
3. Linkes Bild der Platte: Das Bild des mythischen Schmiedes Wieland, Inbegriff des goldenen Überflusses, dem hier der Beistand seiner *Fylgja* (weiblicher Schutzgeist, wesensgleich mit der Walküre) die Freiheit verschafft.
4. Daneben dienen beide Bilder dem Zweck des Runenkästchens, nämlich der Mehrung des Besitzes, aus dem der Lehnsherr dann seine Gefolgschaft mit ehrenden Geschenken belohnt.
5. Erst über den Sinn der Runen ᚠ (*feoh*) im Sinn von Gold und Geld, und ᚷ (*gyfu*), Gabe ergibt sich das altenglische Wort *feohgift*, womit die königliche Gabe [engl. *largesse, bounty giving*] gemeint ist. Dies ist die sinnvolle Verbindung von Text (Verse vom Wal) und Bildern: Wieland (ᚠ) und Magier (ᚷ).

Linke Seite:

1. *rad* (ᚱ [*raidho*] = Ritt; Fahrt in den Kampf); Romulus und Remus, Söhne des Mars, des römischen Kriegsgottes, hier in einem ‚germanisierten' Umfeld (Heiliger Hain, zwei Wölfe, bewaffnete Männer), werden von Kriegern auf dem Weg in den Kampf angebetet. Gewöhnlich sieht man hier nur die Zwillinge mit der Wölfin (Lupa) oder mit dem Hirten Faustulus, ihrem Finder und Ziehvater.

Rückseite:

1. *tīw* (ᛏ [*tiwaz*] = Ruhm; Sieg, Gerechtigkeit, königlicher Herrscher, Gott); Titus, der spätere römische Kaiser und somit Gott, erobert Jerusalem (70 AD). Mit dem Sieg (obere Zeile)

kommt das Heldenleben auf den Höhepunkt von Ruhm und Ehre, wobei Gerechtigkeit (untere Bildzeile) Merkmal des ehrbaren Siegers ist.

Rechte Seite:

1. *hægl* (ᚺ [*hagalaz*] = Hagel; Unglück, Verderben) und *sigel* (ᛋ = *sōwulō* = Sonne; Licht, Leben). Ein vergessener Sagenheld trifft *Herh-os* (Wald-Gottheit?), seine Walküre, d.h. die sein Leben begleitende *Fylgja*, die ihm nun den Tod im Kampf bereitet (ᚺ), und die ihn dann – wie die auferweckende Sonne (ᛋ) – von den Toten auferstehen lässt, um ihn nach Wodans (ae. *Wōden*, an. Óðinn) Walhall zu geleiten. Dies ist das einzig erstrebenswerte Ende eines heidnischen Kriegsherrn.

Deckel:

1. æsc (ᚠ = Esche); Hier verteidigt ein berühmter Bogenschätze, Ægili, mit Hilfe seiner Fylgja/Walküre (nun seine jenseitige Braut) Wodans Walhalla gegen die Eisriesen (an. *Hrímþursar*). Dies ist das Jenseits, ein Kampfplatz, so wie es sich der heidnische Krieger (eng. *Woden's warrior*) erträumt. Setzt man Walhall mit der christlichen Himmelsvorstellung gleich, so ist der Deckel über den Darstellungen des Erdenlebens auf den vier Kästchenseiten der angemessene Ort für das Jenseits.

2. Runen, Zahlen und Werte, die Zauber bewirken

Alle Inschriften sind mit zahlenmagischer Absicht verfasst, was sowohl die Anzahl der Runen als auch deren Wert (nach ihrer Position in der Runenreihe) betrifft, um somit „als wirksam erachtete" Zahlenwerte zu erzielen. Es scheint, als habe der Schnitzer sich dafür (also bevor er die Texte verfasste) auf eine bestimmte (weil bedeutsame) Anzahl aller einzelnen Runen festgelegt, wobei er auch deren Werte berücksichtigte. Um innerhalb dieses ‚Setzkastens' mit 288 Zeichen eine gewisse Flexibilität zu bewahren, benutzte er neben 281 Runen 7 Punkte (nach Zahl und Wert je 1), die er wie Joker einsetzen konnte, wenn es die numerische Absicht erforderte. Im Folgenden sprechen wir also von 288 Runen.

Mit 288 scheint der Runenmeister eine außerordentlich bedeutungsvolle Zahl gewählt zu haben, da sie alle relevanten Faktoren (2, 3, 4, 6, 8, 9, 12, 16, 24, 48, 72) beinhaltet, wobei es hier besonders auf (288 = 12 x 24) ankommt, denn 24 (die Zahl des *Fuþark*) ist – direkt oder indirekt – der Faktor bei allen Inschriften der Kästchenseiten. Nicht der Aberglaube, etwa die 24 selber sei eine magische Zahl, vielmehr die Annahme, mit der Zahl (bzw. mit der Anzahl) nutze man die an 3, 4 und 8 gebundenen kosmischen Kräfte, führte hier, wie auch bei zahlreichen anderen Inschriften, zur Beachtung der 24. Über den Faktor 3 (selbst eine bedeutsame Zahl) ergeben sich dann wirksame Formeln wie 72 (= 3 x 24) oder 288 (= 12 x 24). Diese Zahl 72 ist auch in anderen Kulturkreisen von besonderer Bedeutung, die sich nicht in den 72 Jungfrauen im islamischen Paradies erschöpft. 72 ist eine sog. *Harshad*-Zahl. 72 kann als Summe von 4 aufeinanderfolgenden Primzahlen (13 + 17 + 19 + 23) bzw. auch von 6 aufeinanderfolgenden Primzahlen dargestellt werden (5 + 7 + 11 + 13 + 17 + 19). Die Primfaktorenzerlegung von 72 ist 23 × 32.

Tab. 12: Numerische Deutung der Runen auf dem Runenkästchen von Auzon

Seite	Runenzahl*	Produkt	Runenwert	Produkt
Vorne	72	3x24	720	30x24
Links	72	3x24	939?	13x72?
Hinten	48	2x24	612	36x17
Rechts	74	(?**)	1008	42x24
Bilder	22	2x11	295	(?)
Total	288	(12x24)	3574	

* Anzahl der Runen in den Bildern (*Mægi* usw.)

** Mit den 22 Runen der Bildinschriften 74 + 22 = 96 (= 4 x 24)

3. Lunisolare Aspekte der Zahlenwerte

3.1. Das einfache Sonnenjahr, wie es die Inschriften widerspiegeln

In der frühmittelalterlichen Vorstellungswelt, abgeleitet von der Naturbeobachtung, hatte jede einfache Zahl (und ihr Mehrfaches) ihre eigene Bedeutung, insbesondere aber 3 und 8. Aus diesem Grunde setzt sich die gemeingermanische Runenreihe, das *Fuþark*, aus 24 Runen zusammen, die in 3 Reihen (*Ættir*) zu je 8 Runen gegliedert sind. Deren Werte nach ihrer Position in der 24er Reihe addiert (1+2+3+4 ... +24) ergeben 300. Dieser Zahlenwert, die Gleichsetzung von Rune und Zahl, dürfte Anlass für die so oft eher sinnlos erscheinenden Ritzungen von Runenreihen auf verschiedenen Gegenständen gewesen sein.

Setzen wir nun 24 mit 300 gleich und multiplizieren dies mit 12 [288 Runen verstanden als 12 x 24], so erhalten wir 3600. Dies entspricht 10 Sonnenjahren zu je 12 Monaten mit 30 Tagen, die wiederum in sechs 5-Tage-Wochen (an. *fimt*) zusammengefasst wurden.

Eine Angleichung an das tropische Jahr von 365 Tagen erfolgte über 5 Festtage „zwischen den Jahren". Diese folgten auf den letzten der 360 Tage, was in unserer Zeitrechnung der 20. Dezember war. Am 21. Dezember, der astronomischen Wintersonnenwende, begannen die 5 ‚heiligen Tage' (vgl. eng. *holy-day*) – das monatslose *Fimt*. Das neue Jahr begann nach der *Modranect* (Mütternacht), der beobachtbaren Wintersonnenwende, am 25. Dezember, was man als Wiedergeburt der Sonne ansah. Ein Datum, auf das man später die Geburt Christi legte, der ja selber dem *Sol Invictus* (der „Unbesiegten Sonne") gleichgesetzt wurde.

Die 3 Tage zwischen der astronomischen Wintersonnenwende und der Mütternacht können als Periode des Übergangs vom Tod zum Leben angesehen werden, der Auferstehung Christi (niedergefahren zur Hölle, am dritten Tage auferstanden von den Toten) vergleichbar. Mit Blick darauf ist das Bild der Magier in diesem Zusammenhang auch sinnvoll, da auch sie mit ihren Geschenken diesen Lebenskreislauf versinnbildlichen.

Die Anzahl der Jahre – zehn, wie sie sich aus der Runenzahl ergibt, begründet keinen Zeitraum, sondern beschreibt den Zyklus, der mit 9 (19, 29...) endet und mit 10 (20, 30 ...) neu beginnt.

Dieser solar gebundene Wochenkalender war für die Landbevölkerung von Nutzen, taugte aber wenig für Tempel oder Kirche, wenn es um die Bestimmung der Opfer- oder Festtage wie z. B. Ostern ging. Für das Runenkästchen ist er von Bedeutung, weil der solare Aspekt das Leben hier und heute regiert.

3.2 Das einfache Mondjahr, wie es die Inschriften widerspiegeln

Die Anzahl der Runen (288) in diesem Text sind ein Aspekt, ihr Gesamtwert (3567 oder 3572) der andere. Die Anzahl erfordert schlichtes Zählen, der Wert dieser Runen basiert auf deren Position im *Fuþorc* (*f* = 1; *u* = 2, *þ* = 3, *o* = 4, *r* = 5 usw.). Die Methode blieb trotz des Lautwandels und der Erweiterung von 24 auf 27 und später 33 Runen unverändert, wenn auch die neuen Werte (hier von 25 bis 27) in die Rechnung einbezogen wurden.

Eine Rosette mit 12 Blättern kann als Symbol für die Sonne oder, genauer genommen, für den Zyklus von Geburt bis Tod angesehen werden, so wie er sich im Jahresverlauf spiegelt. Hier steht die Anzahl von 288 Zeichen für 3600 Tage bzw. 10 Jahre mit je 12 Monaten.

Abb. 41: Vorderseite des Runenkästchens von Auzon (F-Platte)

Mit ihren 13 Blättern (Magierbild, siehe Abb. 41 rechte Seite) weist die Rosette in die gleiche Richtung, doch deutet sie auf eine lunare Periode. Wenn man die Runenwerte 3567 (oder + ein *fimt* = 3572) so deutet, dann erhalten wir 10 Mondjahre mit 27,438 (oder 27,476) Tagen pro Monat. Das führt uns in die Nähe zum siderischen Mondjahr von 355 Tagen und

13 Monaten zu 27 Tagen (= 351 Tage), denen 4 Tage (später Monate mit 28 Tagen) hinzugeschaltet wurden.

Wenn auch der Unterschied zum tatsächlichen siderischen Monat mit 27,32 Tagen eher gering erscheint, so macht das doch auf das Mondjahr gerechnet bis zu 2,8 Tage aus. In 10 Jahren ist das ziemlich genau ein Monat, und das wussten die Sternenkundigen. Weshalb also dieser scheinbare Fehler?

Der Kreislauf – und diese Antwort wird sich später noch durch Wiederholung bestätigen – darf nicht am Punkt seiner Vollendung stillstehen, sondern muss den nächsten einleiten. Was wäre sinnvoller als der erste Monat im nächsten Jahrzehnt?

Wir erlangen ein vergleichbares Resultat, jetzt nach dem synodischen Zyklus, wenn wir den Runenwert durch die Monate des Jahres teilen (~ 3570 Tage: 12 Monate). Mit 29,7 Tagen liegen wir über den 29,5 Tagen pro Monat, etwa knapp drei Tage pro Jahr oder ein Monat in zehn Jahren. Da der Berechnung dieselben Zahlen zugrunde liegen, ist die Übereinstimmung zwangsläufig.

Genau genommen hat der synodische Monat 29.53059 Tage. Mit zwölf Monaten ergibt das ein Jahr mit 354,36 Tagen; wobei elf Tage am tropischen Jahr fehlen, das 365,24 Tage misst. Deshalb wurde ein Einschubjahr mit 13 Monaten als Korrektiv genutzt. So wurde ein dritter *Lipa*-Monat als Schaltmonat eingefügt, wenn der Zyklus aus dem Takt zu fallen drohte.

Wie auch immer man rechnete, die bäuerliche Bevölkerung in jenen Tagen, und dazu gehörte fast jeder, orientierte sich am Neumond. Der neue Monat begann mit der ersten Sichtung der schmalen Sichel des zunehmenden Mondes, die man als Messer der Zeit bezeichnete, weil es die Monate „auseinander schnitt“. So war jener Monat 29 oder 30 Tage lang, abhängig von der „Schneide des Messers“.

Die Drei Weisen mögen mit einem 13-Monat-Kalender von 355,18 Tagen pro Jahr gerechnet haben, schließlich waren sie wegen ihrer astronomischen und mathematischen Kenntnisse, die ihnen den Ruf der Magier eingebracht hatten, berühmt.

4. Die 8- und 19-Jahreszyklen als Korrektiv

H I C F U G I ɑ N T H I E R U ᚴ ɑ L I M

Abb. 42: Lateinischer Textteil der T-Platte

Alle Versuche, die Unterschiede zwischen den Kalendern und dem tatsächlichen tropischen Jahr innerhalb des Jahres selbst auszugleichen, blieben im Ergebnis ungenau. Um zu einer möglichst genauen Übereinstimmung mit der tatsächlichen Dauer des Sonnenjahres von (wie wir heute wissen) 365,2424 Tagen zu kommen, wurde ein **19-Jahreszyklus/ Meton-Zyklus** (die Zeitspanne von **235 Mondumläufen**), eingeführt, während dessen die Abweichung von elf Tagen pro Jahr auf etwa zwei Stunden insgesamt reduziert werden konnten. Dafür mussten sieben oder acht Schaltschubjahre (S) von je 13 Monaten in die Reihe der ordentlichen Jahre (O) von je zwölf Monaten eingeführt werden.

Neben dieser Regel haben wir das **Neunjahr** bzw. die **Oktaeteris**. Dieser beinhaltet fünf ordentliche Jahre (O) von zwölf Monaten und drei Schaltjahre (S) von 13 Monaten. Dieser Zyklus, mit dem auch die germanischen Opferfeste errechnet wurden, war einfacher zu beobachten, da er eine kürzere Zeitspanne umfasste, war aber aus eben diesem Grunde auch weniger genau.

Wenn das Runenkästchen auf einem Mondkalender aufgebaut ist, dann könnten wir auch ein solches Korrektiv erwarten. Wenn wir nun auf die Rückseite, die **T-Platte** schauen, fällt uns ein bislang unerklärter, in Sprache und Schrift lateinischer Textabschnitt auf.

Tab. 13: Kryptographische Verschlüsselung lunisolarer Schaltjahre im lateinischen Textteil der T-Platte

H	I	C	F	U	G	I	ɑ	N	T	H	I	E	R	U	ᚴ	ɑ	L	I	M
1	2	3	4	5	6	7	8	9	10	11	12	13	14	15	16	17	18	19	20
O	S	O	O	O	O	S	S	O	O	O	S	O	S	O	S	S	O	S	O

4.1 Ein rätselhaftes Textstück

Auffällig ist zunächst die S-Rune zwischen all den lateinischen Buchstaben. Sie ist in dieser auch sonst seltenen Form (ᚴ) auf dem Kästchen einzigartig unter den 19 anderen S-Runen in der üblichen Ausführung:

Die Buchstaben I und R sehen in runischer und lateinischer Schrift etwa gleich aus, wobei das „R“ doch eher der Rune *rad* entspricht. Mit diesen sechs Zeichen kommt der Schnitzer auf 48 (2 x 24) Runen für diese Seite und auf 288 (12 x 24) für alle Inschriften.

Seltsam ist außerdem der Buchstabe „A“, der hier zweimal in der Form einer Majuskel ɑ erscheint, wie man sie von Manuskripten der Zeit (z. B. dem Lindisfarne Codex) kennt. (Anmerkung: Für mich persönlich sieht das „A“ mehr wie eine Minuskel aus, aber in der einschlägigen wissenschaftlichen Literatur wird diese Schreibweise als *insular majuscule* bezeichnet; Backhouse, 1994). Schließlich ist auch die Verbform *fugiant* auffällig, wo man doch *fugiunt* erwarten würde.

4.2 Und des Rätsels Lösung

Die S-Rune in ihrer auffälligen Form ᚴ (statt ᛋ) steht in dem lat. Textstück an 16. Stelle, also an eben der Position, die sie im *Fuþark* (bzw. *Fuþorc*) einnimmt, was auf ihre Funktion als Sonnensymbol hinzudeuten scheint. So liegt es nahe, dass es sich bei dem Textstück nun um ein „solares Korrektiv“ handelt, d. h. um den Meton-Zyklus, der sich über 19 Jahre erstreckt. Der Text ist allerdings aus 20 Buchstaben zusammengesetzt, was über die bloße Dauer (ein Buchstabe = ein Jahr) des Zyklus hinausführt, nämlich über *Geol/Jól* in den nächsten Zyklus. Dabei steht der Buchstabe M an derselben Stelle, Position 20, wie sie die entsprechende Rune im *Fuþark* bzw. *Fuþorc* einnimmt.

Die beiden Buchstaben „A“ in der Form der Majuskel stehen an 8. und an 17. Stelle, rahmen also 8 Buchstaben, von denen 3 als Runen gelesen werden können, ein. Wie die Majuskeln andeuten, stehen die 8 Schriftzeichen für das Neunjahr/*Octaeteris* mit seinen 3 Schaltjahren, die den Schaltmonat beinhalten, und den 5 ordentlichen Jahren mit 12 Monaten. An diesem Zyklus orientierten sich die Opferfeste.

Innerhalb des Meton-Zyklus‘ – wenn man die Buchstabenfolge so deutet – stehen sechs Runen und zwei Majuskeln, die entweder für acht

Schaltjahre stehen, oder für 7 solcher Jahre, wenn die Rune ᚴ als „regierende Sonne" aus dem 19er-Zyklus ausscheidet. (acht Schaltjahre wären möglich, wenn man die 19 Jahre mit einem Schaltjahr beginnen lässt.) Die Schaltjahre (S) stehen allerdings in keiner realistischen Folge mit den ordentlichen Jahren (O). Für sie geben Text und Runenwert Schreibweise und Position vor.

Mit der Absicht, das Neunjahr/*Octaeteris* anzudeuten, erklärt sich auch die Form *fugiant*. So wie die Marken durch die beiden „A" gesetzt sind, gibt es in diesem Zyklus (wohl beabsichtigt) keinen Raum für ein komplettes zweites Neunjahr/*Octaeteris*, weder davor noch danach.

Wenn nun die 20 Schriftzeichen, als Jahre verstanden, über die 19 Jahre des Meton-Zyklus' hinausführen, dann eben, weil es sich nicht um ein Kalenderdatum handelt, sondern um ein „Zeitsymbol mit Ewigkeitscharakter". Es ist ein Impulsgeber für die Bilder und Runen, die das Schicksal lenken sollen. Folglich darf der Kreis hier nicht enden, und so leitet der 20. Buchstabe den nächsten Zyklus ein.

Nun definiert sich dieser Zyklus über die 235 Mondumläufe in 19 Jahren. Berechnen wir den Wert aller 20 Schriftzeichen nach dem Muster der Runenwerte, dann erhalten wir 238 als Ergebnis. Da der Zyklus im ersten Jahr mit der Mütternacht (25. Dezember) beginnt und im 19. Jahr zur astronomischen Wintersonnenwende endet, führen 3 weitere Mondumläufe direkt in das Frühjahr des 20. Jahres.

Nicht zufällig orientiert sich auch der christliche Ostertermin – erster Sonntag nach dem ersten Vollmond nach Frühlingsanfang – an dieser Lunation. Und von Christus, dem Nachfolger des *Sol Invictus* heißt es, er sei „am dritten Tage auferstanden von den Toten".

Ein vergleichbarer Gedanke steht auch hinter Homers klassischem Sonnenhelden Odysseus, der nach 19-jähriger Irrfahrt an seinen Hof zurückkehrt und dort nach drei Neumondnächten seine Identität offenbart. Und wenn er der einzige ist, der seinen Pfeil durch die zwölf Ösen der aufgereihten Äxte schießen kann, dann wird seine Identität als Sonne deutlich, deren Strahl nach 19 Jahren wieder auf eine bestimmte Konstellation der Gestirne trifft.

4.3 Die Wahl und die Position der Schriftzeichen

Der Textteil scheint sehr bewusst gestaltet zu sein. Die Folge: ***HIC FUGIANT HIERUSALIM*** beginnt mit H (Latein), ein Buchstabe, der als Rune den gefährlichen Hagel (Eis, das an der Sonne schmilzt) symbolisiert. Das Bild passt zum solaren Jahresbeginn unmittelbar nach der Wintersonnenwende.

An 12. Stelle der Inschrift steht die Rune I, in der Form ᛁ, die zusammen mit dem Buchstaben H den Anlaut von „HIERUSALIM" bildet und damit das J von Jerusalem ersetzt. Die Rune ᛃ aber steht an 12. Stelle in *Fuþark* bzw. *Fuþorc* und bedeutet *Jera*, also das Jahr. Aus dieser Position blickt sie in der Runenreihe auf das vergangene Sonnenjahr zurück.

Der Text führt hin zur S-Rune in ihrer besonderen Form ᚴ. Sie steht – an 16. Stelle wie in den beiden Runenreihen – für die lebensspendende Sonne (*Sigel*).

Die Folge der 19 Buchstaben endet mit der I-Rune, die den Namen Eis (Wasser, das gefriert) trägt und Symbol des Todes ist. So weisen wohl auch die Buchstaben auf den Verlauf von der Mütternacht, dem Jahresbeginn im ersten Jahr (nach dem 25. Dezember), bis hin zur Wintersonnenwende, dem Jahresende nach 19 Jahren (vor dem 21.-24. Dezember) hin.

Wenn nun der 20. Buchstabe in den ersten Frühling des neuen Zyklus hinüberleitet, dann ist der Buchstabe ‚M' nicht zufällig gewählt. Er steht an 20. Stelle, so wie die ᛞ-Rune die Position 20 in der Runenreihe einnimmt. Sie versinnbildlicht den Menschen (Mann) und könnte für den Sonnenhelden (*Sol invictus*) stehen, der als Odysseus sich am dritten Tag des 20. Jahres offenbart oder als Christus, der „niedergefahren zur Hölle ..." am dritten Tage von den Toten aufersteht, um weitere 40 Tage auf Erden zu verweilen.

5. Jüdischer Lunisolarkalender und die Kalenderformel des Runenkästchens im Vergleich

Tab. 14: Die kryptographisch verschlüsselten lunisolaren Schaltjahre im lateinischen Textteil der T-Platte im Vergleich zu 8- und 19-Jahreszyklus

Text	**H**	**I**	**C**	**F**	**U**	**G**	**I**	**a**	**N**	**T**	**H**	**I**	**E**	**ᚱ**	**U**	**ᚴ**	**a**	**L**	**I**
19-Jahr	**1**	**2**	**3**	**4**	**5**	**6**	**7**	**8**	**9**	**10**	**11**	**12**	**13**	**14**	**15**	**16**	**17**	**18**	**19**
JC			**13**			**13**		**13**			**13**			**13**			**13**		**13**
FC 19a		**13**					**13**	**13**				**13**		**13**			**13**		**13**
FC 8a		**X**					**X**	**X**				**13**		**13**		**13**	**X**		**X**
8-Jahr	**1**	**2**	**3**	**4**	**5**	**6**	**7**	**8**	**1**	**2**	**3**	**4**	**5**	**6**	**7**	**8**	**1**	**2**	**3**
Text	**H**	**I**	**C**	**F**	**U**	**G**	**I**	**a**	**N**	**T**	**H**	**I**	**E**	**ᚱ**	**U**	**ᚴ**	**a**	**L**	**I**

19-Jahr = Meton-Zyklus
JC = Jüdischer Lunisolarkalender
FC 19 a. = Franks Casket 19-Jahr-Zyklus
FC 8a. = Franks Casket 8-Jahr-Zyklus, X = Schaltmonate davor und danach
8-Jahr = Bäuerlich, germanischer Zyklus, mangels Quelle ohne markierte Schaltjahre

Die Positionen der Schaltjahre auf dem Neunjahres- und 19-Jahreskalender entsprechen ungefähr denen im jüdischen Lunisolarkalender. Abweichungen ergeben sich aus der geographischen Position (Längengrad) der Beobachter. Demnach wäre der jüdische Lunisolarkalender weiter westlich (Spanien?) festgelegt worden. Allerdings mag auch der Text dem Runenmeister Vorgaben aufgezwungen haben, zumal wenn er mit der Folge „I I a I ᚱ a“ den Runenwert 49 für die sieben Schaltjahre des 19-Jahreszyklus bzw. I ᚱ ᚴ mit dem Wert 32 (2x16) für die drei Schaltjahre des Neunjahres beabsichtigt hatte.

Zum jüdischen Lunarkalender heißt es: „Da das Sonnenjahr mit einer Dauer von zurzeit durchschnittlich 365,2422 Tagen nicht mit dem Mondjahr übereinstimmt, das durchschnittlich 354,3671 Tage dauert, muss der Ausgleich durch eine Schaltregelung geschaffen werden. 19 Sonnenjahre aus dem sogenannten Metonischen Zyklus entsprechen nun fast genau

235 Mondmonaten. Daher werden im jüdischen Kalender innerhalb des Zyklus von 19 Jahren die Jahre 3, 6, 8, 11, 14, 17 und 19 zu Schaltjahren, denen jeweils ein zusätzlicher Monat von 30 Tagen angehängt wird. Dieser Monat wird dem Monat *Adar* vorgeschaltet. Der eigentliche *Adar* wird dann *We-Adar* („Und-*Adar*"), *Adar-scheni* („zweiter *Adar*") oder einfach *Adar* II genannt. So entstehen 12 Gemeinjahre mit je 12 Monaten (144 Monate) und 7 Schaltjahre mit je 13 Monaten (91 Monate), die alle nach der Schaltregel des Mondjahres wiederum „regulär", „übermäßig" oder „vermindert" sein können. Dadurch wird der Kalender so angepasst, dass er sich zum Lauf der Sonne und den Jahreszeiten nur geringfügig ändert" (Wikipedia http://de.wikipedia.org/wiki/Jüdischer_Kalender, gesichtet am 14.03.2012).

6. Die Funktion des „Kalenders"

Der Kreis von Sonnen- und Mondkalender schließt sich, wenn wir feststellen, dass die Spanne zwischen Geburt und Tod, zwischen der Vorderseite mit dem Runenwert 720 und der Sterbeszene (rechte Seite) mit dem Runenwert 1008 genau 288 beträgt, also die gleiche Zahl wie die Anzahl der Runen insgesamt, die ja das Sonnenjahr versinnbildlichen. Zufall oder nicht, es ist auch ziemlich genau die Zeitspanne zwischen Empfängnis und Geburt.

Die helle, solare Komponente regiert das Leben, während das dunkle, lunare Gegenstück über das Jenseits herrscht. So stehen die Bilder der F-, G-, R- und T-Platte im Zeichen der Sonne, wobei der Wert der stabtragenden Runen 30 beträgt, während die H-Platte (die sich jedoch zu S wendet) den Wert des ganzen Zirkels (F+G, R, T, S, Æ) auf 72 ergänzt.

Der Runenmeister hat also nichts unversucht gelassen, das Schicksal seines königlichen Schützlings günstig zu stimmen. Aber wer ahnt schon den Zauber, wenn er die großen Namen in den Geschichtsbüchern liest?

IV. Unter die Lupe genommen: Das Bild- und Runenprogramm des Kästchens

An dieser Stelle soll den Betrachtungen zur Kalenderfunktion der Inschriften eine detaillierte Darstellung des Bild- und Runenprogramms, das durch den Kalender aktiviert werden soll, folgen. Diese Bildfolge beginnt auf der Vorderseite rechts und setzt sich linksläufig fort, um dann mit der Darstellung auf dem Deckel zu schließen. Sie beschreibt einen heroischen Lebenslauf in vier Bildern: Die edle Geburt (vorne, rechts); Hilfe der Fylgja (vorne, links); Auszug in den Kampf (links); Sieg und Recht (hinten). Diese vier Segen wünschenden Bildformeln beziehen sich auf das Leben des Helden. Wir nennen sie im Folgenden die „solaren Platten". Der Held muß notwendigerweise im Kampf – erwählt von seiner Walküre – fallen (rechts), um nach Walhall (Deckel) einzugehen; er darf nicht den „Strohtod" (d.h. alt und krank im Bett) sterben. Diese zwei Darstellungen – die „lunaren Platten" – haben Unheil abwehrende Funktion. Dass 4 solare Bildformeln 2 lunaren gegenüberstehen, also im Verhältnis 2:1 stehen, spiegelt sich auch in den dazugehörigen Inschriften (192: 96 Zeichen = 2:1) wider.

Bei den Bildern handelt es sich weniger um szenische Darstellungen als um emblematische Bildformeln. Diese Formeln entsprechen jeweils einer bestimmten Rune, deren Name die gleiche Bedeutung hat. Sie steht als erstes Schriftzeichen in der oberen linken Ecke und leitet einen Namen oder namensgleichen Begriff ein. Da die Vorderseite zwei Bilder zeigt, ist eine solche Rune auch in die obere rechte Ecke platziert worden, wo sie mit dem rechten Bild korrespondiert.

Hier, wie auch auf anderen Platten, stehen diese Runen im Stabreim und sind numerisch durchkalkuliert, d.h. nach Anzahl der Runen und nach deren Wert, der sich nach der Position des Zeichens in der Runenreihe richtet. Um diese Zahlenwerte zu erreichen, wurden bei Bedarf Punktmarken (z.B. *fisc• flodu•ahof*) eingefügt, Endungen (‚*flodu*' statt ‚*flod*') angehängt, Binderrunen (zwei Runen an einem Stab = 1 Zeichen) benutzt und unterschiedliche Schreibungen (z.B. ‚and' neben ‚end') gebraucht.

1.0 Vorderseite (F-Platte, siehe Abb. 41)

1.1 Der Text

Ort	*Altenglisch*	Deutsche Übersetzung
links	*hronæsban*	Walknochen
oben	***f**isc °**f**lodu °ahof on **f**erg*	(den/der?) **F**isch erhob die **F**lut auf **F**erg
rechts	*enberig*	enberg (?)
unten	*warþ **g**a: sric **g**rorn þær he on **g**reut*	**G**eistkönig (?) ward **g**ram, als es aufs
	giswom	**G**eröll schwamm

Hronæsban (Walknochen) gibt das Schnitzmaterial an, doch die Nennung dürfte eher als Beschwörung der Kraft von *gasric* (~*ric* in der Bedeutung „Herrscher") zu verstehen sein, dessen Knochen das Schnitzmaterial lieferten. Dies dürfte dem Reliquienkult ähneln, der sich ja zumeist an die Gebeine besonderer Personen bindet, von denen man Hilfe erwartet.

Die Verse zitieren die Kraft des Wales. Möglich ist, dass *er* die Flut „auf den Fergenberg" hinaufwarf. Wenn er Objekt des Geschehens ist, dann warf *ihn* die Flut auf den Strand. Falls aber ae. *fergen*~ mit an. *Fjörgyn*, auch *Jörð*, (Erde, Muttergottheit) verwandt ist, dann könnte *ahof on fergenberig* eine Kenning für den Kreislauf von Geburt und Tod sein. Dies wäre damit das Gegenstück zu der Schicksal wirkenden „Erta" der H-Platte.

1.2 Das Magier-Bild (siehe Abb. 41)

Das Thema: Der Magierbericht des Matthäusevangeliums

Das zweite Kapitel des Matthäusevangeliums berichtet von der Verehrung des Kleinkindes durch die Magier aus dem Osten. Sie kommen nach Bethlehem und bringen ihre Gaben dar: Gold, Weihrauch und Myrrhe. Gold symbolisiert die Basis weltlicher Macht, Weihrauch ist die spirituelle Komponente, während Myrrhe einerseits dem Salböl der Könige beigefügt wurde (vgl. gr. Χριστός, Christos, der Gesalbte), andererseits auch zur Einbalsamierung der Toten verwendet wurde.

Der Schnitzer wählt diese Version nach Matthäus, weil dieses quasi höfische Szenario seiner Absicht entspricht; ein Stall und die Anbetung durch einfache Hirten, wie Lukas die Szene beschreibt, passen nicht zu der edlen Geburt seines königlichen Schützlings, dem Herrn des Gabenkästchens. Allerdings dürfte er sich bei der Auswahl nicht am Text, sondern an Bildvorlagen orientiert haben.

Die Darstellung

a. Christliche Ikonographie

Das Bild ist in doppelter Hinsicht emblematisch: Zum einen steht es für die Gaben, die sein Schützling empfangen, aber auch aus dem Kästchen austeilen soll, zum anderen für den Beginn seines Lebensweges, für seine edle Abkunft, aber auch für sein Schicksal schlechthin. Dass ein vermutlich im Herzen heidnischer Künstler ein christliches Motiv wählt, ist nicht ungewöhnlich, zumal der undogmatische alte Glaube gerne jedem erfolgreichen Neuling huldigte.

Mit der Darstellung der Anbetungsszene folgt der Schnitzer weitgehend – aber nicht ganz – der christlichen ikonographischen Tradition. Ähnlich wie auf Darstellungen dort, sitzt die Gottesmutter auf ihrem Thron, das Kind auf dem Schoß, wenn auch die Figuren hier auf Gesichts-Medaillons reduziert sind: Maria gekennzeichnet durch Heiligenschein, der Sohn durch Mandorla mit Kreuzesnimbus. Obwohl die Körper der beiden nicht dargestellt sind, hat der Schnitzer den Fußschemel (*Suppedaneum*) der Vorlage eingefügt.

Von links kommen die Magier (zu jener Zeit noch nicht als Könige gedeutet) heran. Gerade in dieser Rolle sind sie dem Runenmeister so wichtig, dass er sie mit dem Wort „MÆGI" beschreibt, obwohl (oder weil) sie in dieser Funktion bei seinen Zeitgenossen schon äußerst populär waren.

Zwischen beiden Gruppen schwebt eine Rosette, die für den Stern von Bethlehem steht. Üblich an dieser Stelle wäre eine achtblättrige Rosette (Symbol für „Geburt, Tod und Wiedergeburt"), die in der religiösen Symbolik auf Christus hindeutet, der damit als Herr des Himmels und der Erde, als der Weltenrichter und Erlöser verdeutlicht wird. Im Licht dieser Sonne steht der Mond als Symbol der Mutter Gottes und der Kirche. Hier, zwischen Thron und Besuchergruppe, wäre auch der Engel, Gottesbote und Zeremonienmeister, zu erwarten. Doch an seiner Stelle steht ein Wasservogel, eine Gans oder ein Schwan. Es ist ausgeschlossen, dass der Schnitzer den Engel seiner Vorlage derart fehlgedeutet hätte, kannte er sich doch in der Ikonographie seiner Zeit bestens aus!

b. Heidnische Umdeutung

Schaut man genauer hin, erkennt man eindeutig heidnische Elemente, die das Christliche der Darstellung relativieren. Auch im alten Glauben galt die Rosette sowohl für die Lebenden als auch für die Toten als Heilszeichen, da sie sich auf Schilden, Schmuck, aber auch auf Grabsteinen findet. Sehr wahrscheinlich steht das Symbol für Sonne und/oder Mond, für den Kreislauf von Leben, Tod und Wiedergeburt. Sehr ungewöhnlich sind die 13 Blätter oder Strahlen der Rosette hier, wo 8 oder 12 zu erwarten wären. In der Bildtradition sind acht Strahlen die Regel, da 8 die Symbolzahl der Sonne ist und Christus ihr gleichgesetzt wird, während Maria mit dem Mond in Verbindung gebracht wird, dessen Symbolzahl die 9 ist. In Zusammenhang mit den Magiern, die ja auch als Sterndeuter angesehen wurden, liegt eine astronomisch-astrologische Deutung nahe. Vermutlich sind es dann die 13 Mondmonate von durchschnittlich je 28 Tagen bzw. 52 Wochen zu 7 Tagen, die ein lunares Jahr mit 364 Tagen ergebenen – berichtigt durch Schaltjahre – vielleicht aber auch ein ähnlicher, siderischer Mondkalender.

Dieses Symbol des Lebenskreislaufes steht dem Dreipassknoten (Triqueta) – Wodans Todesknoten – gegenüber, sehr sinnvoll über dem Rücken des dritten Magiers platziert, der ja Myrrhe, ein auf den Tod verweisendes Geschenk, herbeibringt.

Wenn der Schnitzer anstelle des wegweisenden Engels einen Vogel einfügt, dann deutet er die Vorlage zwar um, aber er entfernt sich sinngemäß nicht weit von der Aussage: Streng biblisch genommen tritt der Engel als Bote Gottes auf. Im Volksglauben dagegen wird er zum lebensbegleitenden Schutz- und letztendlich zum Todesengel. Dem entspricht im germanischen Weltbild die Walküre, die ihrem Schützling von der Geburt bis zum Tode und danach zur Seite steht. Sie erscheint ihm und den Umstehenden zu seinen Lebzeiten, erstmals zu seiner Geburt, als Vogel. Es ist seine Fylgja, die Frau, die ihm unbemerkt folgt und zur Seite steht. Sie ist es, die ihn, als *sigewif* oder Schlachthelferin, in seinem letzten Kampf durch ihren lähmenden Anblick überwindet und die er als Walküre im Nachtod erstmals als menschengestaltige Geliebte erfährt.

Vielleicht ist der Bezug zu den älteren heidnischen Vorstellungen noch enger als hier angenommen. Wenn die Rosette mit ihren 13 Strahlen nicht den Stern von Bethlehem, sondern den Mond symbolisiert, dann wird die „Gottesmutter“ mit der „Großen Mutter Erde“ (Erce, Erta, Perchta, Berta, Herta, Nerthus u.a.m.) gleichzusetzen sein. Zahlreiche Statuen der „schwarzen Madonna“ – ebenso wie ihre heiligen Orte – wurden in den Marienkult überführt. Dieser Fruchtbarkeit spendenden Göttin, die in allen damaligen Kulturen verehrt wurde, waren die Wasservögel zugeordnet. Sie wurde, ähnlich wie Maria, oft mit ihrem Sohn dargestellt und galt, wie diese, als Weltenrichterin. Ihr Zeichen war der Mond, was von der christlichen Kunst z.B. als „Maria, auf der Mondsichel stehend“, übernommen wurde. Wenn sich *fergen(berg)* über *firgen* auf *Fjörgyn* auf die Erdmutter *Jörd* (Partnerin Odins und Mutter Thors) bezieht, dann spiegeln auch die scheinbar eigenständigen Verse den Bezug zum schicksalhaften Lebenskreis wider. Diese Dualität wird ebenso mit der Rosette wie mit den Gaben und dem Dreipassknoten versinnbildlicht.

Betrachten wir vor diesem Hintergrund noch einmal die Darstellung, so bemerken wir einige weitere Eigentümlichkeiten: Der Bogen, unter den Mutter und Kind gesetzt sind, bezeichnet einen sakralen Raum, ähnlich wie auf der Rückseite und auf dem Deckel (dort über einer Kampfhelferin). Der unregelmäßige Aufbau der Säulen dürfte kaum zufällig so sein. Was der Runenmeister damit festschrieb, wissen wir nicht; dass er aber damit etwas bezweckte, ist höchst wahrscheinlich. Vielleicht versinnbildlicht die 9-Zahl, die hier variiert wird, die Qualität der Mondgöttin.

Darüber hinaus mag mit den sechs S-förmigen Elementen (zwei rechts und links vom Kopf der Maria, eines links neben dem Kind, zwei zwischen Thron und Magiern, eines spiegelverkehrt vor dem dritten Magier) die Eibenrune ᛇ (*eoh*) in scheinbar ornamentaler Verfremdung angedeutet sein. Scheinbar ornamental, weil jedes Detail funktional ist. Ebenso kommentieren runengleiche Zeichen das Wielandbild. Auch die Eibe ist Symbol des Lebens, des Todes und der Wiederauferstehung. Ihre Früchte sind essbar, der Samen aber ist giftig. Sie scheint unsterblich zu sein, da sie mehrere tausend Jahre alt wird, und sie scheint wieder aufzuerstehen, da sie sich nicht nur über Samen und Ableger, sondern auch über ihre Luftwurzeln aus sich selbst heraus, d.h. aus ihrem oft hohlen Stamm erneuert.

Die Eibenrune *eoh* steht an 13. Stelle in der 24-typischen Runenreihe; und so könnte die Übereinstimmung mit der Zahl der Strahlen in der

Rosette mehr als nur ein Zufall sein, denn während mit der 12. Rune J, ᛄ (*jer*) das solare Jahr endet, würde es mit der 13. Rune wieder einsetzen. Liest man die Runenreihe vom 24. Zeichen aus rückwärts, dann endet dieses „Mondjahr" mit J, ᛄ (*jer*) als 13. Rune und die Eibenrune *eoh* steht nun nicht minder sinnvoll an 12. Stelle.

Zusammenfassend können wir sagen, dass der Schnitzer den im Vorbild liegenden Topos von Geburt, Tod und Wiederauferstehung gekannt hat und ihn durch heidnische Attribute [Eibenrune(?), Fylgja, 13strahlige Rosette, und Dreipassknoten] verstärkt hat. Damit ist aus Maria die Erdmutter geworden, die dem lunaren Zyklus zuzurechnen ist, dem solaren jedoch eher über ihren Sohn, der als *Sol invictus* (unbesiegte Sonne) verstanden wird. Diese Rollenverteilung wird nicht zuletzt im grammatischen Geschlecht von Luna und Sol deutlich.

1.3 Das Wieland-Bild

Wenig christlich erscheint uns das Wielandbild, versteht man es als Darstellung der blutigen Rache eines Gefangenen an den Kindern seines Peinigers. Aber in der alten Sagentradition (Wielandlied der Edda), die hinter dem Bilde steht, ist der Schmied ein Albe, der in die Gewalt eines habgierigen Königs, *Níðad*, geraten ist. Nach dem Eddalied ließ dieser ihm die Kniesehnen durchschneiden, um ihn am Entkommen zu hindern. Ursprünglich bedeutete das wohl, dass man ihm die Möglichkeit genommen hatte, seine menschliche Gestalt abzulegen, um dann als Vogel zu entfliegen. Erst die Vernichtung seines Bezwingers kann ihn befreien. Damit ist die Rache nach germanischem Denken zwangsläufig und gerecht, insbesondere, da der Albe ein Wesen der „niederen Mythologie" ist. In dem Motiv des gelähmten Schmiedes spiegelt sich das Vorbild des römischen Schmiedegottes, des hinkenden *Vulcanus* (gr. *Hephaistos*) wider. Von daher mag der schmiedende Albe einmal der Götterwelt angehört haben, aus der er in die Sagenwelt abwanderte.

Unser Bild zeigt den Schmied am Amboss. Zu seinen Füßen liegt der enthauptete Körper eines Knaben, es ist ein Sohn des *Níðad*. Den Kopf hält der Schmied in der Zange. Aus dem Schädel wird er einen Pokal fertigen. Wenn der ahnungslose Vater nun aus der Hirnschale seines Sohnes trinkt, so wie man es gewöhnlich mit dem Schädel des erschlagenen Gegners tat, wird er seine im Sohn sich fortsetzende Lebenslinie auslöschen.

Doch die Sippe setzt sich auch über die Tochter fort, und die steht hier neben dem Amboss. *Beadohild* (a.e.), (dt. Bödwild), greift nach dem Becher, den Wieland ihr reicht. Sie wird das berauschende Bier trinken und dann vom Schmied geschwängert werden. Wenn sie sein Kind trägt, ist auch das Fortleben *Niðads* über die Linie der Tochter unmöglich geworden.

Neben dem Mädchen, durch ornamenthafte Symbole abgegrenzt, steht eine Frau, die eine Flasche unter ihrem Umhang zu verbergen sucht. Wenn sie es war, die das Bier brachte, dann wird es sich hier um die Gefährtin des Alben handeln, um die Schwanenfrau, von der das Wielandlied erzählt. Sie hat ihm bei der Vollendung der Rache geholfen, und somit kann der Albe nun in Vogelgestalt entkommen. Folglich wird es sich bei dem Vogelfänger im rechten Bildteil um *Niðad* handeln, der sein ‚goldenes Huhn' festzuhalten sucht. Zwei Vögel hat er ergriffen, der dritte – der Albe, nun in Vogelgestalt – entkommt ihm.

Und damit hat auch dieses Bild eine doppelte Funktion: Zum einen stellt es den Alben als Mehrer des Wohlstands dar, dessen Abbild helfen möge, das Kästchen zu füllen. Zum anderen wird die Partnerschaft des albischen Schmiedes mit seiner walkürischen Gefährtin zu einem magisch wirksamen Emblem für die Beziehung unseres Helden (Besitzer des Kästchens) zu seiner *fylgja*. Diese Schicksalswirkerin taucht in unterschiedlicher Gestalt auf allen Bildern des Kästchens auf, eben weil es nach unserem Dafürhalten dieses Schicksal beeinflussen will.

2.0 Links (R-Platte)

2.1 Der Text

Ort	Altenglisch	Deutsche Übersetzung
links	*oplæ unneg*	[der] Heimat unnahe [fern]
oben	*Romwalus and Reumwalus twoegen*	Romulus und Remus zwei
rechts	*gibroðær*	Gebrüder
unten	*a* foeddæ hiæ wylif in Romæcæstri*	fütterte sie die Wölfin in Romburg

* das *a* wird letzter Laut des vorhergehenden Wortes, nicht aber Anlaut des folgenden sein, zumal der Schnitzer Wert auf die Rune t in Verbindung mit g und f zu legen scheint: Herrschaft durch Reichtum (Beute) und Gabe (Lohn für die Gefolgsleute).

Abb. 43: Linke Seite des Runenkästchens von Auzon (R-Platte)

Der Text beginnt in der *oberen linken Ecke* – also an der besonderen Stelle – mit der Rune ᚱ im Namen ***R**omuwalus*. Dieser alliteriert mit ***R**eumwalus* und ***R**omæcæstri*, bildet aber keinen Stabreimvers, sondern eine zweitaktige Wendung, der weitere folgen. Auffällig ist allerdings die Wahl der Anlaute in der Formulierung „... ***t**woegen* ***g**ibroðær a* ***f**oeddæ* ...“ Die Rune ᛏ (Symbol für Herrschaft und Sieg) wird begleitet von den Runen ᚠ (Vieh, Geld) und X (Gabe, Geschenk). Diese Trias findet sich auch im Text der T-Platte

(Rückseite) wieder, wo der Schnitzer sogar ein Wort „umlautet" – *iuþeas* zu ***gi**uþeas* –, um die gewünschte Formel zu erhalten. Sinnvoll ist sie, weil jeder Feldzug zugleich ein Beutezug ist, und weil Beute das Gabenkästchen füllt.

Ungewöhnlich sind die Namensformen Rom-*wal*-us (Romulus) bzw. Reum-*wal*-us (Remus). Wenn die Zwillinge, Söhne des Kriegsgottes Mars, hier als Kampfhelfer angerufen werden, wenn ihnen zudem zwei Wölfe als Tiere der *Wal*statt als Ausdruck ihrer kriegerischen Natur zugeordnet werden, dann kennzeichnet sie der Einschub *wal* in diesem Sinne: Nordhumbrisch *walu* bedeutet nämlich „Schlacht, Gemetzel" und im Plural „Leichen". Dazu passen die Wurzelrunen ihrer Bäume (siehe unten), die auf den „Tod" hindeuten.

Dass sich die Inschrift ganz eindeutig auf das Bild bezieht, ist unstrittig, wenn auch gewöhnlich die Wendung „der Heimat fern" auf die Situation der Zwillinge bezogen und dem Text nachgestellt wird. Doch *Romæcæstri* (Rom) liegt nicht weit von *Alba Longa* entfernt. Die Säuglinge am Tiber, Söhne des römischen Kriegsgottes Mars und der *Rhea Silvia*, Tochter des Königs von *Alba Longa*, waren wohl eher von Hunger als von Heimweh geplagt.

Als *magische Formel* verstanden, erweist sich die Wendung als Reisesegen für den Krieger.

2.2 Das Romulus- und Remusbild

Der Runenmeister trifft also eine gute Wahl, wenn er diese dioskurischen Zwillinge unserem Krieger zur Seite stellt, denn die Göttersöhne Romulus und Remus gelten als Helfer auf der Reise und im Kampf. Schließlich nahm ja Romulus nach seiner Apotheose den Platz des sabinischen Kriegsgottes Quirinus ein, – seinem Vater, Mars, damit ebenbürtig.

Eine solche Bildformel wie diese ist sonst unbekannt. Gewöhnlich wurden die Zwillinge als Säuglinge unter die *lupa* (Wölfin) gesetzt, seltener findet man sie in einer Grotte oder am Tiber, wo sie vom Hirten Faustulus entdeckt werden. Hier aber ist der Ort ein Wald. Die dioskurischen Brüder werden so groß wie Erwachsene dargestellt, scheinbar auf dem Kopf stehend und in Begleitung zweier Wölfe statt nur der Wölfin. Rechts und links von ihnen, dieser Szene zugewandt, knien je zwei Männer. Sie sind offensichtlich keine römischen Hirten mit Krummstäben, sondern mit Speeren bewaffnete und gerüstete Krieger (vielleicht ein angelsächsischer Degen mit seinem Gefolge), die hier, im heiligen Hain, dem Ort heidnischen Kults, den Schutz der Schlachthelfer suchen. Da Kleinkinder wenig hilfreich wären, werden sie als Herangewachsene dargestellt. Und wenn ihnen nun zwei Wölfe zugesellt werden, dann wird man an Wodans/ Odins berühmte Begleiter, Geri und Freki, denken.

Aber warum greift unser Runenmeister überhaupt auf die römischen Zwillinge zurück? **R**omulus und **R**emus (und natürlich **R**om) lauten mit **R** an. Eine passendere Rune als die ᚱ-Rune gibt es wohl nicht: Der Runenname **raiðo* (aeng. *rad*) beschreibt den ‚Ausritt', die ‚Ausfahrt' (vgl. eng. *road*).

Mit der Darstellung der römischen Zwillinge bei den Wölfen im „heiligen Hain" wählt der Schnitzer ein Motiv, das seinen Schützling auf dem Weg in den Kampf beschützen soll. Diesen Zauber verstärkt er durch Runen- und Zahlenmagie, womit er auf den Beistand Thors zielt, der mit der Rune ᚱ zitiert wird.

3.0 Rückseite (T-Platte)

3.1 Der Text

Der Runentext beginnt auf der linken Leiste und setzt sich in zwei Segmenten auf der oberen fort, wobei das zweite Teilstück in Wort und Schrift ins Lateinische wechselt. Auf der rechten Seitenleiste setzt wieder die Runenschrift ein, das Wort *afitatores* (Einwohner) selber ist aber nicht Altenglisch, sondern verballhorntes Latein (*habitatores*). Eine durchlaufende Zeile auf der Unterkante gibt es nicht, wohl aber finden sich in den Ecken dort zwei Wörter, welche die Bildteile zu kommentieren scheinen.

Ort	Altenglisch	Deutsche Übersetzung
links	*her fegtaþ*	hier kämpfen [Heer kämpft?]
oben	*titus end giuþeasu hic fugiant hierusalim*	Titus und [die] Juden hier fliehen Jerusalems
rechts	*afitatores*	Einwohner
unten	*dom gisl*	Urteil (Macht, Ruhm) ~ Geisel

Die Lesung setzt, wie auf der F- und R-Platte, auf der linken Leiste ein: Die Wendung „hier kämpfen". Etwas abstrakter – als magische Formel oder Inkantation verstanden – heißt das: „Im Kriegsfall". Dabei mag auch ein Anklang an „*here fegtaþ*" im Sinne von „Heere kämpfen" beabsichtigt sein. Da die F- und R-Platten ihren Aussagen solche textlich unabhängigen Formeln voranstellen, kann eine derartige Doppeldeutigkeit beabsichtigt sein. In erster Linie aber dienen diese Worte als Auftakt zu „Titus und die Juden".

3.2 Das Titusbild

Die Darstellung ist klar in zwei horizontal laufende Bildzeilen gegliedert, die durch eine Arkade nochmals vertikal getrennt werden. Somit erhalten wir vier Bildteile.

Sieger und Besiegte

Im oberen linken Bildteil erkennen wir **5** gerüstete römische Angreifer, wohl unter ihrem Feldherrn Titus. Dieser mag durch den Helm oder durch die besondere Rüstung gekennzeichnet sein. Sie haben die Einwohner Jerusalems in die Flucht geschlagen. Während drei noch über den Bogen zu entkommen versuchen, setzt sich diese Flucht im rechten Bildteil fort. Die Juden, einige mit Wanderstab, einer mit einer Trageflasche, verlassen den Ort. Mit dieser Bilderfolge wird der Sieg – ein Aspekt der Rune ᛏ –eindrücklich dargestellt.

Recht und Gerechtigkeit

Auf der unteren Bildleiste, linke Bildhälfte, erkennt man eine Gerichtsszene [aeng. *dom*, eng. *doom*]. In der Mitte sitzt der Richter, was in der Regel der Sieger ist. Somit dürfte hier Titus auf seinem Hochsitz dargestellt sein, einen Becher in der Hand. Zu seinen Füßen hockt eine kleine Figur mit einer Rolle in der einen und einem Becher in der anderen Hand. Dies ist der *þyle*, der Sprecher des Herrschers, der an dessen Stelle mit den Parteien verhandelt. Es sieht so aus, als werde hier mittels einer Schriftrolle ein Vertrag geschlossen. Vielleicht wird einem Helden ein Lehen als Belohnung übereignet. Der Feldherr wird dem Beschenkten zutrinken und damit den Vertrag besiegeln. Der Beschenkte erwidert dies mit einem Trunk aus dem Becher des *þyle* und versichert dem Lehnsherrn damit seine Treue.

Links vom Richterstuhl ist ein Krieger (?) zu erkennen, der am Schopf ergriffen und festgehalten wird. Es dürfte ein Verurteilter sein, dem man die langen Haare – Zeichen des freien Mannes – abschneiden wird, wohl um ihn in die Sklaverei zu verkaufen. Falls es ein Feigling oder Verräter aus den eigenen Reihen ist, wäre damit das Prinzip von Lohn und Strafe sinnvoll versinnbildlicht. Rechts auf dieser Bildleiste (dem Bild der Flucht zugeordnet) ist der Exodus der Geiseln [aeng. *gisl*] dargestellt. Unter diesen fällt einer auf, der eine Art Joch zu tragen scheint. Sollte dies ein zelotischer Anführer sein, ein gefährlicher Eiferer? Gerechtigkeit ist der andere Aspekt der Rune ᛏ. Die Geiselnahme als „Unterpfand" [**ghis-*] für die Vertragstreue der Besiegten ist durchaus eine Fassette von Recht und Gerechtigkeit des Siegers.

Sieg: Gunst der Götter

Jener große Bogen mag sich schon auf der Vorlage für diese Schnitzerei befunden und dort für den Tempel gestanden haben. Welche biblischen Wesen ihn auch gefüllt hätten, sie sind der heidnisch-germanischen Vorstellungswelt gewichen.

Zwei der drei Tierpaare sind durch Knotenornamente miteinander verbunden. Damit wird auf einen Bezug des Ortes oder der Tiere zu dem Kriegsgott Wodan/Odin hingewiesen. Zu unterst sitzen, anatomisch bemerkenswert, zwei Pferde, Rücken gegen Rücken, hier nicht durch den Dreipassknoten definiert. Oben, direkt unter dem Bogen erkennt man zwei Vogelköpfe, die in ein Knotensymbol übergehen. Das Tierpaar mitten zwischen Pferden und Vögeln lässt sich von seiner Körperform her nur schwer deuten. Wenn aber vor dem Hintergrund der martialischen Szene die Vogelköpfe als Wodan/Odins Raben gedeutet und die Pferde mit *Tyr* (aeng. *Tiw*) in Verbindung gebracht werden können, dann liegt es nahe, nun wieder an die Wölfe der römischen Zwillinge zu denken. Ihre Schnauzen sind langgezogen, gleichen aber den Vierfüßlern auf den vier Ecken der F-, R- und H-Platten, und mehr noch in Darstellung und Funktion der Tiersymbolik der Æ-Platte. Wenn Odins Begleiter, Raben und Wölfe, jeweils mit dem Dreipassknoten verknüpft sind, die Pferde des Tyr aber nicht, dann spricht dies für unsere These.

Das Pflanzensymbol oben auf dem Bogen erinnert an das Zeichen der Walküre ᛉ auf dem Wielandbild und hätte damit einen angemessenen Ort, denn schließlich handelt es sich ja um die Tiere der Walstatt, deren Gestalt die Schlachthelferinnen annehmen können. Letztlich ehrte man die Götter, die den Sieg schenkten, über die Darstellung ihrer Tiere an diesem Ort, da auch die Asen in der Welt der Lebenden nicht *in persona* auftreten. Dabei wird die Arkade hier ähnlich sakrale Bedeutung haben wie der Bogen über dem Thron der Maria oder der über Odins Hochsitz *Hlidskjalf*, wie er auf dem Deckelbild abgebildet sein könnte.

Mit der Darstellung der Eroberung Jerusalems durch Titus wählt der Schnitzer ein Motiv, das seinem Schützling Sieg und Ruhm bereiten soll. Diesen Zauber verstärkt er durch Runen- und Zahlenmagie, womit er auf den Beistand *Tiw / Tyrs* zielt, der mit der Rune ᛏ zitiert wird.

4.0 Rechte Seite (H-Platte)

Abb. 44: Rechte Seite des Runenkästchens von Auzon (H-Platte)

Der Runenmeister hat die drei bisher betrachteten Platten Bild- und Textformeln erdacht, um das Schicksal (ae. *wyrd*) unseres Helden, auf die ersehnte Bahn zu bringen. Der Zauber begleitet seinen Schützling von Geburt an, bestimmt seine Partnerschaft und führt ihn durch alle Fährnisse bis zum Sieg, der ihm Wohlstand, Macht und Ruhm sichern wird. Doch dieses Erdenleben ist nur der eine Teil der heldischen Existenz. Würde der

Krieger den Strohtod erleiden, also im Bett sterben, dann stünde ihm nur das Schattenreich der Hel offen. Erwählt ihn jedoch die Walküre und er findet den Tod auf der Walstatt, dann erhält er Eingang in Odins Schloss zu Asgard, Walhalla, um dort unter den Einheriern das Nach-Leben in der Halle des Kriegsgottes zu feiern. Dies also gilt es mit den lunaren Motiven zu sichern.

4.1 Der Text

Der Text setzt hier auf der oberen Leiste ein, läuft über die rechte Leiste, fährt auf der Bodenleiste linksläufig und kopfstehend fort und endet rechtsläufig auf der linken Leiste.

Wenn hier ebenso wie auf der R-Platte der Text auf der Bodenleiste „kopfstehend" eingefügt ist, dann mag das mit dem vergleichbaren Ort (aeng. *hearh*), einer sakralen Stätte zu tun haben. Vielleicht wäre der Zutritt über die Lesbarkeit ein Tabu. Dazu passt auch, dass hier eine Art Geheimschrift gebraucht wird, verschlüsselt dadurch, dass die Vokale nicht in Runen, sondern in runenähnlichen Zeichen wiedergegeben werden. Diese Form der Kryptographie kannten schon die Römer, und auch der zeitgenössische Winfrid Bonifacius (um 700) soll sie verwendet haben.

Ihr Gebrauch an dieser Stelle erklärt sich aus der Funktion der Tafel: Hier soll der Tod beschworen, aber nicht heraufbeschworen werden. Unser Held soll dereinst auf dem Schlachtfeld, nicht aber jetzt von der Leiter fallen. Wäre der Spruch ohne Schwierigkeiten lesbar, dann könnte er zur Unzeit Schaden stiften. So aber müsste ein Störenfried den ‚Code knacken' und hätte sich auf den Kopf zu stellen, um den Text zu zitieren. Natürlich hätte er die Schachtel einfach umdrehen können, – aber hätte er sich das getraut, wenn er an ihre Magie glaubte?

Dennoch, irgendein Unglück muss den Besitzer verunsichert haben. Zwei Runen des Wortes *agl(ac)* – und das heißt Unglück! – sind weggeschabt. Die Späne werden (folgt man der Egilssaga) verbrannt worden sein.

Die **Textlesung** ist nicht ganz eindeutig gesichert, lässt sich aber über metrische Erwägungen und im Zusammenhang mit dem Bild doch zufriedenstellend deuten. Dieses gliedert sich in drei Segmente, während die Inschrift aus drei ansatzweise alliterierenden Versen besteht. Neben dem umlaufenden Text sind drei weitere Wörter (Tituli) in das Bild eingefügt In drei Stabreimverse gegliedert lesen wir nun:

Vers	Altenglisch	Deutsche Übersetzung
1.	***h**erh os sitæþ on **h**ærmberge*	Die Waldgottheit sitzt auf dem Unheilsberg
2.	***a**gl(ac) drigiþ swa hir i **e**rta e gisgraf*	sie bewirkt Unglück so, wie Erta es ihr aufgetragen hat
3.	***s**ærden **s**orgæ a nd **s**efa tornæ*	sie verursachen Sorge und Herzeleid

Gewöhnlich liest man *her hos sitæþ*, und übersetzt: „Hier sitzt das Pferd", was linguistisch, anatomisch und ikonographisch eher abwegig ist, selbst im Vergleich mit den sitzenden Rössern auf der T-Platte. Wenn schon Pferd, dann doch (aeng.) korrekt *hors.* Trennen wir aber *herh*, Hain (Kultstätte, Tempel), und *os*, Ase (Gottheit), dann erhalten wir den namensgleichen Begriff „Waldgottheit" oder „Tempelgottheit" (W. Krause. Damit nimmt dieser Begriff die gleiche Stelle (oben links) ein, wie *Fisc* (vorne), *Romwalus* (links), Titus (hinten).

Diese Waldgottheit „sitzt auf dem Harmberg", was vermutlich ihr angestammter Platz ist, zumal ja Berge oft als Sitze der Gottheiten verehrt wurden. Von dort geht *„agl(ac)"*, also Harm, Kummer, Schmerz aus, wird jedoch nicht erlitten, wenn es auch vom doppeldeutigen Wortsinn von *drigiþ* her möglich wäre.

Problematischer ist die Auflösung von *hir-i-erta-e-gisgraf*, was aber den Sinn nicht ändert, zumal das Bild die Lesung stützen kann. Ob nun *erta(e)* oder *ierta(e)*, es wird sich um ein höheres Wesen handeln. Am nächsten kommt dem die Erce des ags. Zauberspruchs, die anglische Mutter Erde (*erce, erce, erce, eorþen moþer*). Vielleicht aus numerischen Gründen wurde c zu t, vielleicht aber wandelte der christliche Schreiber den tabuisierten Namen einer heidnischen Gottheit *Erta* in eine unverfänglichere Namensform *Erce*. Dass *Erta* die eigentliche Namensform ist, legen Erdmuttergestalten wie Hertha, Bertha, Perchta und wohl auch die Nerthus des Tacitus nahe. Wenn nun auch Jörd (aisl. *Jörð* – Erde) mit *Erta* verwandt ist, dann liegt es nahe, das *i* in *hiri-i-erta* dem Namen der Erdgottheit (*IERTA*) zurechnen. Auch für die dritte Langzeile, wo insbesondere die Wendung *særden* unterschiedlich gedeutet wird, muss letztlich die Bilddeutung herangezogen werden: Eher aktiv (verursachen) als passiv (erleiden).

4.2 Das Herhos-Bild

Von Walküren und Fylgien, von Sleipnir und den *Dreipassknoten*

Auf der Suche nach einer passenden Bildformel für Heldentod und Auferstehung hat der Runenmeister entweder eine uns unbekannte Sage aufgegriffen, falls er nicht nur drei traditionelle Motive nebeneinandergestellt hat.

Der Schnitzer, das sei vorausgeschickt, hat hier nicht ein für seinen Schützling erwünschtes Schicksal dargestellt. Quelle für die Szene könnte vielmehr eine verschollene Sage sein, die nur in diesen Motiven überdauert hat. Was jenem vergessenen Kämpen vergönnt war, das soll auch unserem Helden widerfahren.

Vergleicht man diese Darstellung mit Motiven gotländischer Bildsteine, dann wird die Bildformel deutlich: Der Krieger begegnet der Walküre, die ihn bislang kampfhelfend als seine *Fylgja* (Folgerin) begleitet hat, ihm nun aber in Wodans Auftrag den Tod bringt. Mal lähmt ihr Anblick den zum Tode erwählten, mal lässt sie das rituelle Hängeopfer grausame Realität werden, mal wandelt sich ein unschuldiger Zweig zum tödlichen Speer, nie aber unterliegt der für Walhall Erwählte (das besagt „Walküre") seinem Gegner. Im Grunde ist es immer Wodans Speer, der ihn heimholt.

Der Getötete wird bestattet. Nun tritt seine *Fylgja* in ihrer menschlichen Gestalt an das Grab, bei ihr ein Pferd – Wodans achtbeiniger *Sleipnir*? – erweckt den Toten mit einem Trank, vermutlich *alu*, die magische Formel für Bier. Typisch für solche Szenen sind Dreipaß- oder Todesknoten und Nordische Dreieckssymbole, die das Reich des Kriegs- und Totengottes Wodan kennzeichnen, wie es u.a. auf dem Stein von Lärbro, Tängelgarda dargestellt ist.

Wenn wir nun die drei Verse den Bildern zuordnen, dann bezieht sich der erste (Die Waldgottheit sitzt auf dem Unheilsberg) auf das linke Teilbild. Dort steht ein zum Kampf gerüsteter Krieger einem Mischwesen gegenüber, dass die Züge verschiedener Kreaturen in sich vereinigt. Anatomisch betrachtet, hat es gewisse Ähnlichkeit mit Rehwild, nicht aber mit einem Pferd (*hos*?), ist mit Armen und Flügeln ausgestattet und wird von einer Schlange begleitet, falls das nicht ein zweiter Kopf dieses Wesens ist. Wie auch immer, das Reptil symbolisiert den Tod, der von dem Wesen ausgeht. Der Rock, mit dem es zudem noch bekleidet ist, kennzeichnet die menschliche Komponente. Der angedeutete Hügel, der Sitz der Kreatur, ist der „Unheilsberg". Dieser mag identisch mit jenem *fergenberg* sein, dem Ort der Erdmutter, von dem die Verse vom Wal wohlmöglich sprechen.

Es heißt, dass der Krieger im letzten Kampf seiner Walküre begegnet, die ihn durch ihren furchterregenden Anblick lähmt, so dass er – *aglac drigiþ* – von seinem Feind überwunden werden kann, doch nur scheinbar, denn Wodans Recken unterliegen keinem menschlichen Gegner. Vogelflügel und Rock lassen diese Deutung (die zwei Naturen der Walküre) wahrscheinlich werden, und auch ihre übrige Reh-Natur, denn die Rune Z, (*eolh*, eng. *elk*, Elch) steht ja auch für die Walküre, die Erwählerin der Gefallenen. Kein Zufall: Die Form ihrer Rune erinnert an den Fußabdruck der Wasservögel, deren Gestalt sie ja auch annimmt, so wie *elk* noch im 16. Jh. den „Wildschwan" (lat. *Cygnus ferus*) und bis ins 19. Jh. die „Wildgans" *anas anser* bezeichnete. Beides sind Erscheinungsform der Wodanstöchter. Zudem steht *elk* auch für jene Eibenart (aeng. *eoh*, 13. Rune des *fuþorc*), aus der man Pfeilschäfte und Bögen herstellte, das Medium, mit dem die Walküre ihren Krieger auf den Weg nach Walhall schickte.

Das walkürische Wesen auf der H-Platte handelt nun, *swa hir i erta e gisgraf*, „wie Erta es ihr aufgetragen hat". Wenn *Erta* nun *eorþan modor*, die Erdmutter ist, dann fügt sich der Vers des ags. Runengedichtes für den Laut *‚ea'* (*ear*, archaisch für Erde) trefflich zum Geschehen. „Die Erde ist jedem Krieger ein Grauen, wenn sein Fleisch schnell zu erkalten beginnt und in den dunklen Boden gebettet wird." Weiter heißt es von der Walküre, dass sie ihrem Opfer den belebenden Trunk bringt, dem so Wiederbelebten durchaus irdisch im Grab beiwohnt, um ihn dann – so kennen wir es von den gotländischen Bildsteinen her – zu Pferde nach Walhall zu geleiten.

Übertragen wir diese Vorstellung auf unser Bild. Hier, im linken Teilbild, begegnet der Krieger seiner *Fylgja* bzw. Walküre, womit sich sein Schicksal (*wyrd*) erfüllt. Darauf mag der Zweig hindeuten, wenn wir ihn als Loszweig verstehen. Im mittleren Bildteil finden wir ihn dort in einem Grab, zu dem ein Vogel hinfliegt. Rechts daneben ist eine Frau, links daneben ein Pferd, und zwischen beiden ein Pokal. Die Deutung liegt auf der Hand. Die Walküre kommt in Gestalt eines Vogels zum Grab. Die schöne

Geliebte besucht ihren Erwählten und belebt ihn mit einem Trunk aus dem Pokal. Das Pferd zum Einritt in Walhalla steht bereit. Die Dreipassknoten (Todesknoten), hier zwischen die Hufe gesetzt, kennzeichnen das Tier als zu Walhall gehörig, vielleicht sogar als *Sleipnir*, Wodans achtbeinigen Hengst.

Wenden wir uns nochmals den eingefügten Wörtern zu: *risci* bedeutet Binse, also das gleiche wie im Runenlied *elk sedge*, das für die Rune z steht, damit Walküren kennzeichnet, so wie es in seiner floralen Form die Walküre im Wielandbild rahmt. Aber *risci* ist auch der dünne Zweig, das Reis, und *elk* bezeichnet das für Pfeil und Bogen gesuchte, elastische Eibenholz.

Wudu könnte den Ort bezeichnen, den „Wald", was wenig sinnvoll wäre, da dieser abgebildet ist. Als „Holz" aber ist es eine gängige Kenning für den Speer, hier für den der Walküre, den sie schleudert, um ihren Helden heimzuholen.

Bita schließlich bedeutet „Biß, Stich, Wunde" und kann so als Waffenname oder als bildhafter Begriff für eine Waffe dienen. Wenn wir uns nun die Frau am Grabe näher anschauen, entdecken wir, dass der Stab, den sie in der Hand hält, in die Rune T von *Bita* übergeht und damit einen Speer formt. Wenn *Tyr*, aeng. *Tiw*, als Kriegsgott auch von Odin mit seinem Speer *Gungnir* abgelöst wurde, so trägt doch die speerförmige Rune seinen Namen.

Und so erinnern wir uns wieder an die alten Mythen: Ein geschleuderter Zweig verwandelt sich in einen Speer und tötet das Opfer. So geschah es dem Lichtgott Baldur, der Lokis Mistelzweig erliegt, und so geschieht es dem König in der Gautreks Saga, als er geopfert (aber eben nur zum Schein geopfert) werden soll.

> Dann erhob Starkathr den Zweig gegen den König und sagte: 'Nun übergebe ich dich an Odin.' Dann ließ Starkathr den Zweig fahren. Der Zweig wurde zum Speer und durchbohrte den König ...

So war es wohl *Herh-os*, die den tödlichen Zweig (*risci*) schleudert. Der wird zum Speer (*wudu*) und diese Waffe (*bita*) durchbohrt ihren Erwählten. Nun steht sie an seinem Grab, den Speer, den sie als Zweig geschleudert hat, in der Hand. Sie wird den Helden von Midgard nach Asgard zu führen.

Ein vierblättriges, kreuzförmiges Element, so wie es auch vor dem Namen Titus (T-Platte) steht, trennt diese Szene vom rechten Teilbild. Dort erkennen wir drei Gestalten in Umhang mit Kapuzen. Diese Kopfbedeckung deutet auf mythische Wesen hin, auf ein Reich, zu dem auch Walküren und Alben gehören. Auch Odin reitet so verhüllt, die Kapuze tief ins Gesicht gezogen, über die Walstatt. Es liegt nahe, an die drei Nornen zu denken, die Schicksal wirken. Tatsächlich stützt unsere Übersetzung „Sie verursachen Sorge und Herzeleid" diese Annahme. Wenn die Walküre vollbringt, was die Nornen beschlossen haben, dann stürzt dies die Hinterbliebenen in Trauer, denn was nützt ihnen der Heldentod des verblichenen Recken?

Andererseits können diese Gestalten auch der verschollenen Sage von einem todgeweihten Helden entsprungen sein. Für diese Annahme spricht, dass die beiden äußeren Kapuzenwesen zu versuchen scheinen, die Gestalt in ihrer Mitte am Gewand festzuhalten. Vielleicht sind es irgendwelche jenseitigen Begleiter, die den auferweckten Krieger heimholen. Solche Kompositionen sind weit verbreitet. Mehr über die Natur dieser Wesen könnte das ungedeutete Element neben dem Kopf des rechten Kapuzenträgers aussagen, das auch dreifach auf dem Magierbild erscheint und vermutlich mit der Sphäre des Todes in Verbindung steht.

5.0 Deckel (Æ-Platte)

Abb. 45: Deckel des Runenkästchens von Auzon (Æ -Platte)

5.1 Text und Bild:

Der Deckel war aus drei Segmenten zusammengesetzt, von denen nur das mittlere erhalten ist. Eine umlaufende Inschrift nach dem Muster der anderen Seiten kann es hier nicht gegeben haben, da die Bildplatte die ganze Kästchenbreite abdeckt, folglich auch rechts und links Wortfragmente tragen müsste. Eine Textzeile nur auf dem oberen und/oder unteren Teilstück ist eher unwahrscheinlich, – auch aus inhaltlichen Erwägungen: Wenn das *Reich des Todes* unseren Runenmeister schon zur Geheimschrift greifen lässt, dann mag das *Reich der* Götter für ihn eine Tabuzone sein, die keinen Kommentar erlaubt.

Von der bildlichen Darstellung her scheint diese Szene auch nach unten und oben hin abgeschlossen zu sein. Vielleicht haben Silberbleche die verlorenen Segmente abgedeckt. Schließlich hat ja die Entwendung des Edelmetalls zum Zerfall des Kästchens geführt. Denkbar wäre es, dass mit den Blechen die Dachbedeckung Walhalls (Schilde sind die Schindeln, Schäfte sind die Sparren) angedeutet war. Die beiden verlorenen Knochenplatten trugen deshalb wohl keine Schnitzerei, weshalb sie auch nicht aufbewahrt worden sind.

Damit bleibt nur das Wort *Ægili*, der Name eines Bogenschützen, den die Sagentradition zum Wielandbruder machte, der er hier vielleicht schon ist.

Hatte der Runenmeister seinem Schützling mit drei magischen Formeln in Bild und Schrift ein ruhmreiches Leben und mit der vierten ein „richtiges“ Sterben erwirken wollen – den Tod im Kampf als Voraussetzung für seinen Einzug in Walhall – so möchte er ihm nun auch dieses ehrenvolle Nachleben sichern. Hier in der Halle Wodans wird er sich im Kreise der Einherjer auf den Kampf gegen die Feueriesen vorbereiten, auf die letzte Schlacht auf Seiten der Götter.

Dieser *Ægil* steht hier in einer Befestigung, ein Mauerwerk mit Zinnen, was eine in damaliger Zeit eher seltene Anlage war. In der „naiven Perspektive" des frühen Mittelalters wird die Befestigung im Aufriss, von oben gezeigt. Hier wird der Giebel der Schmiede mit seinen Tierköpfen seitlich an die Mauer gesetzt.

Ebenso sind auch die Zinnen der Befestigung auf unserem Deckel-Bild seitlich an die Mauer gesetzt, und der Schütze steht in der Türöffnung (naive Perspektive), nicht etwa hinter einem Fenster. Diese Tür ist durch die kreisrunde Aussparung, auf der einmal eine metallene Scheibe gesessen haben wird, gut gesichert. Wenn wir davon ausgehen, dass hier tatsächlich Odins Walhall gemeint ist, dann kann das Grimnirlied (38) der Edda dieses Segment erklären.

> Swalin heißt der Schild, der vor der Sonne steht, der glänzenden Gottheit.
> Brandung und Berge verbrennnten zumal, sänk er von seiner Stelle.

Es ist denkbar, dass hier eine goldene Sonnenscheibe im Zenit stand, vor der sich die Angreifer mit ihren Schilden schützen. Mit ihren 12 Wirbeln würde sie den Gegenpart zur 13 blättrigen Rosette des Magierbildes darstellen, die dort für den Mond (13 Mondmonate) steht.

Der Verteidiger hat schon fünf Pfeile auf seine Gegner abgeschossen, zwei weitere hält er schußbereit. Hinter ihm, unter einem Bogen sitzend, erkennen wir eine Person mit einem Pfeil in der Hand. Gewöhnlich wird sie als Frau gedeutet. Wenn es so ist, dann könnte sie seine kampfhelfende Walküre, seine *Fylgja* sein. Basiert dieses Bild tatsächlich auf einem Sagenstand, wie wir ihn aus dem Wielandlied der Edda kennen, dann wäre diese Walküre wohl Egils Partnerin:

> Mädchen von Süden durch den Myrkwid flogen,
> die schmucke Alwit, Schicksal zu wirken ...
> eine von ihnen Egil herzte ...
> die andere war Schwanweiß ...
> die dritte (Herwör), deren Schwester,
> umwand Wölunds weißen Hals.

Eine andere Deutungsmöglichkeit sieht in der Gestalt Wodan, der hier – vielleicht mit seinem Speer *Gungnir* in der Hand – auf seinem Hochsitz *Hliðskjálf* dargestellt ist. Dem Sitz entspricht der Thron der Maria auf dem Magierbild. Sprachlich sind Thron und Hochsitz im aeng. Wort *giefstol* oder *setl* dasselbe. Der Bogen symbolisiert hier (ähnlich wie auf F- und T-Platte) einen besonderen Ort. Diese Darstellungsform dürfte der Schnitzer den Illuminationen der Evangeliare entnommen haben, wo man insbesondere heilige Personen auf diese Weise hervorhob. Der Dreipassknoten über dem Bogen und zwei weitere außerhalb der Befestigung deuten in dieselbe Richtung. Zwei *doppelköpfige Tiere* unter und über der Gestalt kennzeichnen diese. Auch das kennen wir von den Evangeliaren, wo die Symboltiere die Evangelisten kennzeichnen oder die Taube als Hl. Geist auf Christus verweist. Ist das Wesen hier der einäugige Kriegsgott, dann sind es an dieser Stelle die Raben Hugin und Munin und die Wölfe Geri und Freki seine Begleiter. Eine ähnliche Symbolik finden wir bereits bei der Wodansdarstellung auf den Brakteaten der Völkerwanderungszeit. Die Tiere können aber auch nach dem Grimnirlied (10) im Zusammenhang mit Walhall gesehen werden:

> Leicht erkennen können, die zu Odin kommen,
> Den Saal, wenn sie ihn sehen:
> Ein Wolf hängt vor dem westlichen Tor,
> Über ihm dräut ein Aar.

So ist es recht wahrscheinlich, dass der Bogenschütze hier den Sitz der Götter, *Asgard*, wo auch Wodans Walhall steht, gegen den Angriff der *Muspellssöhne*, der feindlichen Riesen, verteidigt. Mit seinem guten Namen Ægil bürgt der Schütze für erfolgreiche Abwehr. Denn die Æ-Rune steht (nach dem ags. Runenlied: ‚Esche') für ‚Verteidigung' und das Holz der Esche liefert bestes Material für Pfeil und Bogen.

Sechs Bilder – ein Programm

Die Bilderfolge beginnt mit dem Topoi von herausragender Geburt (Magier) und beschützender Partnerschaft (Wieland), sie setzt sich mit dem martialischen Topos des Krieges (Romulus und Remus) fort, und gipfelt in der Darstellung von Sieg und Ruhm (Titus). Diese beschwörenden Formeln der drei Bildtafeln sollten ein glorreiches heroisches Leben sichern. Die vierte Tafel (*Herh-Os*) soll dem Helden – wenn seine Zeit gekommen ist, erwählt von seiner Walküre – den Tod im Kampf bringen. Während das Ende auf Bärenfell oder Strohsack unweigerlich ins Schattenreich der Hel führt, sichert ihm der Heldentod den Einzug nach Walhall. Diese quasi himmlische Szene wurde sehr angemessen dafür auf dem Deckel (Ægil) wiedergegeben. Die Bilderfolge aus Geschichte und Mythologie auf der Schatulle soll somit das Schicksal (*wyrd*) ihres wohl königlichen Besitzers in die ersehnte Bahn lenken.

Nachwort

Heutzutage mag man sich wundern, warum die Menschen im Altertum solche genauen Regeln benötigten, um die Tage für ihre Feste bzw. für ihre Opfer an die Götter festzulegen. Doch das Verehren der Götter an spezifischen Tagen hat eine ausgesprochen lange Tradition in Europa. Bereits Geminos schrieb über die Griechen seiner Zeit, dass sie, wenn die Jahre exakt nach dem Sonnenlauf und die Monate exakt nach den Mondphasen berechnet werden und die Opfer zu den Göttern nach den entsprechenden Kalenderdaten dargebracht werden, sie dies gemäß der Sitte ihrer Altvorderen tun (Aujac, 1995).

Zu den Lebzeiten ‚Jesus Christus‘ wurde in der römischen Provinz Palästina noch der römische gebundene Mondkalender verwendet. Das christliche Fest zur Erinnerung an die Auferstehung Jesus Christus‘ ist dann in unserem Brauchtum mit dem Frühlingsfest zu Ostern verschmolzen. Dieser Festtag wurde über die Jahrtausende zunächst innerhalb des julianischen, später dann innerhalb des gregorianischen Sonnenkalenders weiter auf der Basis dieses gebundenen Mondkalenders berechnet. Die Regelung, dass der Ostersonntag dem ersten Vollmond im Frühling zu folgen hat, und damit einerseits im ersten Mondmonat des religiösen jüdischen Kalenders und andererseits im vierten Mondmonat nach unserer hier übliche Zählweise liegt, ist ein Ausdruck der Mondmonatsbindung. Wie wir zu Beginn des Buches gesehen haben, war jedoch nicht der Sonntag, sondern der *dies iovis*, der Donnerstag, der heilige Tag bei Römern und Germanen. Bis heute gibt es Gegenden, in denen der Osterhase bereits am Gründonnerstag kommt. Bei der kirchlichen Bestimmung des alljährlichen Oster-Termins im heutigen gregorianischen Kalender spielt auch der 19-Jahreszyklus nach Meton immer noch eine wesentliche Rolle. Damit ist das Osterfest das letzte verbliebene Fest, das noch nach einem gebundenen Mondkalender berechnet wird.

Danksagung

Zu guter Letzt möchte ich noch all jenen danken, die an der Entstehung dieses Buches mitgewirkt haben. Als erstes sei hier Peter Andreas Walthard genannt, dessen Essays zum Thema, die auch in dieses Buch eingeflossen sind, für mich ein, wenn nicht sogar DER Anstoß waren, mich tiefergehend mit der Thematik der gebundenen Mondkalender zu beschäftigen.

Dem „aufgeklärten Heiden" Andreas Mang gilt mein besonderer Dank dafür, dass er im Erstlektorat eine Unzahl an Scheibfehlern „aufgeklärt" hat, so dass die weiteren Lektoren, namentlich Lars Vollertsen, Wolf Lüerßen, Dr. Christa Zautner und Isa Theobald doch etwas entspannter an die Sache herangehen konnten.

Vieles von dem Wissen über die Geschichte der solaren Kalender verdanke ich dem Gedankenaustausch mit Gunther Kürt, dessen Wissen auf diesem Gebiet schier unendlich erscheinen mag.

Dem Großsteinjäger Reinhard Möws danke ich für das Foto, das er von den königlichen Grabhügeln in *Gamla Uppsala* geschossen und für dieses Buch zur Verfügung gestellt hat.

Der Dank für die Gestaltung des Umschlagsbildes *„Disting"* gebührt der Künstlerin Hannah Böving.

Meinen besonderen Dank hat Alfred Becker, der sich schon seit Jahrzehnten mit dem Runenkästchen von Auzon beschäftigt, das wie ein Primstav den germanischen Lunisolarkalender verschlüsselt, und der den entsprechenden Anhang zu diesem Buch beigesteuert hat.

Für die griechische Originalfassung der Beschreibung der Feierlichkeiten zum Ende der Polarnacht auf der Insel Thule durch Procopios von Caesarea und der Hymne an Helios in der 2. Auflage geht mein Dank an Felix Walz und Julian Wagner.

Literaturverzeichnis

Die Literaturquellen sind in alphabetischer Reihenfolge aufgelistet. Bei unbekanntem Autor sind die jeweiligen Quellen nach ihrem Titel in der Listung der Autoren eingegliedert.

Aasen, Ivar: *Norsk Ordbog - Ordbog over det norske Folkesprog*, Christiana (1871)

Adamus Bremenus (Adam von Bremen): *Gesta Hammaburgensis ecclesiae pontificum* (Hamburgische Kirchengeschichte) http://hbar.phys.msu.ru/gorm/chrons/bremen.htm#S136

Ættartölur (*Flateyjarbók*), http://www.heimskringla.no/wiki/Ættartölur_%28Flateyjarbók%29

Aldhelmi opera, Berolini 1919, München, Monumenta Germaniae Historica 4C1b, S. 257-8

http://www.dmgh.de/de/fs1/object/display/bsb00000827_00002.html?contextType=scan&contextSort=sortKey&contextOrder=descending&zoom=0.75&context=spurcalia&leftTab=toc&sortIndex=010:010:0015:010:00:00

Anderson, Carl: *Telling time without a clock: scandinavian daymarks*, Havard (1998) http://heahttp://www.harvard.edu/ECT/Daymarks/

Augustynek, Marta (EKD): *Weihnachten* (2012) http://www.ekd.de/advent_dezember/brauchbar/weihnachten.html

Aujac, G.: *Geminos - Introduction aux Phènomenés*, Paris (1975)

Bachmann, Dieter: *Die Zwölf*, Zürich (2012) http://ecgwine.blogspot.de/2012/01/die-zwolf.html

Backhouse, Janet: The Lindisfarne Gospels, Phaidon Press London (1994), ISBN: 978-0714824611

Becker, Alfred: A Magic Spell „powered by" a Lunisolar Calendar," Asterisk, A Quarterly Journal of Historical English Studies, S. 15 ff., 55 -73. (2006)

Becker Alfred: Franks Casket. Zum Runenkästchen von Auzon (Regensburger Arbeiten zur Anglistik und Amerikanistik, Bd. 5), Regensburg, S. 306 ff. (1973)

Becker, Alfred: *Franks Casket*, http://www.franks-casket.de (2012)

Beckmann, N. & Kålund, Kr. (Hrsg.): *Rimtöl - Alfræði Íslenzk*, Samfund til udgivelse af gammal nordisk litteratur, København (1914-1916)

Beda Venerabils: *De Temporum Rationae*, siehe Wallis, Faith

Bosworth-Toller: *Anglo-Saxon Dictionary*, digital edition Prag (2010) http://bosworth.ff.cuni.cz

Brennu-Njáls Saga, http://www.snerpa.is/net/isl/njala.htm

Clauss, Manfred: *Der Kaiser und sein Gott: Der spätantike Streit um die Natur Christi*. Primus Verlag Darmstadt (2000), ISBN: 978-3896788160

Collin, D.H. & Schlyter, D.C.J.: Äldre Westgöta-lagen, Samling af Sweriges Gamla Lager, Stockholm (1827)

Einarsson, Bjarni (Hrsg.): Ágrip af nóregskonunga sögum Fargskinna –Nóregs Kongunga Tal, Hið íslenzka Fornritafélag, Reykjavík (1985)

Finck von Finckenstein, Albrecht Graf: *Beihefte der Francia – Fest und Feiertage im Frankenreich der Karolinger*, perspectivia.net (1990)

Foote, P.G.: *Olaus Magnus. A description of the northern peoples 1555*, Vol. I, London (1996)

Fornmanna sögur, http://books.google.de/books?vid=LCCN17018782&id=Wy8IAAAAIAAJ&pg=PA377&redir_esc=y#v=onepage&q&f=false

Friesen, Otto von, *Upplandslagen*, Akademiska Boktryckeriet Edv. Berling, Uppsala (1902) https://ia600804.us.archive.org/25/items/Upplandslagen/Upplandslagen_text.pdf

Fuhrmann, Manfred (Hrsg.): Tacitus, P.C., *De origine et situ Germanorum liber* Lateinisch und Deutsch, Philipp Reclam Jun. Stuttgart (2000)

Ginzel, Friedrich Karl: *Handbuch der mathematischen und technischen Chronologie, Bd. 2 - Zeitrechnung der Juden, der Naturvölker, der Römer und Griechen sowie Nachträge zum 1. Bande* (Nachdruck Originalausgabe Leipzig 1906), Austrian Literature Online, Innsbruck (2007) ISBN: 3-226-00428-X http://www.3eck.org/Ginzel/index.html

Gotisches Markusevangelium (Mk 15,42), http://www.bibleserver.com/go.php?lang=de&bible=EU&ref=Mk15%2C42

Graf, Fritz: *Der Lauf des rollenden Jahres: Zeit und Kalender in Rom*, Teubner-Verlag, Stuttgart (1997)

Gregor, Michael (Regisseur): *Der Herr der Himmelsscheibe - Der Jahrtausendfund von Nebra*, Halle (2007)

Grettis saga, http://sagadb.org/grettis_saga

Gunivortus Goos, *Der Nerthus-Anspruch*, Books on Demand, Norderstedt (2011), ISBN: 978-3-8423-6721-0

Gunnell Terry, *The Origins of Drama in Scandinavia*, Boydell & Brewer Ltd, Suffolk(UK)/ Rochester(USA) (1995), ISBN:978-0-85991-458-1 http://books.google.ch/books?id=c8Elw62Qaf0C&hl=de&source=gbs_navlinks_s

Gunnel Terry, The Season of the Dísir: The Winter Nights, and the Dísablót in Early Medival Scandinavian Belief, Cosmos – The Journal of the Traditional Cosmology Society, Vol. 16, No. 2, S. 117-149 (200)

Gusev, M: *The Ancient Lithuanian Calendar* (Russisch), Izvestia of the Imperial Archaeological Society Vol. 5, p. 335, St. Petersburg (1865)

Hannah, Robert: *Greek and Roman Calendars: Constructions of Time in the Ancient World*, London (2005) ISBN 0-7156-3301-5

Harrison, Jane Ellen, *Prolegomena to the Study of Greek Religion*, Princeton University Press (1922)

Harrison, Jane Ellen, Themis: A Study of the Social Origins of Greek Religion, Cambridge University Press (2010, Reprint)

Heggstad, Leiv; Hødnebø, Finn & Simensen, Erik: *Norrøn Ordbok*, Det Norske Samlaget, Oslo (1997)

Hennig, Reinhard: *Die Geschichte vom Völsi - Völsa þáttr*, Bonn (2007) http://www.wikinger.org/wikinger2/volsa.htm

Henriksson, Göran: *Riksbloten i Uppsala*, Gimle 20, S. 14-23 (1992)

Henriksson, Göran: *Riksbloten och Uppsala högar*, Tor 27:1, S. 337-394, (1995)

Henriksson, Göran: *The pagan Great Midwinter Sacrifice and the 'royal' mounds at Old Uppsala*, Proceedings of the 9th annual meeting of SEAC, Stockholm (2001)

Herrmann, Paul (Übersetzer): *Die Geschichte von dem starken Grettir dem Geächteten*, Sammlung Thule, Eugen Diederichs Verlag, Jena (1922)

Heusler, Andreas (Übersetzer): *Isländisches Recht - Die Graugans*, Germanenrechte Band 9, Verlag Hermann Böhlaus Nachfolger, Weimar (1937)

Heusler, Andreas & Ranke, Friedrich (Übersetzer): *Fünf Geschichten von Ächtern und Blutrache*, Sammlung Thule, Eugen Diederichs Verlag, Jena (1922)

Hilterhaus Peter, *Die Húsdrápa des Ùlfr Uggason* in Heidnisches Jahrbuch 2010, Herausgeber: Holger Kliemannel, Edition Roter Drache (2010) ISBN-13: 978-3939459491

Holmbäck, Å, & Wessén, E.: *Dalalagen, Svenska landskapslagar tolkade och förklarade för nutidens svenskar, Dalalagen och Västmannalagen*, Stockholm (1979)

Holmbäck, Å, & Wessén, E.: *Gutalagan, Svenska landskapslagar tolkade och förklarade för nutidens svenskar, Skånelagen och Gutalagen*, Stockholm (1943)

Holmbäck, Å, & Wessén, E.: *Gutasagan, Svenska landskapslagar tolkade och förklarade för nutidens svenskar, Skånelagen och Gutalagen*, Stockholm (1943)

Hoops, Johannes (Hrsg.): *Reallexikon der Germanischen Altertumskunde*. Band 14, De Gruyter; Auflage: 2 (1999), ISBN: 978-3110164237

Institutionen för nordiska språk, *Samnordisk runtextdatabas* (konsultiert am 23.07.2014) http://www.nordiska.uu.se/forskn/samnord.htm

Jakob, Andrea (Hrsg.): *Von Martini bis Lichtmeß: Brauch und Aberglaube in der Weihnachtszeit in Südthüringen und Franken*, Auflage 1, Meininger Museen (1999) ISBN: 978-3910114036

Janson, Svante: *The icelandic calendar*, Uppsala (2009) http://www2.math.uu.se/~svante/papers/calendars/iceland.pdf

Jónsson Guðni, *Eddukvæði Sæmundar-Edda*, http://heimskringla.no/wiki/Eddukvæði

Jorgensen, Peter A. (Hrsg.): *Valla-Ljóts Saga /The Saga of Valla-Ljot: The icelandic text according to MS AM 161 fol. with an english translation and notes*, 1. Auflage, AQ-Verlag (1991) ISBN: 978-3922441595

Keyser, R. & Munch, P.A.: Ældre Gulathings-Lov, Norges gamle love intil 1387, 1. Ausgabe, Christiana (1846)

Kleineberg, Andreas; Marx, Christian; Knobloch, Eberhard; Lelgemann, Dieter: *Germania und die Insel Thule: Die Entschlüsselung von Ptolemaios' „Atlas der Oikumene"*, Wissenschaftliche Buchgesellschaft), 2. Auflage (2011) ISBN: 978-3534245253

Klimka, Libertas: *„Žmogus ir gamta etninėje kultūroje". Lietuvos kultūros darbuotojų tobulinimosi centras*, Vilnius (1995)

Krause, Johann Heinrich: *Die Pythien, Nemeen und Isthmien.* Georg Olms Verlag Leipzig (1841)

Kronberg, Christine: *Mondphasen Kalender*, (2002) http://www.maa.mhn.de/StarDate/mondphasen.html

Kruse, Mathias (Übersetzer): *Die Erzählung von Þiðranda und Þórhall* in Böldl, Klaus; Vollmer, Andreas; Zernack, Julia (Hrsg.): *Isländersagas 1.* S. Fischer Verlag GmbH, Frankfürt am Main (2011) ISBN: 978-3-10-007622-9

Kürt, Gunther: *Alemannischer Jahreskreis - Brauchtum als Quelle vorchristlicher Jahreskreis-traditionen 4.4. Die regionalen Winterend-Traditionen im Vergleich* (gesichtet am 5. September 2012)
http://www.herminonen.forum.lc/die_winterend_traditionen.htm

Lacomblet, Theodor Joseph: *Urkundenbuch für die Geschichte des Niederrheins oder des Erzstifts Cöln, der Fürstenthümer Jülich und Berg, Geldern, Meurs, Cleve und Mark, und der Reichsstifte Elten, Essen und Werden*, J. Wolf-Verlag, Düsseldorf (1840)

Laurent, Johann Carl Moritz (Übers.), zweite Auflage, neu bearbeitet von Wattenbach, Wilhelm: *Adams von Bremen Hamburgische Kirchengeschichte*, Verlag der Dykschen Buchhandlung, Leipzig (1893) http://de.wikisource.org/wiki/Hamburgische_Kirchengeschichte

Laurent, Johann Carl Moritz (Übers.): *Die Chronik Thietmar's, Bischofs von Merseburg*, nach der Ausgabe der Monumenta Germaniae,
http://books.google.de/books?id=6U1NAAAAcAAJ&dq=inauthor:%22Thietmar+(von+-Merseburg,+Bishop+of+Merseburg)%22&hl=de&source=gbs_navlinks_s

Lindquist, S.: *Uppsala högar och Ottarshögen*, Stockholm (1936)

Lithberg, Niels: *Första vinterdag. Etnologiska studier tillägnade N.E. Hammarstedt.* Stockholm (1921)

Losnegard Norvald: *Primstaven : gamle minne- og merkedagar*, Setesdalsforlaget Valle (1999) ISBN 82-91820-47-3

Luther, Martin: *„Lutherbibel" (Ausgabe 1912), Kolosser - Kapitel 2, Warnung vor den Irrlehrern*
http://www.bibel-online.net/buch/luther_1912/kolosser/2/#1

Maier, Bernhard: *Die Religion der Kelten - Götter, Mythen, Weltbild*, Verlag C.H. Beck München (2001) ISBN: 3406482341

Magnell, Ola & Iregren, Elisabeth, *Veitstu hvé blóta skal? The Old Norse blót in the light of osteological remains from Frösö Church, Jämtland, Sweden*, Current Swedish Archaeology, Vol 18, (2010), S. 223-250

Meißner, Rudolf (Übersetzer): *Norwegisches Recht - Das Rechtsbuch des Frostothings*, Germanenrechte Band 4, Verlag Hermann Böhlaus Nachfolger, Weimar (1939)

Meißner, Rudolf (Übersetzer): *Norwegisches Recht - Das Rechtsbuch des Gulathings*, Germanenrechte Band 6, Verlag Hermann Böhlaus Nachfolger, Weimar (1935)

Mikalson, Jon D.: *The Sacred and Civil Calendar of the Athenian Year*, Books on Demand, Princeton (1975) ISBN: 9780835727846

Näsström, Britt-Mari: *Blot. Tro och offer i det förkristna Norden*, Oslo (2001)

Neckel, Gustav (Übersetzer): *Die Geschichte vom Freyspriester Hrafnkel*, Sammlung Thule, Band 12, Sieben Geschichten von den Ostland-Familien, Eugen Diederichs Verlag, Jena (1913)

Niedner, Felix (Übersetzer): *Die Geschichte vom Skalden Egil*, Sammlung Thule, Eugen Diederichs Verlag, Jena (1923)

Niedner, Felix (Übersetzer): *Die Geschichte von Gunnlaug Schlangenzunge*, in: Vier Skaldengeschichten. Sammlung Thule, Eugen Diederichs Verlag Düsseldorf/Köln (1964)

Niedner, Felix (Übersetzer): *Snorris Königsbuch (Heimskringla)*, Band I-III, Sammlung Thule, Eugen Diederichs Verlag, Düsseldorf-Köln (1965)

Nilsson, Martin Persson (übersetzt von Frederik Joshua): *Primitive time-reckoning; a study in the origins and first development of the art of counting time among the primitive and early culture peoples*, Lund (1920) [Nachdruck Bibliolife, Charleston]

Nilsson, Martin Persson*:* *Saturnalia*, in: Paulys Realencyclopädie der classischen Altertumswissenschaft (RE). Band II A,1, Stuttgart (1921) Sp. 201–211.

Njalssaga, Die, Leipzig (1878) http://www.zeno.org/nid/20004439082

Nordberg, Andreas: *Jul, disting och förkyrglig tideräkning – Kalendrar och kalendariska riter i det förkristna Norden*; Acta Academiae Regiae, Gustavi Adolphi 91, Uppsala (2006)

North, J.D.: *The Western Calendar - „Intolerabilis, Horribilis, et Derisibilis"; Four Centuries of Discontent*, in: G.V. Coyne, M.A. Hoskin, O. Pedersen: *Gregorian Reform of the Calendar: Proceedings of the Vatican conference to commemorate its 400th anniversary*. Specola Vaticana, citta del vaticano (1983) http://articles.adsabs.harvard.edu//full/book/grc../1983//0000001,001.html

Nyberg, Tore: *Monasticism in North-Western Europe 800-1200*, Aldershot (2000)

Olmsted, Garrett: *The Gaulish Calendar - A Reconstruction from the bronze fragments from Colginy with an analysisof its function as a highly accurate lunar/solar predictor as well as an explanation of its terminology and development*, Dr. Rudolf Habelt GmbH, Bonn (1992) ISBN: 3-7749-2530-5

Paulus von Tarsus, *Paulou epistolê pros Kolossous*

http://12koerbe.de/euangeleion/paul-kol.htm

Pedersen, O.: *The Ecclesiastical Calendar and the Life oft he Church*, in: G.V. Coyne, M.A. Hoskin, O. Pedersen: *Gregorian Reform of the Calendar: Proceedings of the Vatican conference to commemorate its 400th anniversary*. Specola Vaticana, citta del vaticano (1983) http://articles.adsabs.harvard.edu//full/book/grc../1983//0000001,001.html

Procopius, Caesariensis: De Bello Gothico (CSHB VOL 2)

http://www.documentacatholicaomnia.eu/04z/z_0490-0575__Procopius_Caesariensis__De_Bello_Gothico_(CSHB_Vol_2)__GR.pdf.html

Rafn, Carl Christian, *Saga Heiðreks konúngs ens vitra*, in Fornaldar Sögur Norðurlanda, Kaupmannahöfn (1829)

http://www.heimskringla.no/wiki/Saga_Hei%C3%B0reks_konungs_ins_vitra

Ranisch Wilhelm & Vogt, Walter H.: *Fünf Geschichten aus dem östlichen Nordland*, Thule Altnordische Dichtung und Prosa Band 11, Eugen Diederichs Verlag Düsseldorf-Köln (1964)

Reichert, Hermann; *Tamfana, Tanfana* in: Reallexikon der Germanischen Altertumskunde, Bd. 30, Heinrich Beck, Dieter Geuenich, Heiko Steuer (Hrsg.). De Gruyter Verlag, Berlin–New York (2005) ISBN: 3110183854

Rieper, Hilde: *Ansgar und Rimbert, die beiden ersten Erzbischöfe von Hamburg/Bremen und Nordalbingen*, E. B.-Verlag, Hamburg (1995) ISBN: 3930826003

Ristuccia, Nathan J.: *The Rise of the Spurcalia: Medieval Festival and Modern Myth*, Comitatus: A Journal of Medieval and Renaissance Studies, Volume 44, 2013, pp. 55-76 (Article) DOI:10.1353/cjm.2013.0024

Rotter, Ekkehart & Scheidmüller Bernd (Hrsg. und Übersetzer): *Widukind von Corvey, Res gestae Saxonicae – Die Sachsengeschichte*, Philipp Reclam Jun. Verlag, Stuttgart (1981)

Rudbek, Olaus (Olof): *Atland eller Manheim*, Almquist & Wiksells Boktryckeri-A.-B., Uppsala (1937)

Rüpke, Jörg: *Kalender und Öffentlichkeit: Die Geschichte der Repräsentation und religiösen Qualifikation von Zeit in Rom*, de Gruyter, Berlin (1995) ISBN: 3110145146

http://books.google.de/books?id=ZdkNANlSHmUC&printsec=frontcover&hl=de&source=gbs_ge_summary_r&cad=0#v=onepage&q&f=false

Rüpke, Jörg: *Zeit und Fest: Eine Kulturgeschichte des Kalenders*, Beck Verlag, München (2006) ISBN: 3406542182

Santesson, Lillemor: *En blekingsk blotinskrift*, Fornvännen : journal of Swedish antiquarian research / utg. av Kungl. Vitterhets Historie och Antikvitets Akademien. In samarbete med Historiska Museet och med stöd från Vetenskapsrådet. - Stockholm : Acad, ISSN 0015-7813, ZDB-ID 20631, Bd. 84.1989, S. 221-229

Saxo Grammaticus, *Gesta Danorum*,

http://wayback.kb.dk:8080/wayback-1.4.2/wayback/20100107153228/http://www2.kb.dk/elib/lit/dan/saxo/lat/or.dsr/index.htm

Schlyter, D.C.J. (Hrsg.): *Historia Gotlandiae / Gotlandslagen*, Samling af Sweriges Gamla Lagar 7, Lund (1852)

Schnusenberg, Christine, *The Mythological Traditions of Liturgical Drama: The Eucharist as Theater*, Paulist Press (2010)

Schön, Ebbe: *Folktrons ABC*, Förlag Carlsson (2004) ISBN: 978-9172036161

Schottin, Reinhold: *Tagebuch des Erich Lassota von Streblau*, Verlag von G. Emil Barthel, Halle (1866) http://books.google.de/books?id=GjA2AAAAMAAJ&printsec=frontcover&hl=de&source=gbs_ge_summary_r&cad=0#v=onepage&q&f=false

Scullard, Howard Hayes: *Festivals and Ceremonies of the Roman Republic (Aspects of Greek and Roman Life)*, Thames & Hudson Ltd (1981) ISBN: 978-0500400418

Shaw, Philip Andrew: *Pagan Goddesses in the Early Germanic World: Eostre, Hreda and the Cult of Matrons (Studies in Early Medieval History)*, Bristol Classical Pr (2011) ISBN: 978-0715637975

Shaw, Philip Andrew: *Uses of Wodan – The Development of his Cult and of Medival Literary Responses to It*, Leeds (2002)

Simek, Rudolf: *Lexikon der germanischen Mythologie*, Alfred Kröner Verlag Stuttgart (1995 und 2006)

Simrock, Karl: *Die Edda die ältere und die jüngere nebst den mythischen Erzählungen der Skalda übersetzt und mit Erläuterungen begleitet*, 2. vermehrte und verbesserte Auflage, Stuttgart und Augsburg, J. G. Gotta'scher Verlag (1855)

http://books.google.de/books?id=3x1bAAAAQAAJ&printsec=frontcover&hl=de&source=gbs_ge_summary_r&cad=0#v=onepage&q&f=false

Snorri Sturluson: *Snorris Königsbuch - Heimskringla*, siehe Felix Niedner, Eugen Diederichs Verlag, Düsseldorf-Köln (1965)

Springer, Matthias: *Die Sachsen*, Verlag W. Kohlhammer, Stuttgart (2004)

Stahr, Adolf (Übersetzer): *Tacitus Annalen*, Berlin (1871)

http://books.google.de/books?id=XqBDAAAAIAAJ&printsec=frontcover&dq=inauthor:%22Cornelius+Tacitus%22&hl=de&sa=X&ei=zxEDUOqjL4jKswaG7f2oBg&ved=0CF8Q6AEwBg#v=onepage&q&f=false

Steinrücken, Burkhard: *Sonnenwenden und Mondwenden - Astronomische Grundlagen der Wenden von Sonne und Mond am Horizont und ihre Bedeutung in der Archäoastronomie*, Recklinghausen, 2009

http://sternwarte-recklinghausen.de/data/uploads/dateien/pdf/a01_sm_wenden.pdf

Steinsland, Gro, *Norrøn religion - Myter, Riter, Samfunn*, Pax Forlag, Oslo (2005) ISBN: 82-530-2607-2

Sturluson Snorri: *Skáldskaparmál Edda Snorra Sturlusonar* nach Guðni Jónsson, http://www.heimskringla.no/wiki/Skáldskaparmál

Sturluson, Snorri, *Edda* – siehe Simrock, Karl

Sturluson, Snorri, *Heimskringla* - siehe Niedner, Felix

Tacitus, P.C., *Annales* – siehe Stahr, Adolf

Tacitus, P.C., *De origine et situ Germanorum liber* - siehe Fuhrmann, Manfred

Teichert, Matthias: *Altnordisch-kursorische Lektüre: Skaldik, Altskandinavistische Übung im Sommersemester, Sigvathr Þórðarson: Austrfaravísur* Übersetzung Str. 1-9, Göttingen (2009)

theology.de: *Weihnachten* (2012) http://www.theology.de/kirche/kirchenjahr/weihnachten.php

Thietmari Merseburgensis: *episcopi chronicon* – siehe Laurent J.C.M.

Timm, Erika & Beckmann, Gustav A.: *Frau Holle Frau Percht und verwandte Gestalten*, 2. Auflage, S. Hirzel Verlag Stuttgart (2010) ISBN: 978-3-7776-1816-6

Triarius, L. Vitellius: *Calendarium Perpetuum: A Modern Edition of the Ancient Roman Calendar*, CreateSpace Independent Publishing Platform; 1. Auflage (2013) ISBN: 978-1494203696

Tschan, F.J. (Übers.): *History of the Archbishops of Hamburg-Bremen*, New York (1959)

Udolph, Jürgen: *Ostern - Geschichte eines Wortes (Beitrage Zur Neueren Literaturgeschichte [Dritte Folge])*, Universitätsverlag Winter GmbH Heidelberg; 2. Auflage (2011) ISBN 978-3825308667

Uggason Ulfr, *Húsdrápa* http://www.heimskringla.no/wiki/Húsdrápa

Ulansey, David: *Die Ursprünge des Mithraskults. Kosmologie und Erlösung in der Antike*, Stuttgart (1998) ISBN 3-8062-1310-0

Víga-Glúms saga – siehe: Ranisch Wilhelm & Vogt, Walter H., *Fünf Geschichten aus dem östlichen Nordland*

Vigfusson, Gudbrand: *The British Isles, Orknexinga Saga and Magnus Saga with Appendices*, London (1887) http://www.archive.org/stream/icelandicsagasot01stur#page/n0/mode/2up

von See, Klaus; La Farge, Beatrice; Picard Eve, Priebe Ilona, Schulz Katja, *Kommentar zu den Liedern der Edda / Götterlieder - Skírnismál, Hárbardsliód, Hymiskivða, Lokasenna, Þrymskvida Band 2*, Universitätsverlag Winter GmbH Heidelberg (1997) ISBN-13: 978-3825305345

Vulgata (Lateinische Bibel), Der Brief des Apostels Paulus an die Kolosser

http://www.bibel.com/bibel/vulgata/kolosser-2.html#16

Wallis, Faith: *Bede, The Reckoning of Time, Translated, with introduction, notes and commentary*, Liverpool University Press, Liverpool (1999) ISBN: 0-85323-693-3

http://books.google.de/books?id=yFsw-Vaup6sC&printsec=frontcover&redir_esc=y#v=onepage&q&f=false

Walthard, Peter A.: *Alemannisches Brauchtum*, Herdfeuer Nr. 8, Alinea Digitaldruck GmbH Dresden 2005, ISSN: 1611-4604

Walthard, Peter A.: *Der Germanische Mondkalender*, Herdfeuer Nr. 30, Alinea Digitaldruck GmbH Dresden (2010) ISSN: 1611-4604

Weinhold, Karl *Die mythische Neunzahl bei den Deutschen*, Verlag der Königlichen Akademie der Wissenschaften, Berlin (1897), ISBN: 1-12041-379-6

Weinhold, Karl: *Die deutschen Monatsnamen*, Verlag der Buchhandlung des Waisenhauses, Halle (1869)

Wessén, Elias: *Studier till Sveriges hedna mythologi och fornhistoria*. Uppsala universitetens årsskrift - Filosofi, språkvetenskap och historiska vetenskaper, Uppsala (1924)

Widlak, Franz: *Die abergläubischen und heidnischen Gebräuche der alten Deutschen nach dem Zeugnisse der Synode von Liftinae im Jahre 743*, M. F. Lenke k.k. priv Buchdruckerei, Znaim (1903/04)

Winther, Niels Christopher: *Færøernes Oldtidshistorie*, K. Schønberg Forlag, Kjøbenhavn (1875) http://resolver.sub.uni-goettingen.de/purl?PPN687612470

Wolfram, Herwig: *Die Goten: Von den Anfängen bis zur Mitte des sechsten Jahrhunderts. Entwurf einer historischen Ethnographie*, C.H.Beck; 5. Auflage (2009), ISBN: 978-3406337338

Wormius, Olaus: *Fasti Danici*, Kopenhagen (1626)

http://books.google.de/books?id=nS9PAAAAYAAJ&printsec=frontcover&hl=de&source=gbs_ge_summary_r&cad=0#v=onepage&q&f=false

Wright, Wilmer Cave: *The works of the Emperor Julian*, William Heinemann - London, The Macmillan – New York (1913), https://archive.org/details/worksofemperorj01juli

Wulfila: *Wulfilabibel* nach: *Codex Argenteus, Codex Ambrosianus A - Codex Ambrosianus E, Codex Carolinus, Codex Vaticanus Latinus 5750 (Skeireins), Codex Gissensis, Fragmenta Pannonica* (311–383)

http://wulfila.verbix.com/book/AndieKolosser.html

Wurm, Julius Friedrich: *Diodor's von Sizilien historische Bibliothek*. Neunzehn Bände, J.B. Metzler Stuttgart (1827–1840)

http://books.google.de/books?id=wtcMAAAAYAAJ&redir_esc=y

http://books.google.de/books?id=8NAMAAAAYAAJ&redir_esc=y

http://books.google.de/books?id=zdkMAAAAYAAJ&redir_esc=y

http://books.google.de/books?id=J9UMAAAAYAAJ&redir_esc=y

Ziggelaar, A.: *The Papal Bull of 1582 Promulgating a Reform of the Calendar* in: G.V. Coyne, M.A. Hoskin, O. Pedersen: Gregorian Reform of the Calendar: Proceedings of the Vatican conference to commemorate its 400th anniversary. Specola Vaticana, citta del vaticano (1983)

http://articles.adsabs.harvard.edu//full/book/grc../1983//0000001,001.html

Abbildungsnachweis

Abb. 1: Weraltzimbar; eigene Darstellung

Abb. 2: *The Wolves Pursuing Sol and Mani*, von John Charles Dollman, aus Guerber, H. A. (Hélène Adeline) (1909). Myths of the Norsemen from the Eddas and Sagas. London : Harrap. S. 8 Gemeinfreies Bild Quelle: http://www.archive.org/details/mythsofthenorsem00gueruoft

Abb. 3: *Gediminas Zepter*; gemeinfreies Bild (Wikimedia Commons) http://en.wikipedia.org/wiki/File:Gediminas_calendar.jpg

Abb. 4: *Fasti Antiates maiores*; gemeinfreies Bild (Wikimedia Commons) http://upload.wikimedia.org/wikipedia/commons/f/f7/Roman-calendar.png

Abb. 5: Titelblatt *Editio princeps der Vita et gesta Karoli Magni*. Johannes Soter, Köln 1521 gemeinfreies Bild (Wikimedia Commons) http://commons.wikimedia.org/wiki/File:Einhard_1521.jpg

Abb. 6: Beda Venerabilis Schedel'sche Weltchronik Blatt CLVIIIv (1493), Hartmann Schedel, gemeinfreies Bild (Wikimedia Commons) http://commons.wikimedia.org/wiki/File:Nuremberg_chronicles_-_Bede_(CLVIIIv).jpg

Abb. 7: Angelsächsischer Jahreskreis, eigene Darstellung

Abb. 8: Olaus Wormius, nach einem Gemälde von Carl van Mandern, gemeinfreies Bild (Wikimedia Commons) http://en.wikipedia.org/wiki/File:Worm_1588-1654.png

Abb. 9: Titelblatt der *Fasti Danici* von Olaus Wormius, gemeinfreies Bild; http://books.google.de/books?id=nS9PAAAAYAAJ&printsec=frontcover&hl=de&source=gbs_ge_summary_r&cad=0#v=onepage&q&f=false

Abb. 10: Alt-Dänischer Jahreskreis, eigene Darstellung

Abb. 11: Porträt von Niels Christopher Winter (1822-1892) auf einer Färöerischen Briefmarke des *Postverk Føroya* aus dem Jahr 2008; http://www.wnsstamps.post/en/stamps/FO016.08

Abb. 12: Färöerischer Jahreskreis, eigene Darstellung

Abb. 13: Isländischer Jahreskreis, eigene Darstellung

Abb. 14: Rîmstöcke bzw. Primstäbe aus dem Historischen Museum in Lund, gemeinfreies Bild (Wikimedia Commons) http://upload.wikimedia.org/wikipedia/commons/8/8c/Runstavar_lunds_historiska_museum.jpg

Abb. 15: Römischer Jahreskreis; eigene Darstellung

Abb. 16: Büste von Gaius Julius Caesar; gemeinfreies Bild (Wikimedia Commons) http://commons.wikimedia.org/wiki/File:Julius_caesar.jpg

Abb. 17: Der Obelisk von Montecitorio; gemeinfreies Bild (Wikimedia Commons) http://commons.wikimedia.org/wiki/File:Obelisk_of_montecitorio_arp.jpg

Abb. 18: Portrait Aurelianus aus dem Nordisk Familjebok, ursprünglich von einer römischen Münze; gemeinfreies Bild (Wikimedia Commons) http://commons.wikimedia.org/wiki/File:Aurelianus,_Nordisk_familjebok.p

Abb. 19: Papst Gregor XIII, Gemälde von Lavinia Fontana; gemeinfreies Bild (Wikimedia Commons) http://commons.wikimedia.org/wiki/File:Gregory_XIII.jpg?uselang=de

Abb. 20: Caesar überschreitet den Rubikon; Holzschnitt aus Wilhelm Wägner, Rom. Anfang, Fortgang, Ausbreitung und Verfall des Weltreiches der Römer. 2. Band von 3. Leipzig, Otto Spamer Verlag, 1863.

Abb. 21: Finnischer Jahreskreis, eigene Darstellung

Abb. 22: Rîmstöcke bzw. Primstäbe aus Vegusdal in Aust-Agder ausgestellt im *Norsk Folkemuseum* http://midgardsenteret.no/wp-content/uploads/2015/01/Kyndelsmesse-primstav.jpg

Abb. 23: Detail vom Altar der Aufanischen Matronen gefunden unter dem Bonner Münster gemeinfreies Bild (Wikimedia Commons) http://commons.wikimedia.org/wiki/File:Detail_from_the_Matrones_altar.JPG

Abb. 24: Karte von Skandinavien (Auszug aus der Weltkarte) gemeinfreies Bild (Wikimedia Commons); http://commons.wikimedia.org/wiki/File:LocationEurope.png

Abb. 25: Blatt 16v, enthaltend Mk 3,26–32 EU, aus dem Codex Argenteus, einer Abschrift der Wulfilabibel) gemeinfreies Bild (Wikimedia Commons) https://commons.wikimedia.org/wiki/File:Wulfila_bibel.jpg

Abb. 26: Detail eines Rîmstock/Primstab für die „Julzeit" aus Olaus Rudbeck, Atlantica 1679b: Atlas S. 14, Abb. Nr. 55), gemeinfrei

Abb. 27: Der Berliner Goldhut (Neues Museum Berlin) gemeinfreies Bild (Wikimedia Commons) http://upload.wikimedia.org/wikipedia/commons/3/39/Berliner_Goldhut2.jpg

Abb. 28: Himmelscheibe von Nebra gemeinfreies Bild (Wikimedia Commons) https://commons.wikimedia.org/wiki/File:Nebra_Scheibe.jpg

Abb. 29: Abbildung aus der *Historia de gentibus septentrionalibus* von Olaus Magnus (1555), gemeinfrei

Abb. 30: Runenstein aus Stentoften gemeinfreies Bild (Wikimedia Commons) http://commons.wikimedia.org/wiki/File:Stentoftenstenen.jpg

Abb. 31: attischer Jahreskreis, eigene Darstellung

Abb. 32: Hendrik Goltzius, Apollo Killing the Python, Holland (1589), gemeinfreies Bild (Wikimedia Commons)

Der Autor

Dr. Andreas E. Zautner ist im letzten Jahrhundert im Thüringischen Hochland geboren worden. In seiner Jugend wurde er von den Gertenschlägen der Hulleweiber und Herrschekloese arg gezeichnet, was in ihm schon recht früh das Interesse an Mythologie weckte.

Bereits während seines Medizinstudiums in Jena lernte er den Mond als treuen nächtlichen Begleiter und Wegweiser sehr zu schätzen. Während seiner Promotion über herzinfizierende Viren vertiefte er auch seine Skandinavischsprachkenntinisse durch mannigfachen Besuch von Norwegisch- und Schwedischkursen.

Bei den längjährigen Recherchen zu den verschiedenen heidnischen Feiertagen erwies sich abermals der Mond als der entscheidende Richtungdsweiser, wie im nun in dieser fünften Auflage nachzulesen ist.

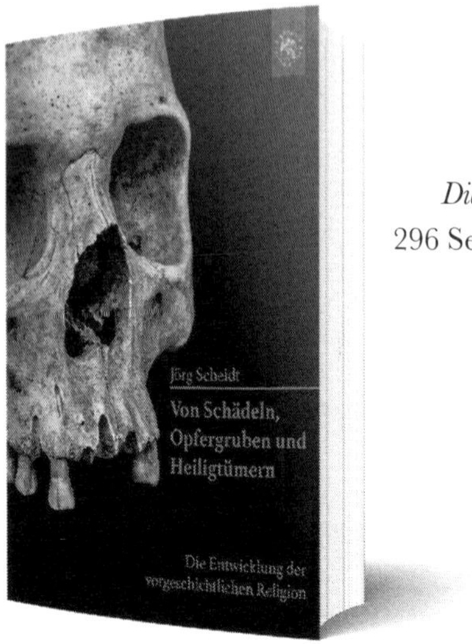

Jörg Scheidt

Von Schädeln, Opfergruben und Heiligtümern

Die Entwicklung der vorgeschichtlichen Religion

296 Seiten, mit 48 Abb., 14,8 x 21 cm, Broschur

ISBN 978-3-96815-068-0

16,00 €

Die Archäologie definiert die gezielte Bestattung der Verstorbenen als eine der ersten religiösen Handlungen. Schon früh fingen die Menschen an, die Gräber wieder zu öffnen und die Schädel aus diesen zu entfernen. Teilweise waren diese Ahnenschädel über viele Jahrhunderte in Gebrauch. Einen Höhepunkt dieser Sitte war das sogenannte Neolithikum, deren ersten Ausläufer ca. 10.000 v. Chr. spürbar wurden. In dieser Zeit wurden die Menschen sesshaft, sie domestizierten Tiere und Pflanzen und veränderten somit radikal ihre bisherige Lebensweise. Diesen Wandel sehen wir auch in den kultischen Hinterlassenschaften. Gerade in diesem Zeitraum sehen wir starke Veränderungen im archäologischen Fundspektrum. Gewaltige Anlagen, wie der Göbekli Tepe tauchen auf, vielfältige magische Rituale und Opferungen werden sichtbar. Der Tod scheint ein entscheidendes, wenn nicht sogar das dominante Merkmal innerhalb dieser neuen Religiosität zu sein.

Dieses Buch soll einen kurzen Einblick in diese Zeit geben und die Entwicklung der Religion skizzieren. Dabei werden auch religiöse Phänomene anderer Epochen der Menschheitsgeschichte beleuchtet und so versucht, ein möglichst umfassendes Bild der prähistorischen Religionen zu entwerfen, die teilweise auch noch bis in unsere Zeit spürbar sind.

Thomas Lückewerth

Totenschiff und Schlangensaal

Eine Reise zu den Kultstätten der Bronze- und Eisenzeit Nordeuropas

296 farbige Seiten, über 350 Bilder,
DIN A4, Hardcover
ISBN 978-3968150-63-5
40,00 €

Totenschiff und Schlangensaal ist eine Reise zu den religiösen Stätten und Praktiken im Siedlungsgebiet der nordgermanischen Völker: Von Norddeutschland über Dänemark nach Schweden, von Norwegen nach Island. Der Autor beschreibt die unterschiedlichen Ausdrucksformen der Kulthandlungen und Kultstätten – von den bronzezeitlichen Fruchtbarkeitskulten und den ihnen zugeordneten Felsbildern bis hin zu den gotländischen Bildsteinen der Wikingerzeit, die das letzte Aufblühen der heidnischen Kultur des Nordens darstellen.

Knapp einhundertvierzig herausragende Stätten und Relikte des religiösen und kultischen Lebens des Nordens werden in Wort und mit über dreihundertfünfzig Bildern vorgestellt, herausragend fotografiert und mit neuesten archäologischen und historischen Erkenntnissen versehen. Die religiösen Ausdrucksformen der dreitausend Jahre vom Beginn der Bronzezeit bis zum Ende der Eisenzeit sind vielfältig: Felsritzungen, Schiffssetzungen, Runensteine, Bildsteine, Hügelgräber, Steinkreise, Bautasteine, hölzerne Tempel und Kulthöfe, Götteridole, Opferseen, heilige Quellen und Haine, Labyrinthe, Kultwege etc. Alle beschriebenen Orte wurden vom Autoren auf dutzenden Exkursionen in den letzten zwei Jahrzehnten selbst besucht und fotografiert.